21世纪高等学校规划教材 | 计算机科学与技术

Java EE大学教程

周　平　编著

清华大学出版社
北京

内容简介

Java EE是目前国内外广泛使用的计算机编程开发平台。本书对Java EE编程技术进行了系统的介绍。全书共分四篇。第一篇对Java高级编程知识做了详细的介绍,包括Java常用工具类、集合框架、JDBC编程技术以及Java对XML编程技术,这些是学习Java EE的入门基础。第二篇对JSP网页编程技术做了较详细的介绍,主要有HTML基础、CSS样式表的应用以及JSP相关的编程技术(如JSP基础、JavaBean编程、Servlet编程以及Filter等技术),这一篇是B/S架构编程基础,这一篇还用一定篇幅介绍了EL和JSTL编程技术。第三篇对目前流行的开源框架进行系统介绍,包括Hibernate、Struts2、Spring编程以及SS2H三者整合技术。本书第四篇精心编写了一些编程实验,涉及本书全部章节内容。在课下完成这些练习会有很大收获。

本书结构合理、语言通俗易懂、内容深入浅出,主要针对具有一定Java编程基础的人员。适合作为高等学校计算机相关专业教材,也可以作为相关人员的参考书。书的章节安排是灵活的,独立完整的。教师可以按照教学时数对书中章节做灵活的安排。

图书在版编目(CIP)数据

Java EE大学教程/周平编著.—北京:清华大学出版社,2012.1(2022.8重印)
(21世纪高等学校规划教材·计算机科学与技术)
ISBN 978-7-302-26776-8

Ⅰ.①J… Ⅱ.①周… Ⅲ.①JAVA语言—程序设计—高等学校—教材 Ⅳ.①TP312

中国版本图书馆CIP数据核字(2011)第185699号

责任编辑:梁 颖 顾 冰
责任校对:时翠兰
责任印制:丛怀宇

出版发行:清华大学出版社
网 址:http://www.tup.com.cn,http://www.wqbook.com
地 址:北京清华大学学研大厦A座 邮 编:100084
社 总 机:010-83470000 邮 购:010-62786544
投稿与读者服务:010-62776969,c-service@tup.tsinghua.edu.cn
质 量 反 馈:010-62772015,zhiliang@tup.tsinghua.edu.cn
印 装 者:北京鑫海金澳胶印有限公司
经 销:全国新华书店
开 本:185mm×260mm **印 张**:19.25 **字 数**:472千字
版 次:2012年1月第1版 **印 次**:2022年8月第8次印刷
印 数:10001~10500
定 价:49.00

产品编号:043444-02

出版说明

随着我国改革开放的进一步深化，高等教育也得到了快速发展，各地高校紧密结合地方经济建设发展需要，科学运用市场调节机制，加大了使用信息科学等现代科学技术提升、改造传统学科专业的投入力度，通过教育改革合理调整和配置了教育资源，优化了传统学科专业，积极为地方经济建设输送人才，为我国经济社会的快速、健康和可持续发展以及高等教育自身的改革发展做出了巨大贡献。但是，高等教育质量还需要进一步提高以适应经济社会发展的需要，不少高校的专业设置和结构不尽合理，教师队伍整体素质亟待提高，人才培养模式、教学内容和方法需要进一步转变，学生的实践能力和创新精神亟待加强。

教育部一直十分重视高等教育质量工作。2007 年 1 月，教育部下发了《关于实施高等学校本科教学质量与教学改革工程的意见》，计划实施"高等学校本科教学质量与教学改革工程"（简称"质量工程"），通过专业结构调整、课程教材建设、实践教学改革、教学团队建设等多项内容，进一步深化高等学校教学改革，提高人才培养的能力和水平，更好地满足经济社会发展对高素质人才的需要。在贯彻和落实教育部"质量工程"的过程中，各地高校发挥师资力量强、办学经验丰富、教学资源充裕等优势，对其特色专业及特色课程（群）加以规划、整理和总结，更新教学内容、改革课程体系，建设了一大批内容新、体系新、方法新、手段新的特色课程。在此基础上，经教育部相关教学指导委员会专家的指导和建议，清华大学出版社在多个领域精选各高校的特色课程，分别规划出版系列教材，以配合"质量工程"的实施，满足各高校教学质量和教学改革的需要。

为了深入贯彻落实教育部《关于加强高等学校本科教学工作，提高教学质量的若干意见》精神，紧密配合教育部已经启动的"高等学校教学质量与教学改革工程精品课程建设工作"，在有关专家、教授的倡议和有关部门的大力支持下，我们组织并成立了"清华大学出版社教材编审委员会"（以下简称"编委会"），旨在配合教育部制定精品课程教材的出版规划，讨论并实施精品课程教材的编写与出版工作。"编委会"成员皆来自全国各类高等学校教学与科研第一线的骨干教师，其中许多教师为各校相关院、系主管教学的院长或系主任。

按照教育部的要求，"编委会"一致认为，精品课程的建设工作从开始就要坚持高标准、严要求，处于一个比较高的起点上。精品课程教材应该能够反映各高校教学改革与课程建设的需要，要有特色风格、有创新性（新体系、新内容、新手段、新思路，教材的内容体系有较高的科学创新、技术创新和理念创新的含量）、先进性（对原有的学科体系有实质性的改革和发展，顺应并符合 21 世纪教学发展的规律，代表并引领课程发展的趋势和方向）、示范性（教材所体现的课程体系具有较广泛的辐射性和示范性）和一定的前瞻性。教材由个人申报或各校推荐（通过所在高校的"编委会"成员推荐），经"编委会"认真评审，最后由清华大学出版社审定出版。

目前，针对计算机类和电子信息类相关专业成立了两个“编委会”，即“清华大学出版社计算机教材编审委员会”和“清华大学出版社电子信息教材编审委员会”。推出的特色精品教材包括：

(1) 21世纪高等学校规划教材·计算机应用——高等学校各类专业，特别是非计算机专业的计算机应用类教材。

(2) 21世纪高等学校规划教材·计算机科学与技术——高等学校计算机相关专业的教材。

(3) 21世纪高等学校规划教材·电子信息——高等学校电子信息相关专业的教材。

(4) 21世纪高等学校规划教材·软件工程——高等学校软件工程相关专业的教材。

(5) 21世纪高等学校规划教材·信息管理与信息系统。

(6) 21世纪高等学校规划教材·财经管理与应用。

(7) 21世纪高等学校规划教材·电子商务。

(8) 21世纪高等学校规划教材·物联网。

清华大学出版社经过三十多年的努力，在教材尤其是计算机和电子信息类专业教材出版方面树立了权威品牌，为我国的高等教育事业做出了重要贡献。清华版教材形成了技术准确、内容严谨的独特风格，这种风格将延续并反映在特色精品教材的建设中。

清华大学出版社教材编审委员会
联系人：魏江江
E-mail：weijj@tup.tsinghua.edu.cn

前言

1. 关于本书

众所周知,Java EE 编程技术是目前流行的开发技术。Java EE 是开放的框架。随着对 Java EE 平台企业版第三方支持的增多,Java EE 成为开发企业级服务器端解决方案的首选平台之一。

Java EE 包含 JDBC、JSP、Servlet、JavaBean、EJB 以及基于 Java 的开源技术等。对于一个 Java 刚入门的编程者来说,如何学好 Java EE 编程技术?从哪些方面着手学习 Java EE 编程技术?本人结合多年 Java EE 编程与教学实践,认为学好 Java EE 一个很好的途径应该是先熟悉 Java 高级编程,接着学习 JSP 网页编程知识,再进一步学习基于 Java 的一些重要的开源框架。这本书编排也正是基于这种思路。

2. 本书内容安排

全书共分为四篇。

第一篇　Java EE 基础编程。

第 1 章　介绍了 Java EE 开发平台,以及如何学习 Java EE 编程技术。

第 2 章　常用工具类(字符串与日期类)用法。

第 3 章　常用工具类用法 Java 集合框架以及泛型编程。

第 4 章　JDBC 高级编程技术。

第 5 章　XML 基本概念以及 Java 对 XML 编程相关知识,介绍了开源 JDOM 的使用。

第二篇　Java EE 网页编程。

第 6 章　网页编程基础知识包括 HTML、CSS、JavaScript 等。

第 7 章　JSP 编程技术,包括 JSP、Servlet、JavaBean 以及过滤器 Filter 编程技术。这一章是 JSP 网页编程的重点。

第 8 章　EL 与 JSTL 表达式语言。

第三篇　Java EE 开源编程。

第 9 章　Hibernate 编程技术。

第 10 章　Struts2 编程技术。

第 11 章　Spring 编程技术以及 AOP 编程。

第 12 章　Spring、Struts2、Hibernate 进行整合。

第 13 章　JavaScript 开源库 JQuery 编程以及 Ajax 编程技术介绍。

第四篇　Java EE 编程实验。

第 14 章　基于 Ant 的 Java 应用程序部署。

第 15 章　Java EE 编程实验。

3. 本书特点

本书内容丰富，在每介绍一个新的知识时，首先介绍为什么使用新的知识，接着是新知识的入门，最后对新的知识加以整理。本书示例详细，代码清楚。

由于目前在高校 Java EE 教学中没有一个很合适的教材。很多教材只是针对 Java EE 的某个领域，而不是综合的。本书综合了常见的 Java EE 知识，适合高校教学。另外对想从事 Java EE 编程者也是一个很好的参考书。

特别需要提醒的是：本书为读者提供了本书关键知识点或难点的相关视频。通过视频起到很好的入门引导作用。对于高校教师，我们还可以提供教学大纲、教学用 PPT 以及实验指导书等。

4. 使用本书建议

使用本书首先要弄清楚书本上介绍的基本知识，理解基本原理。弄清楚为什么要这样？这样设计是否合理？然后按照书本的例题进行独立调试。书本上所有示例都已调试通过。如果书本示例调试不通过，常见原因是包版本冲突所致。可以利用本书提供的网址获取源代码和不会冲突的包。你还需要对基本知识扩展，参考学习互联网上的最新知识，扩展你的编程知识。最后还应该多做第四篇的实验。编程离不开动手实践，实验时肯定会出现这样或那样的问题，多调试，做完这些练习你能快速领会 Java EE 的编程精要所在。

5. 致谢

本书在写作和出版过程中得到我的同事们的大力帮助，在此表示深深的谢意。感谢清华大学出版社的大力支持。还要感谢这个互联开放的时代，由于互联网的存在我很快能够查阅和学习 Java EE 最新的知识。最后限于本人的知识与能力，本书可能会出现这样或那样的问题，希望读者与我联系，沟通解决。

作　者

E-mail:zhouping5460@126.com

2011 年 9 月

第一篇 Java EE 基础编程

第二篇 Java EE 网页编程

第三篇 Java EE 开源编程

第四篇　Java EE 编程实验

第一篇

Java EE基础编程

第1章 Java EE框架概述

1.1 什么是 Java EE

Java 是由 Sun Microsystems(现在 Sun 公司被 Oracle 公司收购)公司于 1995 年 5 月推出的 Java 程序设计语言和 Java 平台的总称。由于 Java 语言编程简单、平台开放、能够跨平台运行、支持多线程以及安全等特点日益受到世界各地编程爱好者的欢迎,并成为目前主流编程平台之一。

Java EE(Java Platform Enterprise Edition)是 Sun 公司推出的企业级应用程序版本。Java EE 本身不是一门编程语言,也不是一个现成的产品,而是一个标准,是一个为企业分布式应用的开发提供的标准平台。能够帮助我们开发和部署可移植、健壮、可伸缩且安全的服务器端 Java 应用程序。Java EE 是在 Java SE 的基础上构建的,可以用来实现企业级的面向服务体系结构(SOA)和 Web 2.0 应用程序。具体来说 Java EE 平台包括 JDBC、JNDI、JMS、EJB、JSP、JavaBean、Servlet 等技术。

Sun 推出 Java EE 的目的是为了克服传统 C/S(Client/Server)模式的弊病,迎合 B/S(Browser/Server)架构的潮流,为应用 Java 技术开发服务器端应用提供一个平台独立的、可移植的、多用户的、安全的和基于标准的企业级平台,从而简化企业应用的开发、管理和部署。

1. C/S 架构

C/S(Client/Server)架构,即大家熟知的客户机和服务器结构,如图 1.1 所示。它是软件系统体系结构,通过它可以充分利用两端硬件环境的优势,将任务合理分配到 Client 端和 Server 端来实现,降低了系统的通信开销。目前大多数应用软件系统都是 Client/Server 形式的两层结构。由于现在的软件应用系统正在向分布式的 Web 应用发展,Web 和 Client/Server 应用都可以进行同样的业务处理,应用不同的模块共享逻辑组件。因此,内部的和外部的用户都可以访问新的和现有的应用系统,通过现有应用系统中的逻辑可以扩展出新的应用系统。这就是目前应用系统的发展方向。

C/S 的优点是能充分发挥客户端 PC 的处理能力,很多工作可以在客户端处理后再提交给服务器,由此客户端的响应速度就会很快。缺点主要有以下几个:

(1) 只适用于局域网。随着互联网的飞速发展,移动办公和分布式办公越来越普及,这需要我们的系统具有扩展性。这种方式远程访问需要专门的技术,同时要对系统进行专门的设计来处理分布式的数据。

(2) 客户端需要安装专用的客户端软件。每一台客户机都需要安装，其维护和升级成本非常高。

(3) 对客户端的操作系统一般也会有限制。可能适用于 Windows 操作系统，但可能不适于 Linux、UNIX 等。

2. B/S 架构

B/S(Browser/Server)架构，即浏览器和服务器架构，它是随着 Internet 技术的兴起，对 C/S 结构的一种变化或者改进的结构，如图 1.2 所示。

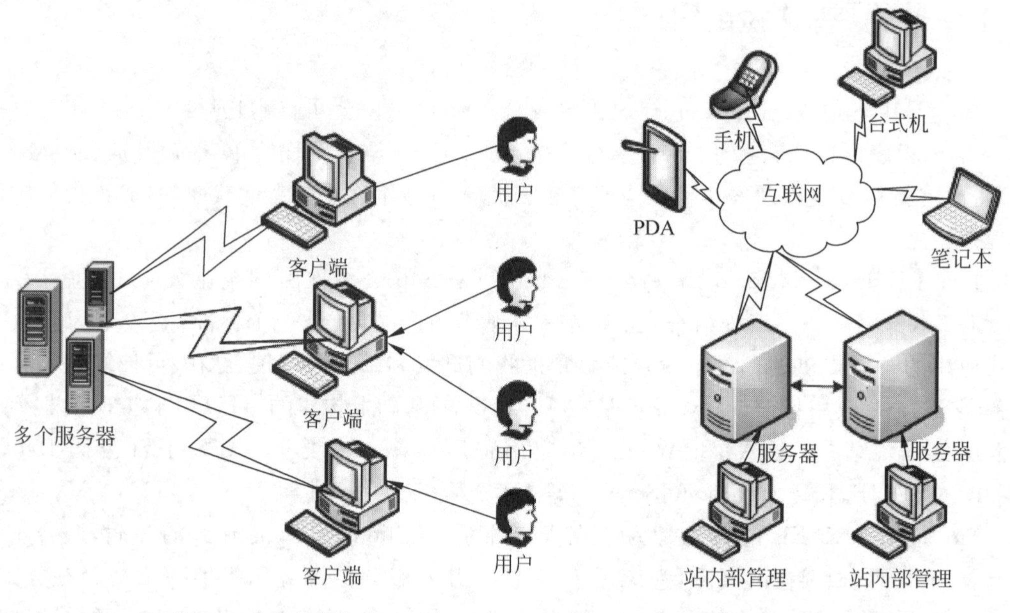

图 1.1　C/S 系统架构　　　　图 1.2　B/S 系统架构

在这种结构下，用户工作界面是通过浏览器来实现的，极少部分事务逻辑在前端(Browser)实现，但是主要事务逻辑在服务器端(Server)实现。相对于 C/S 结构属于“胖”客户端，需要在使用者计算机上安装相应的操作软件来说，B/S 结构是属于一种“瘦”客户端，大多数或主要的业务逻辑都存在于服务器端，因此 B/S 结构的系统不需要安装客户端软件，它运行在客户端的浏览器之上，系统升级或维护时只需更新服务器端软件即可，这样就大大简化了客户端计算机负荷。

1.2 Java EE 能做什么

Java EE 平台能够帮助我们实现现在绝大多数企业应用。以下列举几个部分 Java EE 的应用。

1. 开发企业门户网站；
2. 开发企业内部网站，如企业 OA、企业 ERP 管理系统；

3. 开发分布式系统；

4. 开发基于云计算平台的应用程序。

1.3 如何学习 Java EE 编程技术

每个人都有自己的一套学习 Java EE 编程技术的方法。这里就笔者自身十几年来的学习与教学实践经验来说，提出以下建议。

1. 首先学习 Java

Java 语言是 Java EE 平台的开发语言。不仅要掌握 Java 的基本语法，还要深刻理解其中一些概念。例如，OOP 编程思想；什么是构造函数、为什么要构造函数；什么是类、对象、实例；为什么要继承、继承的本质是什么；什么是接口、为什么要接口等。能够顺利回答上面的问题吗？是的话则说明已经掌握了 Java 语言。学习语言要多读代码、多做练习题目、多思考问题、多想想为什么这样，最后还要认真总结。

2. 不要过分依赖于集成开发环境（IDE）

使用集成开发环境（如 Eclipse、MyEclipse 等）开发减少 Java 或 Java EE 程序工作量。项目向导、智能感知以及智能错误提示确实可以减少不少工作量，但这不一定对初学者有很大帮助。初学者必须经历一些错误、调试错误的过程才能彻底了解 Java EE 平台组件。过度在意 IDE 的功能反而容易耽误对语言本身的理解。一些基于开源项目的编程，如 Hibernate、Struts 2、Spring 等必须亲自动手配置，熟练之后才能利用 IDE 自动配置。

3. 按照 Java 规范编程

从事编程，规范很重要。例如，变量名和函数第一个字母小写；Java 类命名第一个字母大写；Java 类放在某个包中以及命名要见其名明其意；代码应分层放在不同的包中等。规范的编程能够减少很多的错误。

4. 学习 Web 知识

要熟练掌握 HTML、CSS 以及 JavaScript 等。

5. 选择服务器和学习使用配置

服务器包括数据库服务器、Web 服务器以及 EJB 服务器等。如何选择和配置服务器是初学者面临的一个难题之一。学习服务器使用配置最好去询问有经验的人，因为他们或许一句话就能解决问题，而自己上网摸索可能要一两天。

建议数据库服务器选择 MySQL。MySQL 数据库免费开源特别适合学习。Web 服务器首选 Tomcat。建议等到熟练后可以选择 Oracle 数据库。Java 与 Oracle 数据库是搭配的首选。Web 服务器可以选择 JBoss 或 weblogic 等。

6. 学习 XML 文件基础知识，能够编写、读取 XML 文件

现在基于开源编程中，几乎所有的配置文件都要使用 XML 编写，如 Hibernate、Spring、Struts 2 等配置文件。配置文件理解对于利用开源编程有很大好处。

7. 充分利用网络

网络有太多资料以及大量正确的或错误的经验。编程中几乎所有遇到的问题都可以通过查找网络资料予以解决，网络上总是最先出现新知识，比书本快很多。问题是如何利用网络去查找呢？根本问题是要充分了解本学科知识，对本学科前沿知识一直充满兴趣。兴趣是最好的老师，有了这些专业知识，才会更好地查阅到自己想要的资料。

8. 在此学习 Java EE 编程知识的顺序安排可以参照本书章节的编排

第2章 常用工具类

2.1 String 与 StringBuffer 类的使用

2.1.1 String 类

在编程中会大量使用 String 这个类，因为经常定义一个变量类型是 String。例如，在学生类中定义 3 个属性分别为学生学号、姓名以及院系。

```
public class Student{
   private String sno,sname,sdept;
   /*构造函数以及 set-get 方法代码省略*/
}
```

初学编程的人总是认为 String 是和 int 一样，是一个基本数据类型。这种想法是错误的，String 是一个类。如 String sno、sname、sdept；语句定义了 String 类的几个对象。注意在 Java 中类名称的首字母是大写的，类中函数名称首字母是小写的。这是编程规范，大家也要这样定义类和函数。对 String 类我们做如下说明：

(1) String 类是 final 的，不可以被继承。例如

```
class  MyString extends String{
       ⋮
}
```

写法是错误的，因为 String 不能派生子类。

(2) String 类对象和其他 Java 类对象一样，是一个指向一个实例的引用。String 类对象指向的内容本质是字符数组 char[]。如 String s1="Java"；s1="J2EE"；s1 一开始指向 Java 常量的地址(引用)；当执行到 s1="J2EE"；语句 s1 指向 J2EE 常量的地址(引用)。

下面介绍 String 类中的构造函数以及其他几个常用函数用法。

1. 构造或创建一个字符串

(1) 直接将一个常量串的地址赋给字符串对象，String s ="Java"，该串对象指向 Java 常量的引用。

再举例说明：String s = "a"；一开始 s 指向 a 的地址，假设为 0x0001。s="b"；重新赋值后 s 指向 b 的地址，假设为 0x0002，但 0x0001 地址中保存的 a 依旧存在，但已经不再是 s

所指向的。因此 String 的操作都是改变赋值地址而不是改变值操作。

(2) 使用 new 关键字创建字符串,String s = new String("Java");new 有两层含义:一是开辟新的内存,该内存中的值为 Java,二是带回来新内存的首地址即引用,将引用赋给字符串对象 s。

2. 字符串比较

我们从 3 个方面研究串比较,一个是串的内存引用是否相等;第二研究内容,也就是值是否相等;最后比较串值 ASCII 代码的大小。

(1) 使用“==”比较:比较对象是否引用同一块内存。是则返回 true,否则返回 false。

例 2.1 字符串引用比较示例(Ex2_1.java)。

```
package chapter2;
public class Ex2_1 {
 public static void main(String[] args) {
      String s1 = "Java EE";
      String s2 = new String("Java EE");
      if (s1 == s2)
           System.out.println("s1 与 s2 引用同一内存。");
      else
           System.out.println("s1 与 s2 不是引用同一内存。");
   }
}
```

输出结果如图 2.1 所示。

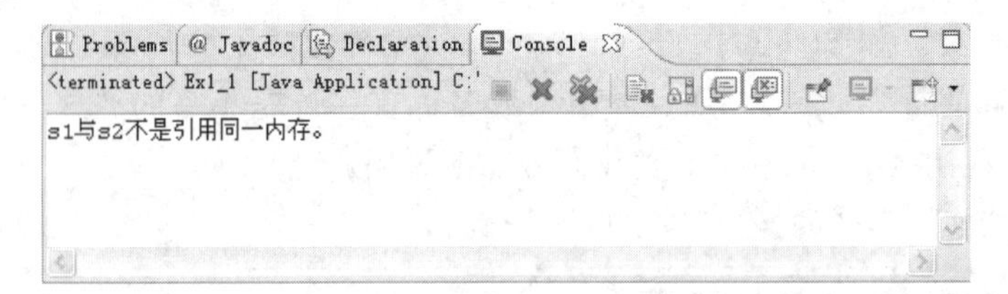

图 2.1 Ex2_1.java 输出结果

从结果上看,两者不是引用同一内存,s1 指向常量"Java EE"内存,而 s1 新开辟了内存,值为"Java EE"。

(2) 使用 equals()函数比较:比较 String 值是否相同,equals()、equalsIgnoreCase() 用于对两个字符串的内容进行等价性检查。

例 2.2 字符串值比较示例(Ex2_2.java)。

```
package chapter2;
public class Ex2_2 {
    public static void main(String[] args) {
         String s1 = "Java";
         String s2 = new String("Java");
         if (s1.equals(s2))
```

```
                System.out.println("s1 与 s2 值相同");
            else
                System.out.println("s1 与 s2 值不相同。");
        }
}
```

输出结果如图 2.2 所示。

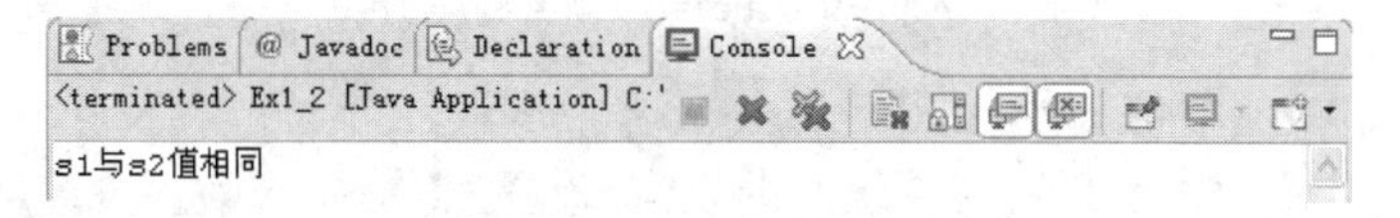

图 2.2 Ex2_2.java 输出结果

(3) 使用 compareTo()函数比较：返回整型数字，比较串值大小。compareTo() 用于对比的一个 String 结果为负、零或正，具体取决于 String 和自变量的字典顺序。注意，大写和小写不是相等的。

$$\text{int } x = s1.\text{compareTo}(s2) \quad 则\ x = \begin{cases} > 0, & s1 > s2 \\ 0, & s1 = s2 \\ < 0, & s1 < s2 \end{cases}$$

例 2.3 字符串大小比较示例(Ex2_3.java)。

```
package chapter2;
public class Ex2_3 {
  public static void main(String[] args) {
        String s1 = new String("aaa");
        String s2 = "bbb";
        int x = s1.compareTo(s2);
        if(x > 0)
              System.out.println("s1 > s2");
        else if(x < 0)
              System.out.println("s1 < s2");
        else
              System.out.println("s1 = s2");
    }
}
```

输出结果如图 2.3 所示。

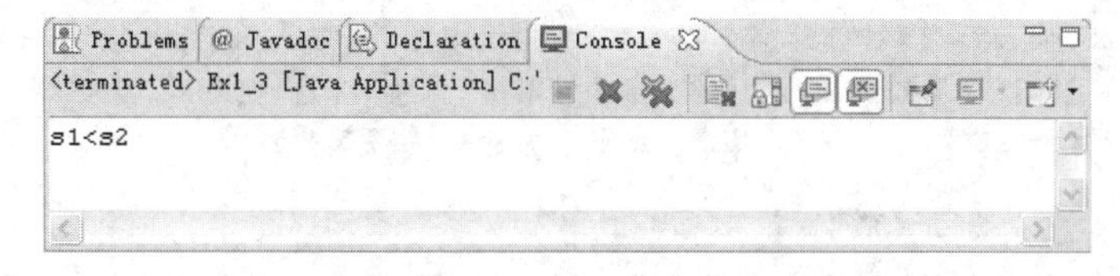

图 2.3 Ex2_3.java 输出结果

3. 取串的子串与取串的某个位置字符

(1) 取子串 substring(int start)：表示从 start 位置开始取到串结束。例如，

s1.substring(2)表示从串 s1 的第三个字符一直取到 s1 串结束。

```
String s = s1.substring(2);      //注意 s1 本身内容未变,只是取部分字符串给 s 而已
s1.substring(start,end);         //取从 start 开始到 end - 1 位置字符串,下标是从 0 开始.如果从 1
                                 //开始的话,则是取从 start + 1 位置开始到 end 位置的字符
```

(2) 取某位置字符 charAt(int index) 表示取 index 位置字符。

```
char c = s1.charAt(0);           //如 s1 = "Hello" 则 c 的值为'H'
```

例 2.4 取串某位字符示例(Ex2_4.java)。

```
package chapter2;
public class Ex2_4 {
  public static void main(String[ ] args) {
     String s1 = new String("I love java program!");
     /* 取部分字符 */
     String s2 = s1.substring(12);
     //从第 13 个字符取到最后字符形成的子串.
     String s3 = s1.substring(2,6);
     //从第 3 个字符取到第 6 个字符(共 4 个字符)形成的子串.
     char c = s1.charAt(0);     //取第 1 个字符.
     System.out.println("s2 = " + s2 + " s3 = " + s3 + " c = " + c);
  }
}
```

输出结果如图 2.4 所示。

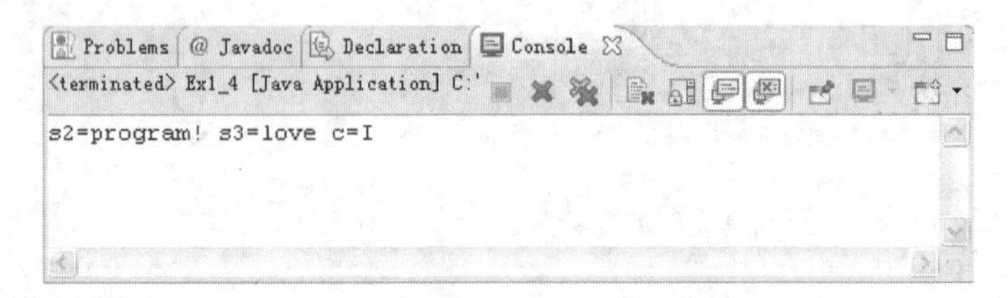

图 2.4 Ex2_4.java 输出结果

4. 分割字符串函数 split()

我们经常需要对字符串以某个字符或串(称为模式)进行分割。例如,将文章中的内容读到字符串,然后根据标点或空格对文章中的单词读出。

```
String s1 = "aa,bb,cc,dd,ee fff";
String s[ ] = s1.split(",");     //表示以“,”号对 s1 分割,注意返回一个串数组
String s[] = s1.split(",| ");    //以“,”或空格分割串 “|”表示或
```

例 2.5 字符串分割示例(Ex2_5.java)。

```
package chapter2;
public class Ex2_5 {
  public static void main(String[ ] args) {
        String s1 = new String("五莲路归昌路 - 五莲路凌河路 - 五莲路东陆路" +
                    " - 五莲路荷泽路 - 五莲路兰城路 - 五莲路莱阳路" +
```

```
                    "-五莲路-金桥路-居家桥路-德平路-歇浦路-北洋泾路"+
                    "-钱仓路-陆家嘴东路东方医院-金陵中路-人民广场");
        String [ ]zd = s1.split("-");
        for(String t:zd)    //遍历输出数组 zd 中的所有内容
            System.out.println(t);
    }
}
```

输出结果如图 2.5 所示。

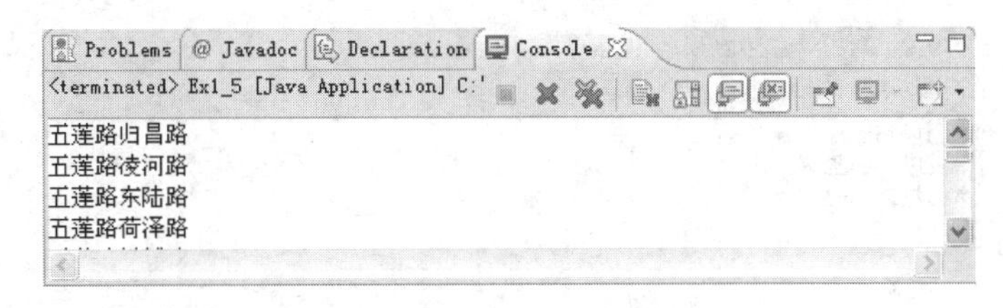

图 2.5　Ex2_5.java 输出结果

注意：当出现“.”或“”或其他相当于 Java 中关键字时，要进行转义使用“\”表示。

```
String s1 = "aa.bb.cc,dd,ee fff";
String s[ ] = s1.split("\\.|,| ");          //以" . "、","和空格分割字符串
```

5. 查找 indexOf()

从左到右开始查找，返回第一次匹配的位置，如果没有匹配则返回－1。

```
String s1 = "Hello Java, I love Java";
int x = s1.indexOf("Java");              //返回 6
```

返回是第一次出现字符串的位置，没有返回－1。
lastIndexOf()从右到左开始查找，返回第一次匹配的位置，如果没有匹配则返回－1。

```
int x = s1.lastIndexOf("Java");
```

6. 判断字符串是否包含，是否以某串开始或结束

(1) s1.contains(s2)：表示 s1 是否包含 s2 字串，是返回 true，否则返回 false。

(2) s1.startsWith(s2)：表示 s1 是否以 s2 字串开始，即 s2 是否是 s1 的一个前缀，是返回 true，否则返回 false。

(3) s1.endsWith(s2)：表示 s1 是否以 s2 字串结束，即 s2 是否是 s1 的一个后缀，是返回 true，否则返回 false。

例 2.6　字符串判断函数示例(Ex2_6.java)。

```
package chapter2;
public class Ex2_6 {
  public static void main(String[ ] args) {
      String s1 = new String("I love java");
      if(s1.startsWith("I"))
```

```
            System.out.println("串 s1 以 I 开始。");
        if(s1.endsWith("java"))
            System.out.println("串 s1 以 java 结束。");
        if(s1.contains("love"))
            System.out.println("串 s1 包含 love。");
    }
}
```

输出结果如图 2.6 所示。

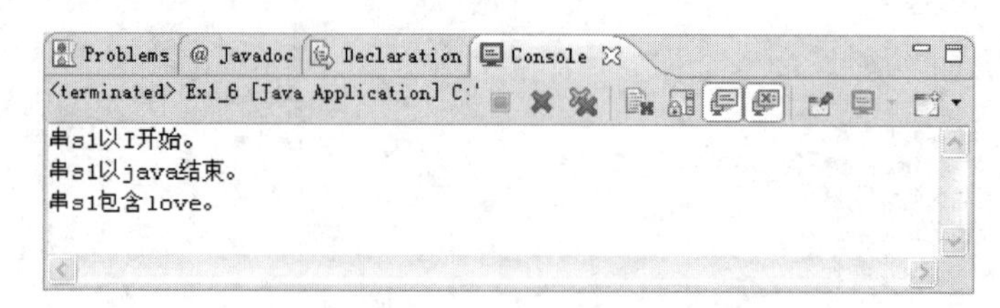

图 2.6 Ex2_6.java 输出结果

2.1.2 StringBuffer 类

StringBuffer 是内存中的字符串变量，可修改的字符串序列。该类的对象实体内存空间可以自动改变大小，可以存放一个可变的字符序列。与 String 最大的区别在于 StringBuffer 本身串的内容是可变的，所以如果需要频繁对字符串本身内容修改，又不想改变串的内存引用地址时适合使用它。

1. 构造函数

StringBuffer 类有 3 个构造方法：

- StringBuffer()：当使用第一个无参数的构造方法时，分配给该对象的实体初始容量可以容纳 16 个字符，当该扩展字符序列长度大于 16 时，实体容量自动增加以适应新字符串。
- StringBuffer(int size)：当使用第二个构造方法，可以指定分配给该对象的实体的初始容量为参数 size 指定的字符个数。当对象实体长度大于 size 时自动增加。
- StirngBuffer(String s)：当使用第三个构造方法，分配给该对象的实体的初始容量为参数字符串 s 的长度加 16，当对象实体长度大于初始容量时，实体容量自动增加。

```
StringBuffer buf1 = new StringBuffer();
StringBuffer buf2 = new StringBuffer("java");
```

StringBuffer 对象可以通过 length() 函数获取实体存放的字符序列长度。通过 capacity() 函数获取当前实体的实际容量。

2. 容量、实际长度

容量指 StringBuffer 目前可以存放的字符个数，如果不够则可以自动再开辟存储空间，而长度则是 StringBuffer 实际存储的字符个数。

```
buf1.capacity();                    //获取 buf1 的目前容量
buf2.length();                      //获取 buf2 的目前实际字符的个数
```

3. 向 StringBuffer 追加对象 append(Object)

```
buf1.append("Java").append(" C#").append(" VB");
```

当使用 append(Object)函数是 buf1 本身内容在改变，这和 String 有本质区别。例如，String 使用 substring()函数时 String 本身并没有变，只是读取其部分内容赋给另外的串而已。

4. 插入子串 insert(int index,Object)

```
buf1.insert(4," c++");              //在第 5 个位置处插入" c++"
```

5. 删除字串 delete(int start,int end)

```
buf1.delete(4,8);                   //删除从第 5 个位置到第 8 个位置的串
```

如果对字符串中的内容经常进行操作，特别是修改串内容时，则可以使用 StringBuffer。如果最后需要 String，那么可以使用 StringBuffer 的 toString()方法。

例 2.7　StringBuffer 示例(Ex2_7.java)。

```
package chapter2;
public class Ex2_7 {
  public static void main(String[ ] args) {
     StringBuffer sb1 = new StringBuffer();
     System.out.println("sb1 的初始容量为:" + sb1.capacity());
     System.out.println("sb1 的初始长度为:" + sb1.length());
     sb1.append("I").append(" love").append(" Java!");
     System.out.println("sb1 的容量为:" + sb1.capacity());
     System.out.println("sb1 的长度为:" + sb1.length());
     System.out.println("sb1 = " + sb1.toString());
     sb1.insert(1, " very");
     System.out.println("插入字符后 sb1 = " + sb1.toString());
     sb1.delete(1, 6);
     System.out.println("删除字符后 sb1 = " + sb1.toString());
  }
}
```

输出结果如图 2.7 所示。

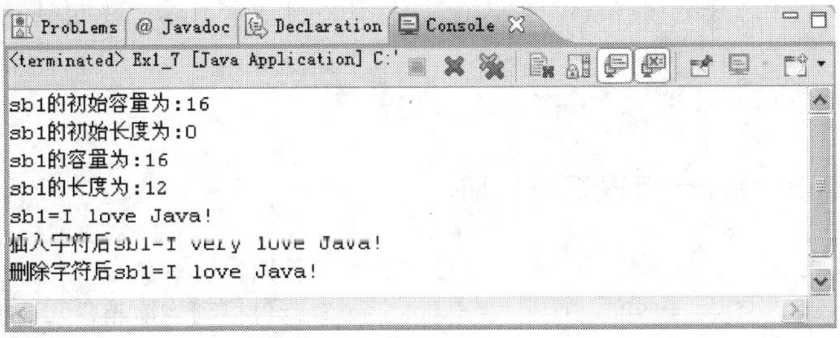

```
Problems  @ Javadoc  Declaration  Console
<terminated> Ex1_7 [Java Application] C:
sb1的初始容量为:16
sb1的初始长度为:0
sb1的容量为:16
sb1的长度为:12
sb1=I love Java!
插入字符后sb1=I very love Java!
删除字符后sb1=I love Java!
```

图 2.7　Ex2_7.java 输出结果

最后通过一个例子区分 String 与 StringBuffer 的用法。

例 2.8 String 与 StringBuffer 比较示例(Ex2_8.java)。

```
package chapter2;
public class Ex2_8 {
    public static void stringReplace (String text) {
      text = text.replace('j', 'i');
    }

    public static void bufferReplace (StringBuffer text) {
      text = text.append(" EE");
    }

    public static void main (String args[ ]) {
      String ts = new String("java");
      StringBuffer tb = new StringBuffer("java");
      stringReplace(ts);
      bufferReplace(tb);
      System.out.println(ts + "," + tb);
    }
}
```

输出结果如图 2.8 所示。

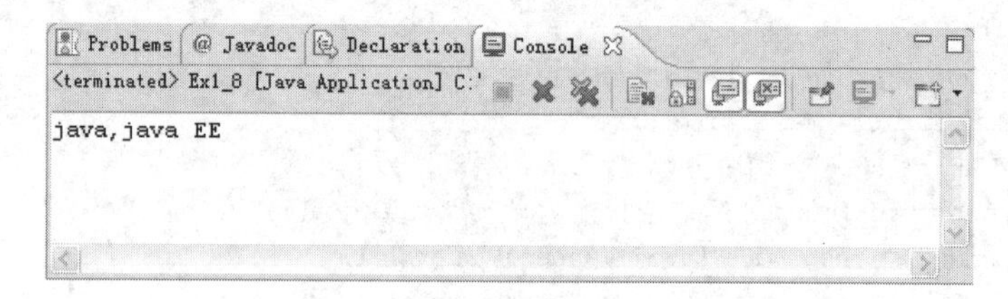

图 2.8 Ex2_8.java 输出结果

从结果可以看出两者输出的不同,这是因为 text = text.append (" EE"),append 方法会改变 text 中的值,而 text 与 tb 指向的地址是相同的,因此会输出 java EE。

2.2 日历类的使用

时间和日历以及时间的格式化处理在软件的设计中起着非常重要的作用,Calendar(日历类)、Date(日期类)和 DateFormat(日期格式化类)组成了 Java 日期处理基本函数集合。

2.2.1 Date 与 DateFormat 的使用

1. 创建 java.util.Date:获取系统日期

```
Date date = new Date();                 //以系统当前日期构造对象
int year = date.getYear() + 1900;       // date.getYear()得到当前年份与 1900 年的差值
int month = date.getMonth() + 1;        //月份下标从 0 开始
```

例 2.9 日期类操作实例(Ex2_9.java)。

```
package chapter1;
/*需要导入 java.util.Date 包中的日期类*/
import java.util.Date;
public class  Ex2_9{
  public static void main(String[] args) {
        Date date = new Date();                 //以系统当前日期构造对象
        int year = date.getYear() + 1900;       //date.getYear()表示当前年份与 1900 年之间的差值
        int month = date.getMonth() + 1;        //从 0 开始
        int weekday = date.getDay();            //礼拜天是 0 后面依次递增
        int day = date.getDate();
        int hour = date.getHours();
        int minutes = date.getMinutes();
        System.out.println("现在是" + year + "年" + month + "月" + day + "日 " + hour + "时" +
        minutes + "分");
  }
}
```

输出结果如图 2.9 所示。

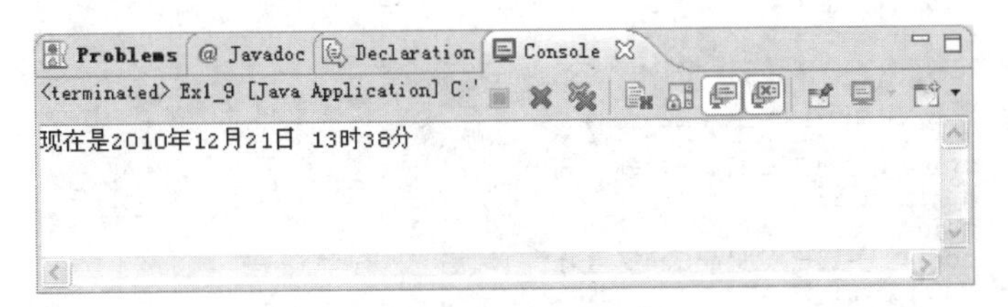

图 2.9 Ex2_9.java 输出结果

值得注意的是我们使用了 Date 构造函数创建一个日期对象，这个构造函数没有接受任何参数。而这个构造函数在内部使用了 System.currentTimeMillis()方法来从系统获取日期。

2. 日期格式化

上面例子我们可以看到，输出一个日期中年、月、日，其实是不怎么方便的，能不能根据用户需求输出日期呢？这时类 java.text.SimpleDateFormat 和它的抽象基类 java.text.DateFormat 就派上用场了。

SimpleDateFormat 是一个能将日期按照指定格式输出字符串，也可以将日期型字符串解析成日期型数据。

```
SimpleDateFormat format = new SimpleDateFormat("yyyy - MM - dd");
String s = format.format(date);
```

例 2.10 日期格式化示例(Ex2_10.java)。

```
package chapter2;
/*需要导入 java.util.Date 包中的日期类*/
import java.text.SimpleDateFormat;
import java.util.Date;
```

```
public class Ex2_10 {

public static void main(String[] args) {
    SimpleDateFormat format1 =
            new SimpleDateFormat("yyyy 年 MM 月 dd 日 HH 时 mm 分 ss 秒");
    SimpleDateFormat format2 = new SimpleDateFormat("yy/MM/dd HH:mm");
    SimpleDateFormat format3 = new SimpleDateFormat("yyyy - MM - dd HH:mm:ss");
    SimpleDateFormat format4 =
            new SimpleDateFormat("yyyy 年 MM 月 dd 日 HH 时 mm 分 ss 秒 E ");
      Date date = new Date();
      System.out.println(format1.format(date));
      System.out.println(format2.format(date));
      System.out.println(format3.format(date));
      System.out.println(format4.format(date));

      System.out.println(date.toString());
  }
}
```

输出结果如图 2.10 所示。

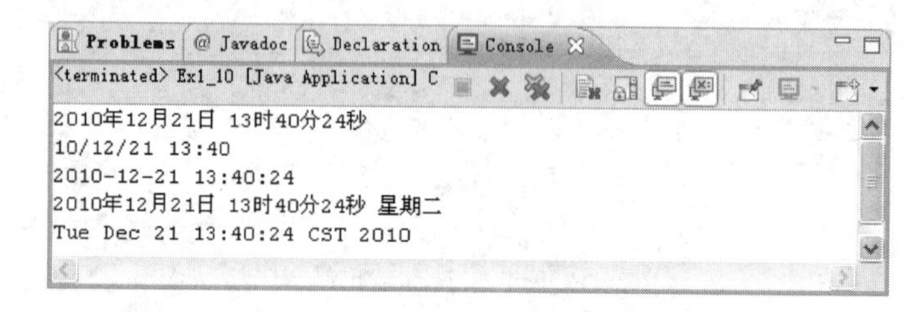

图 2.10 Ex2_10.java 输出结果

3. 文本数据解析成日期对象

假设有一个日期型的文本字符串，而我们希望解析这个字符串并从文本日期数据创建一个日期对象，则需要使用 SimpleDateFormat 类，通过 SimpleDateFormat 类 parse()方法，能将一个符合格式的日期型的字符串解析成日期。要注意字符串与格式一一对应，否则会出现解析异常。这个方法抛出 ParseException 异常，所以必须使用适当的异常处理技术。例如，String s="2012-10-15"; Date d2=format.parse(s);。

例 2.11 字符串解析成日期示例 (Ex2_11.java)。

```
package chapter2;
import java.text.ParseException;
import java.text.SimpleDateFormat;
import java.util.Date;
public class Ex2_11 {
  public static void main(String[] args) {
      SimpleDateFormat format1  = new SimpleDateFormat("yyyy 年 MM 月 dd 日");
      Date date  =  null;
      String s1  =  "2012 年 10 月 15 日";      //要求串与指定格式完全一致,否则导致异常
      try {
```

```
            date = format1.parse(s1);
        } catch (ParseException e) {
            e.printStackTrace();
        }
        System.out.println(format1.format(date));
    }
}
```

输出结果如图 2.11 所示。

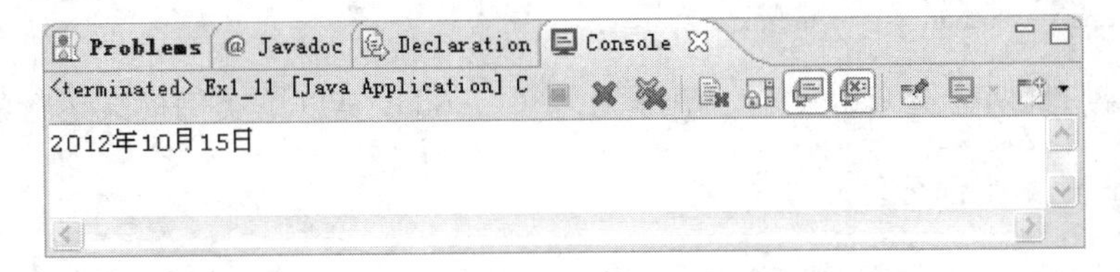

图 2.11 Ex2_11.java 输出结果

4. 计算日期差

没有直接计算日期之间差的函数，到底是差几天、几年、几个礼拜或是其他需要根据用户需求自己定义。Date 类提供了一个 getTime()函数计算当前日期对象与 1970 年 01 月 01 日 00:00:00 之间相差的毫秒数。通过该函数可以计算两个日期之间差的天数等。

例 2.12 计算日期差示例(Ex2_12.java)。

```
package chapter2;
import java.text.ParseException;
import java.text.SimpleDateFormat;
import java.util.Date;
public class Ex2_12 {
  public static void main(String[ ] args) throws Exception{
        Date date = new Date();
        long l = date.getTime();
        Date d1  =  new Date();
        SimpleDateFormat format  = new SimpleDateFormat("yyyy - MM - dd");
        String s  =  "1980 - 05 - 01";
        Date d2 = format.parse(s);
        int days = (int)((d1.getTime() - d2.getTime())/(1000 * 60 * 60 * 24));
        System.out.println("你已经度过了" + days + "天");
  }
}
```

输出结果如图 2.12 所示。

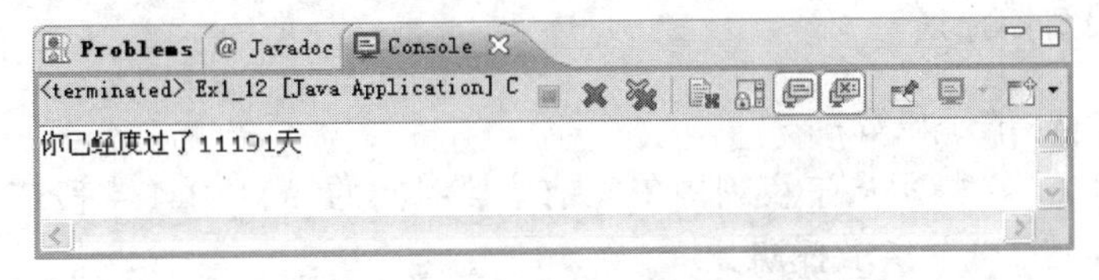

图 2.12 Ex2_12.java 输出结果

2.2.2 Calendar 日历类使用

Calendar 是日历类，用于完成日历的一些计算功能。Calendar 是一个抽象类，也就是说无法直接通过 new 方法获得它的一个实例，GregorianCalendar 是 Calendar 的一个具体实现。下面对该类的使用予以介绍。

1. 构造一个日历实例

```
Calendar cal = Calendar.getInstance();
```

以系统当期日期构造 Calendar 实例。注意 Calendar 是以单实例模式运行的。

2. 读取日期某个部分值

通过 get 函数，该函数需要一个日期部分描述符，表示取哪个部分。有了这些，我们就可以取得想要的任何需要的东西了，如果想知道今天是一年中的哪一天，就可以用：

```
int day = calendar.get(Calendar.DAY_OF_YEAR);
```

参数就是你想取得的 Field，所有的这些都在 Calendar 中定义好了。

```
int year = cal.get(Calendar.YEAR);
int weekday = cal.get(Calendar.DAY_OF_WEEK);
int days = cal.getActualMaximum(Calendar.DAY_OF_MONTH);
```

3. 设置时间 set

通过 set 函数可以重新设置日期某个部分值。该函数有两个参数，一个是日期部分描述符；另一个是该部分值。例如：

```
cal.set(Calendar.YEAR, 2010);
cal.set(Calendar.MONTH, 4);              //设置月份为 5
cal.set(Calendar.DAY_OF_MONTH, 5);       //下标从一开始
cal.set(Calendar.HOUR, 2);
cal.set(Calendar.MINUTE, 15);
```

4. 日期加法

通过 add 函数可以对日期某个部分值进行加减(负值即减法)。该函数有两个参数，一个是日期部分描述符，另一个是该部分值。例如：

```
cal.add(Calendar.MINUTE, 15);            //将当前日期实例分钟加上 15
```

5. 一些常见日期描述符

用于 get 和 set 的字段数字。

- static int AM：指示从午夜到中午之前这段时间的 AM_PM 字段值。
- static int DATE：指示日期。
- static int DAY_OF_MONTH：指示一个月中的某天。

- static int DAY_OF_WEEK：指示一个星期中的某天。
- static int DAY_OF_WEEK_IN_MONTH：指示当前月中的第几个星期。
- static int DAY_OF_YEAR：指示当前年中的天数。
- static int HOUR：指示上午或下午的小时。
- static int HOUR_OF_DAY：指示一天中的小时。
- static int WEEK_OF_YEAR：指示当前年中的星期数。
- static int YEAR：指示年。

例 2.13 日历类使用示例(Ex2_13.java)。

```
package chapter2;
import java.text.ParseException;
import java.text.SimpleDateFormat;
import java.util.Calendar;
public class Ex2_13 {
    public static void main(String[] args) throws ParseException {
      SimpleDateFormat sdf = new SimpleDateFormat("yyyy-MM-dd");
      Calendar  ca = Calendar.getInstance();        //当前日期
      ca.set(Calendar.DATE,11);                     //设为当前月的 11 号
      ca.add(Calendar.DATE, -1);                    //减一天,变为 10
      System.out.println(sdf.format(ca.getTime()));
    }
}
```

输出结果如图 2.13 所示。

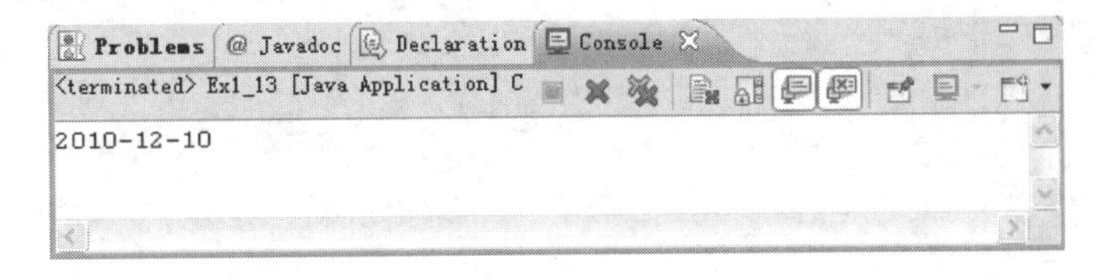

图 2.13 Ex2_13.java 输出结果

2.2.3 Java 定时器 Timer 类使用

在应用开发中，经常需要一些周期性的操作，比如每 5 分钟执行某一操作等。对于这样的操作最方便、高效的实现方式就是使用 java.util.Timer 工具类。

Timer 直接从 Object 继承，它相当于一个计时器，能够用它来指定某个时间来执行一项任务，或者每隔一定时间间隔反复执行同一个任务。创建一个 Timer 后，就会生成一个线程在后台运行，用以控制任务的执行。而 TimerTask 就是用来实现某项任务的类，它实现了 Runnable 接口，因此相当于一个线程。

1. 使用语法

例 2.14 定时器类使用示例(Ex2_14.java)。

```
package chapter2;
import java.util.Timer;
```

```
import java.util.TimerTask;
public class Ex2_14 {
 private static int count = 0;
 public static void add() {
        count++;
        System.out.println(count);
 }
 public static void main(String[ ] args) throws Exception {
        Timer timer = new Timer(true);
        timer.schedule(new TimerTask() {
             public void run() {
                   add();          //要操作的方法
             }
        }, 0,                      //要设定延迟的时间
        5 * 60 * 1000);            //周期的设定,每隔多长时间执行该操作
 }
}
```

使用这几行代码之后,Timer 本身会每隔 5 分钟调用一遍 add ()方法,不需要自己启动线程。Timer 本身也是多线程同步的,多个线程可以共用一个 Timer,不需要外部的同步代码。

输出结果如图 2.14 所示。

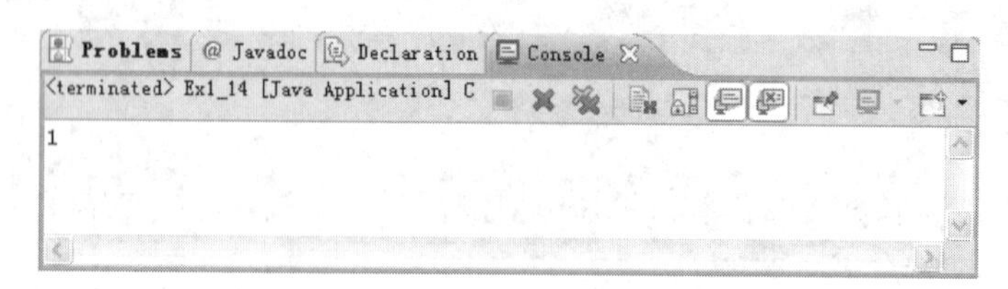

图 2.14　Ex2_14.java 输出结果

如何实现自己的任务调度?这需要继承 TimerTask,TimerTask 已经实现 Runnable 接口,因此只要重载 run()方法即可。创建 Timer 对象,调用 schedule()方法。

2. 调度函数

(1) Timer.schedule(TimerTask task,Date time)安排在指定的时间执行指定的任务。

(2) Timer.schedule(TimerTask task,Date firstTime,long period)安排指定的任务在指定的时间开始进行重复的固定延迟执行。

(3) Timer.schedule(TimerTask task,long delay)安排在指定延迟后执行指定的任务。

(4) Timer.schedule(TimerTask task,long delay,long period)安排指定的任务从指定的延迟后开始进行重复的固定延迟执行。

(5) Timer.scheduleAtFixedRate(TimerTask task,Date firstTime,long period)安排指定的任务在指定的时间开始进行重复的固定速率执行。

(6) Timer.scheduleAtFixedRate(TimerTask task,long delay,long period)安排指定的任务在指定的延迟后开始进行重复的固定速率执行。

注意：由于 Java 的特点，在开发 JDK 的过程中要考虑到不同平台，不同平台的线程调度机制是不同的，因此各种平台下 JVM 的线程调度机制也是不一致的。从而 Timer 不能保证任务在指定的时间内执行。另外由于 TimerTask 是实现 Runnable 接口的，在 TimerTask 被放进线程队列睡眠一段时间(wait)之后，当到了该唤醒该 TimerTask 时，由于执行的确切时机取决于 JVM 的调度策略和当前还有多少线程在等待 CPU 处理。因此就不能保证任务在所指定的时间内执行。

2.3 本章小结

String 以及日期类在我们以后的 Java EE 编程中经常用到。应该说学习这一章内容相对较轻松。可以复习一下面向对象 Java 程序设计基础知识。彻底理解类、对象、实例以及面向对象的其他知识，如继承、接口等。这对于以后进一步编程起到很大的促进作用。这一章讲到 Timer 类使用时，涉及了多线程知识。如果没有理解多线程编程，这里就不能更好地理解其内容。查阅相关资料，以便更多了解线程概念以及在 Java 语言中如何进行多线程编程。

第3章 Java集合框架

3.1 Java 集合概念

集合是什么呢？很难给集合下一个精确的定义，通常情况下，把具有相同性质的一类东西，汇聚成一个整体，就可以称为集合。比如某个学校的全体班级、某个公司的全体员工等都可以称为集合。了解 Java 中的集合，我们先从数据在内存中的存储结构说起，这样更容易理解集合。一般数据存储结构分为以下几种。

(1) 顺序存储：指元素在内存中连续的存储在一起，根据第一个元素的地址和每个元素所占的字节很容易计算其他任意位置的元素的地址，进而可以访问该元素，如数组。数组名就是数组的首地址，通过下标很快能够访问其他元素。这种存储方式有利于元素访问，但增加与删除元素的性能不高。大家应该有印象，对于一个已经开辟好空间的数组，如果删除其中某个位置元素的值，需要将其后的元素前移，再将最后元素赋予一个特殊的值，以示删除，其实本质上空间并未释放。在集合中有类 ArrayList 也是这样存储的。

(2) 链式存储：元素一般由值 Data 和 Next 域构成，元素在内存中不需要连续的空间，元素通过一个指向下一个元素地址的指针链在一起。这种存储的数据结构典型代表是单向链表。对于单向链表一般只需要保留链表的头指针，通过头指针依次取下一个元素可以访问任意位置的元素。在 Java 集合类中 LinkedList 是一个双向链表。

(3) 散列存储 Hash：元素值决定了对象在内存中的存储位置。元素值应该是唯一的。元素值本身并不能决定对象的存储位置，需要通过一种散列(Hash)技术来处理，产生一个被称作散列码(Hash code)的整数值，散列码通常用作一个偏置量，该偏置量是相对于分配给映射的内存区域起始位置的，由此确定元素的存储位置。理想情况下，散列处理应该产生给定范围内均匀分布的值，而且每个关键字应得到不同的散列码。在 Java 集合类中 HashSet 是一个使用 Hash 算法计算存储地址的类。

(4) Map 映射存储：与散列存储不同的是它每个元素由关键字(Key)与值(Value)构成，根据元素 Key 以及相应的散列算法计算元素存储地址。Key 不能重复，映射与集或列表有明显区别，映射中每个项都是成对的。内存中存储的每个元素都有一个相关的关键字对象。

集合类存放于 java. util 包中。集合类存放的都是对象的引用，而非对象本身，出于表达上的方便，我们称集合中的对象(或元素)就是指集合中对象的引用。

Java 集合框架主要由接口与其实现的类构成。图 3.1 描述了 Java 集合框架图。集合类型主要有 3 种：set(集)、list(列表)和 map(映射)。

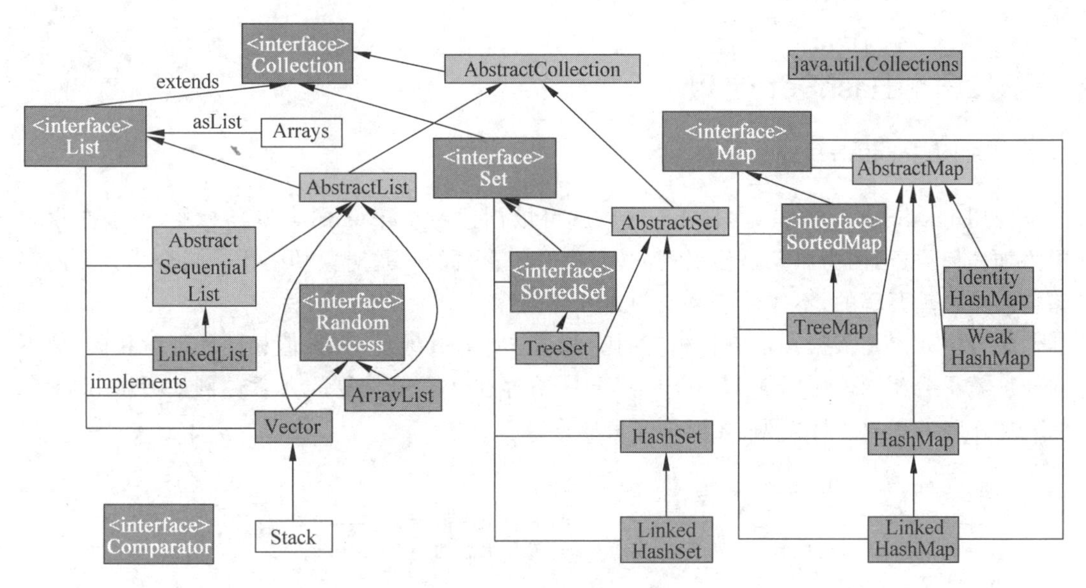

图 3.1　Java 集合框架图

1. 集 Set 接口

集是最简单的一种集合，Set 和数学中的集合是同一个概念，就是没有重复元素的集合，Set 接口不保证维护元素的次序。

HashSet 采用散列函数对元素进行排序，这是专门为快速查询而设计的；TreeSet 采用红黑树的数据结构进行排序元素；LinkedHashSet 内部使用散列以加快查询速度，同时使用链表维护元素的次序，使得元素看起来是以插入的顺序保存的。需要注意的是，生成自己的类时，Set 需要维护元素的存储顺序，因此要实现 Comparable 接口并定义 compareTo() 方法。

2. 列表 List 接口

列表的主要特征是其对象以线性方式存储，没有特定大小顺序，只有一个开头和一个结尾。当然，它与根本没有顺序的集是不同的。列表在数据结构中分别表现为数组和向量、链表、堆栈、队列。

3. 映射 Map 接口

映射与集或列表有明显区别，映射中每个项都是成对的。映射中存储的每个对象都有一个相关的关键字对象，关键字决定了对象在内存中的存储位置，检索对象时必须提供相应的关键字，就像在字典中查单词一样，关键字应该是唯一的。

3.2 Java 集合使用

3.2.1 HashSet 使用

1. HashSet 构造与增加元素

使用 HashSet set=new HashSet();就可以创建一个 HashSet 集合对象,可以向集合中添加任何对象,因为对象是传引用的,而集合中存放的就是对象的引用。集合中元素的存储空间是自动开辟的,不像数组需要预先开辟内存。

集合中元素是依据元素值和相应的哈希算法计算其地址,元素值相同地址就相同,值不同地址就不会相同。所以在 HashSet 集合中不存在元素值重复的元素。例如,HashSet 存储就像夜晚的星星一样排列,无所谓先后顺序。

```
HashSet set = new HashSet();
set.add("a");                              //向集合中添加一个 String
set.add(new Integer(1));                   //向集合中添加一个 Integer
int x[] = {1,2,3,5};
set.add(x);                                //向集合中添加数组
Student s = new Student("1001","zhou");
set.add(s);                                //向集合中添加一个自定义类的对象
```

2. 遍历 HashSet 集合中的元素

集合中元素是依据元素值和相应的哈希算法计算其地址,所以如何读取集合中的元素,需要遍历算法即使用迭代器。所谓遍历是指按照某种顺序,对于集合中每个元素仅访问一次,不重复也不遗漏。Iterator(迭代)是指获取集合中元素的过程,实际上帮助获取集合中的元素。

迭代器代替了 Java Collections Framework 中的 Enumeration。迭代器与枚举不同之处在于迭代器在迭代期间可以从迭代器所指向的集合中移除元素。可以将迭代器想象为将集合中的散列的元素穿成一条线,可以沿着这条线访问从开始元素到最后的元素。

例 3.1 集合 HashSet 使用示例(HashSetDemo1.java)。

```
package chapter3;
import java.util.HashSet;
import java.util.Iterator;
public class HashSetDemo1 {
 public static void main(String[] args) {
      HashSet hs = new HashSet();
      hs.add(new String("Java"));
      hs.add(new String("c++"));
      hs.add(new Integer(100));
      hs.add(new Double(100.2));
      Iterator it = hs.iterator();
      while(it.hasNext()){                 //判断是否还有下一个元素
```

```
                Object obj = it.next();         //取迭代器中下一个值
                if(obj instanceof String )      //判断是否是 String 类的实例
                    System.out.println("String:" + obj);
                if(obj instanceof Integer )     //判断是否是 Integer 类的实例
                    System.out.println("Integer:" + obj);
                if(obj instanceof Double )      //判断是否是 Double 类的实例
                    System.out.println("Double:" + obj);
            }
        }
    }
```

输出结果如图 3.2 所示。

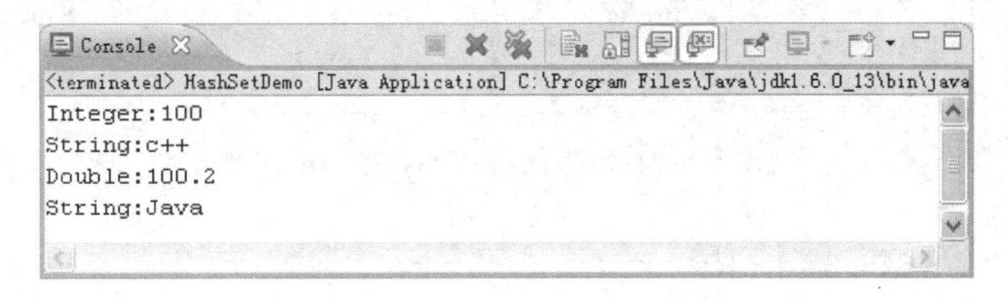

图 3.2 HashSetDemo1.java 输出结果

注意：

(1) 输出结果元素的顺序和实际放置的顺序不一致，事实上 Set 集合中不存在顺序的问题，其存放地址是计算出来的。

(2) 判断对象所属的类可以通过 obj.getClass().getName()得到类名来判断。

(3) 判断对象是否是数组 obj.getClass().isArray()。

3. 删除 HashSet 中元素

```
hs.remove(Object);
```

例如：

```
hs..remove("Java");                         //在集合 hs 中删除"Java"元素
```

删除所有元素可以使用集合对象的 clear()函数。

4. 判断是否包含某个元素 contains(Object)

例 3.2 集合 HashSet 使用示例(HashSetDemo2.java)。

```
package chapter3;
import java.util.HashSet;
public class HashSetDemo2 {
    public static void main(String[] args) {
            HashSet hs = new HashSet();
            hs.add(new String("Java"));
            hs.add(new String("c++"));
```

```
        hs.add(new Integer(100));
        hs.add(new Double(100.2));
        if(hs.contains(new String("Java")))
           System.out.println("集合中包含 java");
    }
}
```

输出结果如图 3.3 所示。

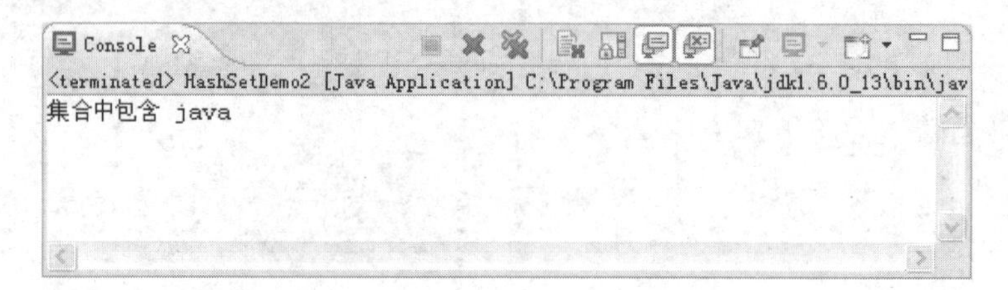

图 3.3 HashSetDemo2.java 输出结果

3.2.2 TreeSet 使用

TreeSet 是一个有序的 Set 集合，下面给出 TreeSet 使用示例。

例 3.3 集合 TreeSet 使用示例(TreeSetDemo1.java)。

```
package chapter3;
import java.util.Iterator;
import java.util.TreeSet;
public class TreeSetDemo1 {
public static void main(String[ ] argv) {
      TreeSet tree = new TreeSet();           //使用默认排序算法
      tree.add("d");                          //通过 add()方法向树中增加元素
      tree.add("c");
      tree.add("a");
      tree.add("b");
      Iterator it = tree.iterator();
      while (it.hasNext()) {
          System.out.print(it.next() + ",");
      }
    }
}
```

输出结果如图 3.4 所示。

Console
<terminated> TreeSetDemo1 [Java Application] C:\Program Files\Java\jdk1.6.0_13\bin\jav
a,b,c,d,

图 3.4 TreeSetDemo1.java 输出结果

从输出结果中可以看出,TreeSet 中的元素被排序了。只是该例子是使用默认的排序算法。如何自定义排序？可以在 Java 集合中实现接口 Comparator 来实现自定义排序,例如:

```
class MyCmp implements Comparator{
    public int compare(Object obj1,Object obj2){
        int x = 0;
        x = obj1.toString().compareTo(obj2.toString());
        return x;
    }
}
```

然后将该类的对象作为 TreeSet 构造函数的实际参数,即将自定义比较类对象作为构造函数参数,这样就可以使用自定义排序算法。该函数结果决定两个元素的先后位置。

```
TreeSet tree = new TreeSet(new MyCmp());
```

其原理是:向 tree 增加元素时,自动调用 MyCmp 类的 compare(obj1,obj2)函数,根据 compare(obj1,obj2)函数返回值决定元素 obj1、obj2 的顺序。

例 3.4 根据学生成绩排序,当成绩相同时按照学号进行排序。

(1) 定义学生类。

```
package chapter3.compare;
public class Student {
   private String sno, sname;
   private int score;
   public Student(String sno, String sname, int score) {
         super();
         this.sno = sno;
         this.sname = sname;
         this.score = score;
   }
   public String getSno() {
         return sno;
   }
   public void setSno(String sno) {
         this.sno = sno;
   }
   public String getSname() {
         return sname;
   }
   public void setSname(String sname) {
         this.sname = sname;
   }
   public int getScore() {
         return score;
   }
   public void setScore(int score) {
         this.score = score;
```

```
    }
}
```

(2) 定义一个用于比较的算法类。

```
package chapter3.compare;
import java.util.Comparator;
public class MyCmp implements Comparator {
    //向集合中添加元素时,自动调用compare(Object obj1, Object obj2)
    //并将新增加的元素与原有元素比较,根据返回值决定新元素插入位置
    //示例中,根据学生成绩排序,当成绩相同时按照学号进行排序
    public int compare(Object obj1, Object obj2) {
        int x = 0;
        Student s1 = (Student)obj1;
        Student s2 = (Student)obj2;
        if(s1.getScore()> s2.getScore())
            x = -1;
        else if(s1.getScore()< s2.getScore())
            x = 1;
        else{  //当成绩相等时比较学号
            x = s1.getSno().compareTo(s2.getSno());
        }
        return x;
    }
}
```

(3) 定义一个测试类。

```
package chapter3.compare;
import java.util.*;
public class Test {
   public static void main(String[] args) {
        TreeSet tree = new TreeSet(new MyCmp());
        Student s1 = new Student("1001","zhou",67);
        Student s2 = new Student("1002","lou",87);
        Student s3 = new Student("1003","zhang",87);
        Student s4 = new Student("1004","zhao",76);
        tree.add(s1);tree.add(s2);
        tree.add(s3);tree.add(s4);
        Iterator it = tree.iterator();
        while(it.hasNext()){
            Student s = (Student)it.next();
            System.out.println(s.getSno() + "," + s.getSname() + "," + s.getScore());
        }
   }
}
```

以下输出结果如图3.5所示。值得仔细研究一下,试着动手完成一个。

注意:compare(Object obj1, Object obj2)谁是新增元素,谁是集合中已有的元素?请读者动手实验得出结论。

```
Console
<terminated> Test [Java Application] C:\Program Files\Java\jdk1.6.0_13\bin\javaw.exe (
1002,lou,87
1003,zhang,87
1004,zhao,76
1001,zhou,67
```

图 3.5 Test.java 输出结果

3.2.3 ArrayList 使用

接口 List 次序是 List 最重要的特点，它确保维护元素特定的顺序。List 从 Collection 接口继承过来并添加了一些抽象方法，例如，添加了插入与移除元素的抽象函数。

ArrayList 类实现 List 接口，可以将 ArrayList 理解成是一个动态的数组。既然它是一个数组，它就可以按照下标对其中元素进行操作。动态是指 ArrayList 能够自动分配或释放空间，它允许对元素进行快速随机访问，但是向 List 中间插入与移除元素的速度很慢。当元素的增加或移除发生在 List 中央位置时，效率很差。如果频繁地进行增加或删除元素操作，则不宜使用 ArrayList 类。

1. 构造与集合元素读写 ArrayList list = new ArrayList()；

例 3.5 集合 ArrayList 使用示例(ArrayListDemo.java)。

```
package chapter3;
import java.util.*;
import chapter3.compare.Student;
public class ListDemo1 {
   public static void main(String[] argv) {
         List list = new ArrayList();
         Student s1 = new Student("1001","zhou",67);
         Student s2 = new Student("1002","lou",87);
         Student s3 = new Student("1003","zhang",87);
         Student s4 = new Student("1004","zhao",76);
         list.add(s1);list.add(s2);list.add(s3);list.add(s4);
         for(int i = 0;i < list.size();i++){
              Student s = (Student)list.get(i);
              System.out.println(s.getSno() + "," + s.getSname() + "," + s.getScore());
         }
   }
}
```

输出结果如图 3.6 所示。

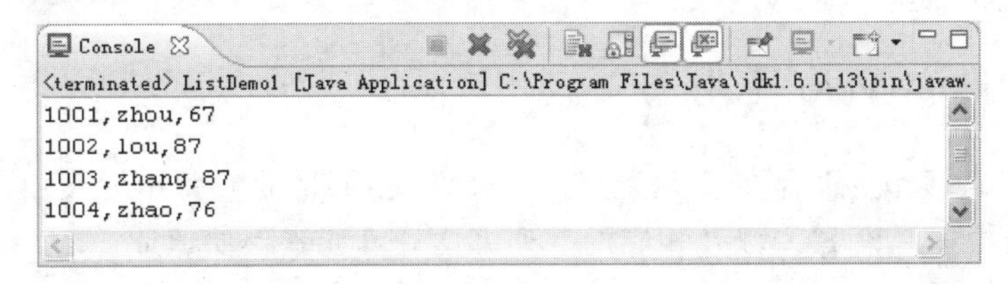

图 3.6 ListDemo1.java 输出结果

注意：ArrayList 是一个动态分配内存地址的数组，元素可以通过下标快速地访问，所以 ArrayList 要求连续的内存空间。可以通过索引或对象引用来删除 ArrayList 集合中的元素。例如，list.remove(2)；删除集合中第三个元素，也可以用 list.remove(s3)；来删除。

2. LinkedList 的使用

LinkedList 与 ArrayList 相反，适合用来进行增加和移除元素，但随机访问的速度较慢。此外，可以通过 LinkedList 来实现栈 stack 与队列 queue。

LinkedList 中的 addFirst()、addLast()、getFirst()、getLast()、removeFirst()、removeLast()等函数从前部、末尾或中间位置插入或删除元素。

例 3.6 集合 LinkedList 使用示例(LinkedListDemo.java)。

```
package chapter3;
import java.util.LinkedList;
public class LinkedListDemo {
   public static void main(String[] argv) {
         LinkedList list = new LinkedList();
         list.add("a");                                    //在尾部追加
         list.addFirst("b");                               //在头部增加元素
         list.addLast("c");                                //在尾部追加
         list.add(1, "d");                                 //在第二个位置插入元素
         System.out.print(list.getFirst() + " ");          //读取头部元素
         System.out.print(list.getLast() + " ");           //读取尾部元素
         System.out.print(list.get(1)  + " ");             //读第二个位置元素
         list.removeFirst();                               //删除头部元素
         list.removeLast();                                //删除尾部元素

         System.out.print(list.getFirst() + " ");          //读取头部元素
         System.out.print(list.getLast() + " ");           //读取尾部元素
   }
}
```

输出结果如图 3.7 所示。请仔细研究输出结果，注意 LinkList 的头部和尾部元素。

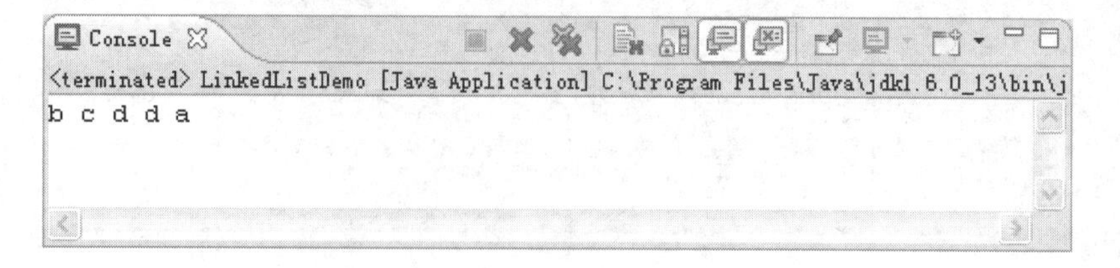

图 3.7 LinkedListDemo.java 输出结果

3.2.4 HashMap 使用

HashMap 是 Map 接口下的实现类，与 HashSet 不同的是它每个元素由关键字 Key 与值 Value 构成，根据元素 Key 以及相应的散列算法计算元素存储地址。

1. 构造 HashMap 以及向集合中添加元素

```
HashMap map = new HashMap();
map.put(key, value);
map.put("1001", "zhou");          //向 map 中添加元素,第一个参数为 key,第二个参数为 value
map.put("1002", "zhang");
map.put("1003", "zhou");
```

2. 在 Map 接口中可以根据关键字查找对应元素值

```
String s = map.get("1002").toString(); //"1002"为 key,该函数返回关键字对应的值
```

3. 如何遍历集合中所有元素

有两种思路：第一种是读出集合中所有的关键字，根据关键字集合依次查找各个元素的值。第二种是能不能把 Map 看成是 Set 一样，只是 Map 集合中元素由两个对象组成，可以把这两个对象看成一个对象的两个属性，然后就可以遍历了。

例 3.7　第一种遍历方法示例(MapDemo1.java)。

```
package chapter3;
import java.util.*;
public class MapDemo1 {
public static void main(String[] args) {
      HashMap map = new HashMap();
      map.put("1001", "张军");
      map.put("1002", "李元");
      map.put("1003", "王钧");
      Set keys = map.keySet();                      //读取所有关键字集合
      Iterator it = keys.iterator();                //遍历关键字集合
      while (it.hasNext()) {
           String s = map.get(it.next()).toString(); //通过关键字查找元素值
           System.out.println(s);
      }
   }
}
```

输出结果如图 3.8 所示。

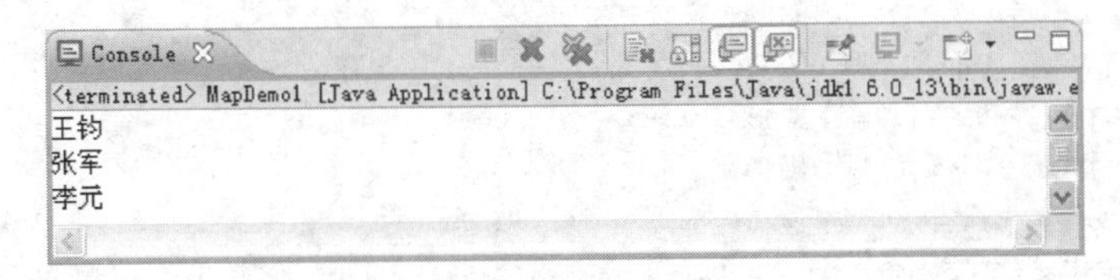

图 3.8　MapDemo1.java 输出结果

例 3.8　第二种遍历方法示例(MapDemo2.java)。

```
package chapter3;
import java.util.*;
```

```
public class MapDemo2 {
    public static void main(String[] args) {
        HashMap map = new HashMap();
        map.put("1001", "张军");
        map.put("1002", "李元");
        map.put("1003", "王钧");
        Set keys = map.entrySet();                    //读取 Map 集合
        Iterator it = keys.iterator();
        //遍历 Map 中的元素,注意元素是 Key + Value 构成
        while (it.hasNext()) {
            Map.Entry e = (Map.Entry)it.next();    //相当于将 Key,Value 变成一个对象两属性
            System.out.println("key = " + e.getKey() + " value = " + e.getValue());
        }
    }
}
```

输出结果如图 3.9 所示。

```
Console
<terminated> MapDemo2 [Java Application] C:\Program Files\Java\jdk1.6.0_13\bin\javaw.e
key=1003 value=王钧
key=1001 value=张军
key=1002 value=李元
```

图 3.9　MapDemo2.java 输出结果

4. TreeMap 集合

TreeMap 与 HashMap 一样,TreeMap 集合中元素是由 Key 与 Value 组成的,但 TreeMap 中的元素是依据 Key 有序存放的。

```
TreeMap map = new TreeMap();
```

例 3.9　集合 TreeMap 使用示例(TreeMapDemo.java)。

```
package chapter3;
import java.util.*;
public class TreeMapDemo {
    public static void main(String[] args) {
        TreeMap map = new TreeMap();
        map.put("1002", "张军");
        map.put("1001", "李元");
        map.put("1010", "王钧");
        Set keys = map.entrySet();          //读取 Map 集合
        Iterator it = keys.iterator();      //遍历 Map 中的元素,注意元素是由 Key + Value 构成
        while (it.hasNext()) {
            Map.Entry e = (Map.Entry)it.next();
            System.out.println("key = " + e.getKey() + " value = " + e.getValue());
        }
    }
}
```

输出结果如图 3.10 所示。

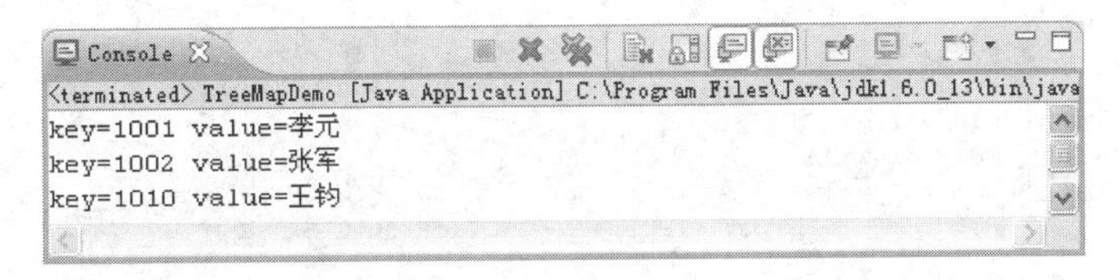

图 3.10 TreeMapDemo.java 输出结果

从输出结果可以看出，元素已经排序了。如何自定义排序算法？在 java.util 包中，Comparator 接口适用于一个类有自然顺序的时候。假定对象集合是同一类型，该接口允许把集合排序成自然顺序。

int compareTo(Object o)：比较当前实例对象与对象 o，如果位于对象 o 之前，返回负值；如果两个对象在排序中位置相同，则返回 0；如果位于对象 o 后面，则返回正值。和前面讲的排序步骤一致。

例 3.10 按照学号倒序排列示例。

首先创建一个排序算法，实现 Comparator 接口，重写 compare()方法，实现自定义排序算法。每次向 Map 中添加元素时都自动调用该函数，对于传进的两个 key 比较大小，该函数返回值决定了元素的先后顺序。

(1) 创建一个比较算法类。

```
package chapter3.treecmp;
import java.util.Comparator;
public class MyCmp implements Comparator{
   public int compare(Object obj1, Object obj2) {
      int x = obj2.toString().compareTo(obj1.toString());
      return x;
   }
}
```

(2) 定义一个测试类。创建 Map 对象，测试该自定义算法。注意输出结果。

```
package chapter3.treecmp;
import java.util.*;
public class Test {
public static void main(String[] args) {
      TreeMap map = new TreeMap(new MyCmp());
      map.put("1002", "周平");
      map.put("1001", "张军");
      map.put("1010", "张力");
      Set keys = map.entrySet();       //读取 Map 集合
      Iterator it = keys.iterator();
      while (it.hasNext()) {           //遍历 Map 中的元素，注意元素是 Key + Value 构成
         Map.Entry e = (Map.Entry)it.next();
         System.out.println("key = " + e.getKey() + " value = " + e.getValue());
      }
   }
}
```

输出结果如图 3.11 所示。

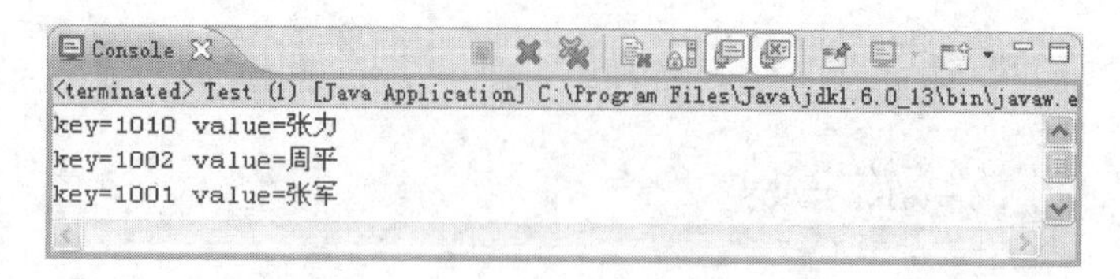

图 3.11 Test.java 输出结果

3.2.5 中文排序问题

比较函数对于英文字母或数字排序都没有问题，数字排序也正常，注意排序是区分大小写的，因为 ASCII 码中小写字母比大写字母靠后，中文排序则明显不正确。这个主要是 Java 中使用中文编码 GB2312 或者 JBK 时，char 型转换成 int 型的过程出现了比较大的偏差。Java 中之所以出现偏差，主要是 compare 方法的问题，所以这里自己实现 Comparator 接口，而国际化的问题，使用 Collator 类来解决。

例 3.11 按照姓名进行排序示例(MyCmp2.java)。

(1) 创建一个比较类。

```
package chapter3.treecmp;
import java.text.Collator;
import java.util.Comparator;
import java.text.CollationKey;
public class MyCmp2 implements Comparator{
     Collator collator = Collator.getInstance();
     //提供以与自然语言无关的方式来处理文本、日期、数字和消息的类和接口
     //获取当前默认语言环境的 Collator
     public int compare(Object obj1, Object obj2) {
     /* getCollationKey()函数将字符串转换为能够与 CollationKey.compareTo 进行比较的一系
     列字符 */
      CollationKey key1 = collator.getCollationKey(obj1.toString());
      CollationKey key2 = collator.getCollationKey(obj2.toString());
      return key1.compareTo(key2);
  }
}
```

(2) 编写测试类。

```
package chapter3.treecmp;
import java.util.*;
public class Test {
   public static void main(String[] args) {
        TreeMap map = new TreeMap(new MyCmp2());
        map.put("周平", "1002");
        map.put("张军", "1001");
        map.put("李力", "1010");
        Set keys = map.entrySet();     //读取 Map 集合
        Iterator it = keys.iterator();
        while (it.hasNext()) {
```

```
            Map.Entry e = (Map.Entry) it.next();
            System.out.println("key=" + e.getKey() + " value=" + e.getValue());
        }
    }
}
```

输出结果如图 3.12 所示。

图 3.12 Test.java 输出结果

更多中文排序以及相关问题请下载 SourceForge 的 pinyin4j 项目的 jar 包，可以解决一些中文问题，pinyin4j 的项目地址是 http://pinyin4j.sourceforge.net/。

例如，包中 PinyinHelper 类的 toHanyuPinyinStringArray(char c)方法，该方法返回该字的汉语拼音数组。如“王”字返回：[wang2，wang4]，说明该字有两种读法，分别为 wang2，第二声；wang4，第四声 String[]a＝PinyinHelper.toHanyuPinyinStringArray(c)。

3.3 Java 泛型编程

泛型编程(Generic Programming)是一种语言机制，能够帮助实现一个通用的标准容器库。所谓通用的标准容器库，简单地说就是在编程时不需要知道具体是什么样的数据类型，而设计一个通用的算法。例如，编写一个排序算法，针对整型数据或 String 类型的数据排序算法的思想其实都是一样的，所以我们可以编出一个不依赖于具体数据类型的通用算法，在实际使用时才将通用算法中数据类型指明。这样有利于算法与数据结构完全分离，其中算法是泛型的，不与任何特定数据结构或对象类型系在一起。泛型是 Java SE 1.5 的新特性，泛型的本质是参数化类型，也就是说所操作的数据类型被指定为一个参数。这种参数类型可以用在类、接口和方法的创建中，分别称为泛型类、泛型接口、泛型方法。

在 Java SE 1.5 之前，没有泛型的情况下，通过对类型 Object 的引用来实现参数的“任意化”，“任意化”带来的缺点是要做显式的强制类型转换，而这种转换是要求开发者对实际参数类型可以预知的情况下进行的。对于强制类型转换错误的情况，编译器可能不提示错误，在运行的时候才出现异常，这是一个安全隐患。

泛型的好处是在编译的时候检查类型安全，并且所有的强制转换都是自动和隐式的，提高代码的重用率。泛型的类型参数只能是类类型(包括自定义类)，不能是简单类型。同一种泛型可以对应多个版本(因为参数类型是不确定的)，不同版本的泛型类实例是不兼容的。

这里不去详细讨论 Java 泛型编程技术了，下面通过实例说明 Java 泛型技术在集合中的应用。

1. 没有使用泛型的集合示例

```
package chapter1.ar;
import java.util.ArrayList;
import java.util.List;
import chapter1.ar.Student;
public class ArrayListDemo {
public static void main(String[] argv) {
      List list = new ArrayList();
      Student s1 = new Student("1001","zhou",67);
      Student s2 = new Student("1002","lou",87);
      Student s3 = new Student("1003","zhang",87);
      Student s4 = new Student("1004","zhao",76);
      list.add(s1);list.add(s2);
      list.add(s3);list.add(s4);
      for(int i = 0;i < list.size();i++){
            Student s = (Student)list.get(i);
            /*注意每次取出来都有强制转换,至于转换是否错误,编译时无法检查。如果错误运行
            时产生异常,这样显然类型不安全*/
      System.out.println(s.getSno() + "," + s.getSname() + "," + s.getScore());
      }
     }
}
```

2. 使用泛型示例

其实泛型是在集合创建时就设定集合中放置何种类型的对象。这样以后读出元素时就不需要强制转换了。如果不是泛型,则向集合中无论添加何种对象都是当做对象Object,所以取出来也是Object需要强制转换。例如:

```
ArrayList<Student> list = new ArrayList<Student>();
HashSet<Student>    set = new HashSet<Student>();
TreeMap<String, Integer> tree = new TreeMap<String, Integer>();
```

例3.12 泛型编程示例ArrayListFX.java。

```
package chapter1.ar;
import java.util.ArrayList;
import java.util.List;
public class ArrayListFX {
public static void main(String[] argv) {
      List<Student> list = new ArrayList<Student>();
      Student s1 = new Student("1001","zhou",67);
      Student s2 = new Student("1002","lou",87);
      Student s3 = new Student("1003","zhang",87);
      Student s4 = new Student("1004","zhao",76);
      list.add(s1);list.add(s2);
      list.add(s3);list.add(s4);
```

```
        for(int i = 0;i < list.size();i++){
            Student s = list.get(i);      //取出后不需要转换
            System.out.println(s.getSno() + "," + s.getSname() + "," + s.getScore());
        }
    }
}
```

在比较接口中也可以使用泛型，例如：

```
public class MyCmp2 implements Comparator < Student >{
        public int compare(Student s1, Student s2) { ...... }
}
```

3.4　本章小结

本章主要介绍了Java集合框架。学习这一章知识后，要深刻理解集合原理以及各种集合的区别。集合是数据在缓存中存储的一个重要方式。为什么有那么多类型不同的集合？各种集合使用场合有什么不一样？要区分Set、List、Map接口之间的异同。在Java EE中对数据进行存储时，都可以考虑集合，但要依据存储要求的不同，如读优先还是写优先，选择适合的集合类型。最后还介绍了Java泛型编程。限于篇幅本章没有详细研究泛型编程技术，如果要深入了解泛型编程，请查阅相关资料。

第4章 JDBC编程技术

4.1 MySQL 数据库

MySQL 是一个小型关系型数据库管理系统，开发者为瑞典 MySQLAB 公司，在 2008 年 1 月被 Sun 公司收购。MySQL 被广泛地应用在 Internet 上的中小型网站中。由于其体积小、速度快、总体拥有成本低，尤其是开放源码这一特点，许多中小型网站为了降低网站总体拥有成本而选择了 MySQL 作为网站数据库。另外 MySQL 尤其受到 Java 教育的欢迎，成为学习 Java EE 编程者的首选数据库。下面简单介绍 MySQL 的基本操作。

(1) 首先启动数据库服务。启动数据库服务，MySQL 就开启一个进程在某个端口(默认为 3306)上侦听是否有客户端向数据库服务器发出连接请求。有则将请求发送给 DBMS。如果 MySQL 数据库服务没有启动则需要启动服务，选择“我的电脑”|“控制面板”|“管理工具”|“MySQL 服务”选项，打开的界面如图 4.1 所示。

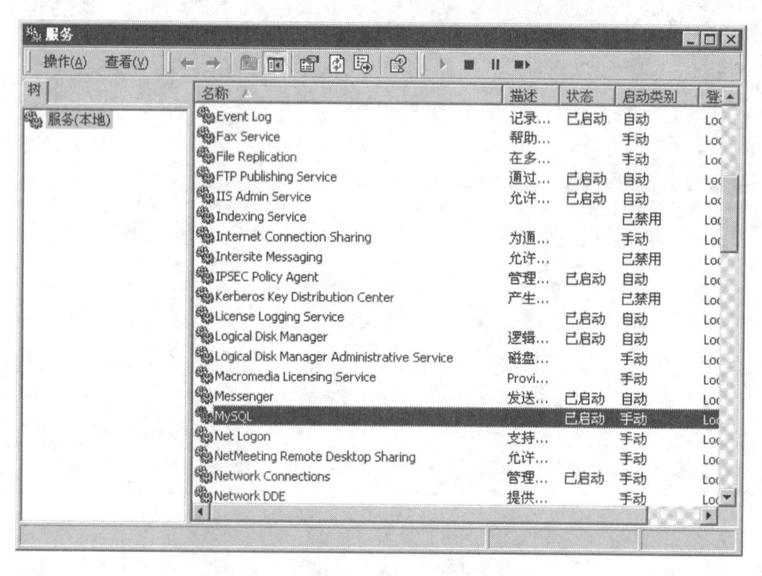

图 4.1　启动 MySQL 数据库服务

(2) 进入数据库。登录账号：root，该账户的初始密码是在安装时设定的，如图 4.2 所示。

(3) 在 MySQL Command Line Client 中执行以下语句，创建数据库、表以及添加记录。

```
MySQL Command Line Client
Enter password: ****
Welcome to the MySQL monitor.  Commands end with ; or \g.
Your MySQL connection id is 1 to server version: 5.0.22-community-nt

Type 'help;' or '\h' for help. Type '\c' to clear the buffer.

mysql> _
```

图 4.2 输入信息进入 MySQL 数据库

```
create database mydb;
use mydb;
create table student(
   sno int not null primary key,
   sname varchar(15) not null,
   sbirth varchar(15),
   saddress varchar(50)
);
insert into student values(1000,'周章','1990-12-12','上海杨浦');
insert into student values(1001,'张三','1992-12-12','上海浦东');
insert into student values(1002,'李四','1990-12-12','上海浦东');
insert into student values(1003,'王俊','1990-12-12','上海普陀');
drop table student;
drop database mydb;
```

MySQL 数据库容易出现中文乱码问题，可以通过修改 MySQL 默认的字符集解决。

- 找到 MySQL 安装目录中的一个名为 my.ini 的数据配置文件。
- 找到文件中两处“default-character-set=latin1”，将 latin1 换成 GBK。
- 重新启动 MySQL 服务即可。如果在此之前创建过数据库，则可以先删除数据库，在服务重新启动后再重新创建。

4.2 JDBC 编程基本概念

1. JDBC 基本概念

JDBC 是一种可用于执行 SQL 语句的 JavaAPI（Application Programming Interface，应用程序设计接口），它由一些 Java 类组成，如图 4.3 所示。JDBC 给数据库应用开发人员、数据库前台工具开发人员提供了一种标准的应用程序设计接口，使开发人员可以用纯 Java 语言编写完整的数据库应用程序。

通过使用 JDBC，开发人员可以很方便地将 SQL 语句传送给几乎任何一种数据库。也就是说，开发人员可以不必写一个程序访问 SyBase，写另一个程序访问 Oracle，再写一个程序访问 Microsoft 的 SQL Server。用 JDBC 写的程序能够自动地将 SQL 语句传送给相应的数据库管理系统(DBMS)。不但如此，使用 Java 编写的应用程序可以在任何支持 Java 的平台上运行，不必在不同的平台上编写不同的应用。

简单地说，JDBC 能完成下列 3 件事：

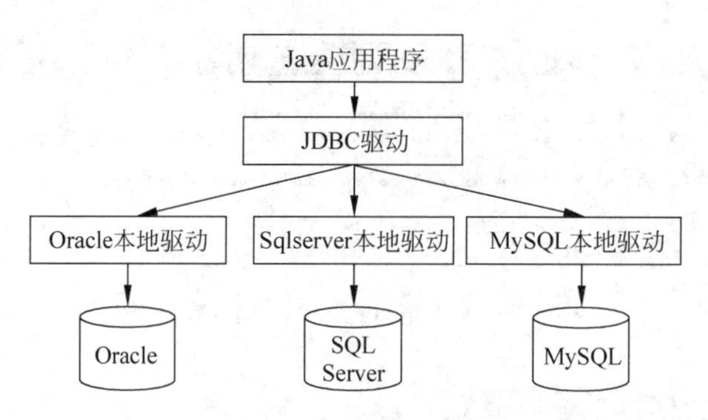

图 4.3 JDBC 编程框架

(1) 同一个数据库建立连接；

(2) 向数据库发送 SQL 语句；

(3) 处理数据库返回的结果。

从图中可以看出，应用程序通过 JDBC 访问数据库，其实不必关注数据库类型，使用 JDBC 访问各种数据库都是一致的。

2. JDBC 数据库编程基本步骤

在介绍 JDBC 主要函数之前，先来了解一下 JDBC 数据库编程的基本步骤，这个基本步骤非常重要，其他的功能都是在这个基本步骤上面开展起来的。

下面这个简单的程序演示了如何在 Java 中连接、打开和查询一个数据库。本例中以 MySQL 为数据库平台。

(1) 将驱动程序导入到工程，程序中加载驱动。

一般在安装计算机的某个硬件时都需要装驱动，操作系统依据该驱动程序与硬件相联系。应用程序与数据库是两个独立的产品，如果要使用 Java 连接数据库，就需要驱动将两者联系起来。如果把连接对象看做是应用程序同数据库连接的桥梁的话，驱动程序类似于建造该桥梁的原材料。随着连接的数据库不同，驱动也不同。JDBC 驱动程序是由很多访问数据库的类构成，为了管理方便将这些类打包成一个 jar 文件。驱动可以在网上下载，并且需要添加到工程中。访问 MySQL 数据库的驱动文件为 mysql-connector-java-3.1.10-bin.jar。

```
String driver = "com.mysql.jdbc.Driver";      //驱动程序描述字符串
Class.forName(driver);                        //在程序中根据驱动程序描述字符串加载驱动程序
```

(2) 创建连接对象 Connection。

在主函数中定义连接数据库的字符串 url，url 包括数据库服务器地址及数据库名。此处使用的是 MySQL 数据库，所以用的是 MySQL 驱动程序，不同的数据库用不同的驱动程序。如果使用的不是 MySQL，请替换此行。服务器地址是安装数据库的主机的 IP，如果在本机，也可以用 localhost 来连接。数据库名是已经在数据库系统中建立过的，这里是 support。

```
String url = "jdbc:mysql://127.0.0.1:3306/support";
//一般形式是 jdbc:mysql://数据库 IP 地址:端口/数据库名
```

```
Connection con = DriverManager.getConnection(url,"root","1234");
//"root","1234"是连接 MySQL 的用户名,密码,根据实际情况修改
```

(3) 在连接对象上创建命令对象 Statement。

通过 Statement 类所提供的方法,可以利用标准的 SQL 命令对数据库直接进行新增、删除或修改操作。

```
Statement cmd = con.createStatement();
```

(4) 执行 SQL 语句。

```
String sql = "select * from customers";
```

执行 select 语句,返回结果集 ResultSet。ResultSet 本质上是指向数据行的游标。每调用一次 next() 方法,游标向下移动一行。最初它位于第一行之前,因此第一次调用 next 将把光标置于第一行上,使它成为当前行。随着每次调用 next 导致游标向下移动一行,按照从上至下的次序获取 ResultSet 行。

```
ResultSet rs = cmd.executeQuery(sql);
rs.next();                //移动结果集,指向下一行
取指向行某个列值 rs.getXXX(列号或列名);
rs.getString(1);          //表示取当前行第 1 列,该列在数据库中类型为 char,varchar
```

这里补充说明 ResultSet 的使用。

假如我们创建数据库以及表的 SQL 语句如下:

```
create database support;
use support;
create table students(
    sno   int not null primary key,
    sname varchar(15),
    ssex  varchar(2),
    sdept varchar(15)
);
```

则我们执行查询命令之后取数据语句如下:

```
Statement cmd = con.createStatement();
String sql = "select * from students";
ResultSet rs = cmd.executeQuery(sql);

while(rs.next()){
    int sno = rs.getInt(1);              //表示取当前行第一列,因为这列数据类型是 int 类型的
                                         //所以使用 getSInt()方法
    String sname = rs.getString(2);      //表示取当前行第二列
    String ssex = rs.getString(3);       //表示取当前行第三列
    String sdept = rs.getString(4);      //表示取当前行第四列
    System.out.printf("%-8d%-20s%-3s%-20s\n",sno,sname,ssex,sdept);
}
```

(5) 关闭连接。

关闭连接是一种好的编程习惯。不使用数据库就不要占着连接了。

```
con.close();
```

3. 完整示例

例 4.1 数据库访问示例(DBDemo1.java)。

```
package chapter4;
/* 程序的第一句导入我们需要用到的 JDBC API,为了方便,这里以 * 来导入在 SQL 中定义的所有包,
也可以只指定你用到的类,如 java.sql.Connection 等
*/
import java.sql.*;
public class DBDemo1 {
 public static void main(String[] args) throws Exception{
        /* 将驱动程序导入到工程,程序中加载驱动 */
        Class.forName("com.mysql.jdbc.Driver");
        /* 创建连接对象 Connection */
        String url = "jdbc:mysql://127.0.0.1:3306/support";
        Connection con = DriverManager.getConnection(url,"root","4846");

        /* 在连接对象上创建命令对象 Statement */
        Statement cmd = con.createStatement();
        String sql = "select * from student";
        ResultSet rs = cmd.executeQuery(sql);

        while (rs.next()) {
          int sno = rs.getInt(1);
          /* 表示取当前行第一列,因为这列数据类型是 int 类型的,所以使用 getInt()
          方法 */
          String sname = rs.getString(2);        //表示取当前行第二列
          String ssex = rs.getString(3);         //表示取当前行第三列
          String sdept = rs.getString(4);        //表示取当前行第四列
          System.out.printf("%-8d%-6s%-3s%-20s\n",sno, sname, ssex, sdept);
        }
        con.close();
    }
}
```

输出结果如图 4.4 所示。

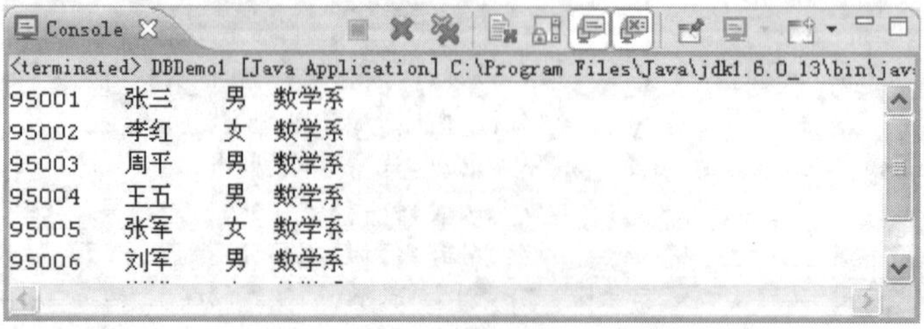

```
Console
<terminated> DBDemo1 [Java Application] C:\Program Files\Java\jdk1.6.0_13\bin\jav
95001   张三    男   数学系
95002   李红    女   数学系
95003   周平    男   数学系
95004   王五    男   数学系
95005   张军    女   数学系
95006   刘军    男   数学系
```

图 4.4 DBDemo1.java 输出结果

注意：

(1) 一般所下载的驱动程序可能以.jar为扩展名，要么就要把此文件包含在classpath中，或者在MyEclipse中将驱动程序添加到工程中。

(2) 数据库服务器IP要填准确，如果在本机，请直接使用localhost，用户名和口令是用来操作数据库的用户和口令，不要认为是操作系统的用户名和口令。

(3) 最后要注意，使用完一个连接后要及时关闭，养成好的编程规范。

4. 常用的连接字符串

(1) 连接ODBC。

```
Class.forName("sun.jdbc.odbc.JdbcOdbcDriver");
Connection conn = DriverManager.getConnection("jdbc:odbc:person");
```

其中person为数据源的名称。

(2) 连接SQLServer 2000、SQLServer 2005以及SQLServer 2008。

```
Class.forName("com.microsoft.sqlserver.jdbc.SQLServerDriver");
String url = "jdbc:sqlserver://192.168.1.110:2173; database = msdb;user = sa;password = 4846";
Connection con = DriverManager.getConnection(url);
```

其中：url="jdbc:sqlserver://服务器IP地址:服务器SQL Server占用端口号;数据库名称;连接SqlServer的用户名;密码"。

(3) 连接Oracle。

```
String driver = "oracle.jdbc.driver.OracleDriver";
String url = "jdbc:oracle:thin:@127.0.0.1:1521:MYORA";
Class.forName(driver);
Connection con = DriverManager.getConnection(url ,"zhouping","12345");
```

其中：url="dbc:oracle:thin:@服务器IP地址:服务器Oracle占用端口号;数据库实例名";。

4.3 JDBC高级编程

4.3.1 PreparedStatement研究

1. PreparedStatement概念

什么是带参数的SQL语句，在JDBC中如果SQL语句带有"?"(占位符)号，如"String sql ="select * from students where sno=?";"这里并不是表示查询学号为"?"的学生，而是表示这里是一个参数，在执行该语句之前，必须为参数赋值。

在JDBC应用中，如果你已经是稍有水平的开发者，你就应该始终以PreparedStatement代替Statement。也就是说，减少使用Statement。基于以下的原因：

(1) 代码的可读性和可维护性

虽然用PreparedStatement来代替Statement会使代码多出几行，但这样的代码无论从可读性还是可维护性上来说，都比直接用 Statement 的代码好得多。

```
cmd.executeUpdate("insert into tb_name (col1,col2,col2,col4)values('" + var1 + "','" + var2 + "'," + var3 + ",'" + var4 + "')");
cmd = con.prepareStatement("insert into tb_name (col1,col2,col2,col4) values (?,?,?,?)");
```

（2）PreparedStatement 提高性能

每一种数据库都会尽最大努力对预编译语句提供最大的性能优化，因为预编译语句有可能被重复调用。所以语句在被 DB 的编译器编译后的执行代码被缓存下来，那么下次调用时只要是相同的预编译语句就不需要编译，只要将参数直接传入编译过的语句执行代码中(相当于一个函数)就会得到执行。

2. 如何使用 PreparedStatement

（1）通过连接获得 PreparedStatement 对象，用占位符(?)构造 SQL 语句。

```
PreparedStatement cmd = con.preparedStatement("select * from Students where  sname = ?");
```

（2）设置输入参数值。一定要在执行 SQL 语句中设置值。

```
cmd.setString(1,"张三");          //1 表示从左到右数的第一个参数,"张三"是为第一个参数
                                  //设置的值,如果还有其他参数则需要一个一个赋值
```

（3）执行 SQL 语句。

```
rs = cmd.excuteQuery();
```

Statement 发送完整的 SQL 语句到数据库不是直接执行，而是由数据库先编译再运行，每次都需要编译。而 PreparedStatement 是先发送带参数的 SQL 语句，由数据库先编译，再发送一组参数值。

例 4.2 数据库访问示例(DBDemo2.java)。

```
package chapter4;

import java.sql.*;
public class DBDemo2 {
 public static void main(String[] args) throws Exception {
      String driver = "com.mysql.jdbc.Driver";
      Class.forName(driver);
      String url = "jdbc:mysql://127.0.0.1:3306/support";
      Connection con = DriverManager.getConnection(url, "root", "4846");
      String sql = "insert into student values(?,?,?,?)";
      PreparedStatement cmd = con.prepareStatement(sql);
      cmd.setInt(1, 95007);
      cmd.setString(2, "吴兵");
      cmd.setString(3, "男");
      cmd.setString(4, "计算机科学系");
      cmd.executeUpdate();
      con.close();
  }
}
```

4.3.2 如何获得元数据 MetaData

元数据最本质、最抽象的定义为 data about data (关于数据的数据)。它是一种广泛存在的现象,在许多领域有其具体的定义和应用。简单地说,元数据就是关于数据的数据或关于信息的信息。例如,书的文本就是书的数据,而书名、作者、版权数据都是书的元数据。一般数据库系统用它来表示数据的信息,如数据的类型、长度、存放位置等关于数据的信息用来管理和维护数据。元数据的使用,可以大大提高系统的检索和管理的效率。连接和结果集的大量信息可以从元数据对象中得到,JDBC 提供了两个元数据对象类型:DatabaseMetaData 和 ResultSetMetaData。

JDBC 通过元数据(MetaData)来获得具体的表的相关信息。例如,可以查询数据库中有哪些表,表有哪些字段,以及字段的属性等。MetaData 中通过一系列 getXXX 将这些信息返回给我们。

数据库元数据 Database MetaData 用 connection. getMetaData()获得,包含了关于数据库整体元数据信息。

结果集元数据 ResultSet MetaData 用 resultSet. getMetaData()获得,比较重要的是获得表的列名、列数等信息。

1. 结果集元数据对象:ResultSetMetaData meta = rs.getMetaData();

- 字段个数:meta. getColomnCount();
- 字段名字:meta. getColumnName();
- 字段 JDBC 类型:meta. getColumnType();
- 字段数据库类型:meta. getColumnTypeName()。

2. 数据库元数据对象:DatabaseMetaData dbmd = con.getMetaData();

- 数据库名:dbmd. getDatabaseProductName();
- 数据库版本号:dbmd. getDatabaseProductVersion();
- 数据库驱动名:dbmd. getDriverName();
- 数据库驱动版本号:dbmd. getDriverVersion();
- 数据库 Url:dbmd. getURL();
- 该连接的登录名:dbmd. getUserName()。

3. 使用举例

```
ResultSet rs = cmd.executeQuery("SELECT * FROM survey");
ResultSetMetaData rsMetaData = rs.getMetaData();
int n = rsMetaData.getColumnCount();              //共取多少列
String columnName = rsMetaData.getColumnName(i); //第 i 列名称
String tableName = rsMetaData.getTableName(i);   //表名
```

4. 元数据访问示例

例 4.3 元数据访问示例(DBDemo3. java)。

```
package chapter4;
import java.sql.*;
public class DBDemo3 {


public static void main(String[] args) throws Exception {
    Class.forName("com.mysql.jdbc.Driver");

    /* 创建连接对象 Connection */
    String url = "jdbc:mysql://127.0.0.1:3306/support";
    Connection con = DriverManager.getConnection(url, "root", "xxxx");

    /* 在连接对象上创建命令对象 Statement */
    Statement cmd = con.createStatement();
    String sql = "select * from student";

    ResultSet rs = cmd.executeQuery(sql);
    ResultSetMetaData rsmd = rs.getMetaData();
    int n = rsmd.getColumnCount();    //共取多少列
    for(int i = 1;i <= n;i++)
      System.out.printf("%-10s",rsmd.getColumnName(i));
      System.out.println();
     while (rs.next()) {
       int sno = rs.getInt(1);
       String sname = rs.getString(2);
       String ssex = rs.getString(3);
       String sdept = rs.getString(4);
       System.out.printf("%-10d%-10s%-10s%-10s\n",sno, sname, ssex, sdept);
    }
    con.close();
}
```

输出结果如图 4.5 所示。

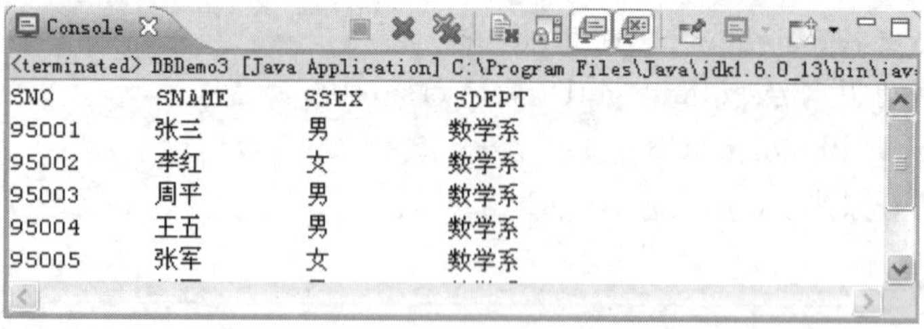

Console

<terminated> DBDemo3 [Java Application] C:\Program Files\Java\jdk1.6.0_13\bin\jav

SNO	SNAME	SSEX	SDEPT
95001	张三	男	数学系
95002	李红	女	数学系
95003	周平	男	数学系
95004	王五	男	数学系
95005	张军	女	数学系

图 4.5 DBDemo3.java 输出结果

也可以从数据库服务器中一些系统表或视图获取元数据。这样操作元数据更为方便，但这个依赖于数据库服务器类型，不能做到通用化。在 MySQL 视图中可以查询：

- INFORMATION_SCHEMA.SCHEMATA：存储数据库服务器中数据库信息。
- INFORMATION_SCHEMA.COLUMNS：存储数据库服务器中表列信息。
- NFORMATION_SCHEMA.TABLES：存储数据库服务器中表的信息。

从而获取数据库中的元数据信息。

4.3.3　事务处理

1. 什么是 Java 事务

通俗地理解，事务就是一组原子操作单元；从数据库角度说，就是一组 SQL 指令，要么全部执行成功，若因为某个原因其中一条指令执行有错误，则撤销先前执行过的所有指令。更简洁地说就是：要么全部执行成功，要么撤销全部不执行。既然事务的概念从数据库中来，那 Java 事务是什么？之间有什么联系？实际上，一个 Java 应用系统如果要操作数据库，则是通过 JDBC 来实现的。增加、修改、删除都是通过相应方法间接来实现的，事务的控制也相应转移到 Java 程序代码中，因此数据库操作的事务习惯上就称为 Java 事务。

2. 为什么需要事务

事务是为解决数据安全操作提出的，事务控制实际上就是控制数据的安全访问。举一个简单例子：银行转账业务，账户 A 要将自己账户上的 1000 元转到 B 账户下面，A 账户余额首先要减去 1000 元，然后 B 账户要增加 1000 元。假如在中间网络出现了问题，A 账户减去 1000 元已经结束，B 因为网络中断而操作失败，那么整个业务失败，必须做出控制，要求 A 账户转账业务撤销。这才能保证业务的正确性，完成这个操作就需要事务，将 A 账户资金减少和 B 账户资金增加方到一个事务里面，要么全部执行成功，要么操作全部撤销，这样就保持了数据的安全性。

3. JDBC 事务

JDBC 事务是用 Connection 对象控制的。Connection 提供了两种事务模式，即自动提交和手工提交。在 JDBC 中，事务操作默认是自动提交。也就是说，一条对数据库的更新表达式代表一项事务操作，操作成功后，系统将自动调用 commit()来提交，否则将调用 rollback()来回滚。

在 JDBC 中，可以通过调用 setAutoCommit(false)来禁止自动提交。之后就可以把多个数据库操作的表达式作为一个事务，在操作完成后调用 commit()来进行整体提交，倘若其中一个表达式操作失败，都不会执行到 commit()，并且将产生响应的异常；此时就可以在异常捕获时调用 rollback()进行回滚。这样做可以保持多次更新操作后相关数据的一致性，示例如下：

例 4.4　数据库事务编程示例(DBDemo4.java)。

```
package chapter4;
import java.sql.*;
public class DBDemo4 {
 public static void main(String[] args) throws Exception {
      Connection con = null;
      try {
          String driver = "com.mysql.jdbc.Driver";
          Class.forName(driver);
          String url = "jdbc:mysql:  //127.0.0.1:3306/support";
```

```
            con = DriverManager.getConnection(url, "root", "4846");
            String sql = "insert into student values(95011,'张三','男','数学系')";
            Statement cmd = con.createStatement();
            con.setAutoCommit(false);          //设置自动提交事务为 false,开始我们定义的事务
            cmd.executeUpdate(sql);
            cmd.executeUpdate(sql);
            con.commit();                      //提交事务
            con.close();
        } catch (Exception ex) {
            try {
            con.rollback();
        } catch (SQLException e) {
            }
        }
}}
```

数据库中查询结果如图 4.6 所示。

```
MySQL Command Line Client

mysql> select * from student;
+-------+-------+------+--------------+
| SNO   | SNAME | SSEX | SDEPT        |
+-------+-------+------+--------------+
| 95002 | 李红  | 女   | 计算机科学系 |
| 95003 | 周平  | 男   | 计算机科学系 |
| 95004 | 王五  | 男   | 计算机科学系 |
| 95005 | 张军  | 女   | 计算机科学系 |
| 95006 | 刘军  | 男   | 计算机科学系 |
| 95007 | 谢进  | 女   | 计算机科学系 |
+-------+-------+------+--------------+
6 rows in set (0.02 sec)
```

图 4.6 DBDemo4.java 执行后数据库表中的记录

这里特意增加了两条相同的记录,因为数据库中设置了主键,第一条记录添加成功第二条记录增加不成功,但从运行结果中看出一条记录也没有添加进数据库,说明事务全部回滚。

4.4 数据库分层设计

4.4.1 常用的 O/R 映射

对象关系映射(Object Relational Mapping,ORM)是一种为了解决面向对象与关系数据库存在的互不匹配的现象的技术。简单地说,ORM 是通过使用描述对象和数据库之间映射的元数据,将 Java 程序中的对象自动持久化到关系数据库中。本质上就是将数据从一种形式转换到另外一种形式。

ORM 是随着面向对象的软件开发方法发展而产生的。面向对象的开发方法是当今企业级应用开发环境中的主流开发方法,关系数据库是企业级应用环境中永久存放数据的主流数据存储系统。对象和关系数据是业务实体的两种表现形式,业务实体在内存中表现为

对象，在数据库中表现为关系数据。内存中的对象之间存在关联和继承关系，而在数据库中，关系数据无法直接表达多对多关联和继承关系。因此对象关系映射（ORM）系统一般以中间件的形式存在，主要实现程序对象到关系数据库数据的映射。

4.4.2 分层设计示例

我们现在编写程序都要进行分层设计，即将系统分为界面层、业务层以及控制层等。一般将数据库访问代码放在一个类或几个类中（Java 中将这几个类置于一个包 Package 中）供界面层调用，我们现在使用 OR 映射思想来进行数据库访问技术进行分层设计，所谓 OR 映射是指将数据库的表映射成程序中的类，表中列映射称为类的属性。OR 映射在后面开源章节里会详细介绍。对数据库访问的一些操作简称 DAO 层。下面使用示例来说明，请读者认真体会。

（1）假设创建顾客表（含顾客编号、姓名、电话等列）的 SQL 语句如下：

```
create Table customers(
  customerid varchar(20),
  name varchar(20),
  phone varchar(20)
);
```

（2）编写一个类映射数据库中的表。

```
public class Customer {
 private String cusid, cusname, cusphone;
 public Customer() {
 }
 public Customer(String cusid, String cusname, String cusphone) {
    this.cusid = cusid;
    this.cusname = cusname;
    this.cusphone = cusphone;
 }
 public String getCusid() {
    return cusid;
 }
 public void setCusid(String cusid) {
    this.cusid = cusid;
 }
 public String getCusname() {
    return cusname;
 }
 public void setCusname(String cusname) {
    this.cusname = cusname;
 }
 public String getCusphone() {
    return cusphone;
 }
 public void setCusphone(String cusphone) {
    this.cusphone = cusphone;
```

```
    }
}
```

（3）编写一个操作类DAO，实现数据库表记录添加、删除、修改以及查询等操作。

```
public class CustomerDAO{
 /*增加顾客*/
 public void addCustomer(Customer cus){
   try{
      Class.forName(driver);
      Connection con = DriverManager.getConnection(url,"root","4846");
      String sql = "insert into customers values(?,?,?)";
      PreparedStatement cmd = con.prepareStatement(sql);
      cmd.setString(1, cus.getCid());
      cmd.setString(2, cus.getCname());
      cmd.setString(3, cus.getCphone());
      cmd.executeUpdate();
      con.close();
     }catch(Exception ex){
     }
  }
  /*删除顾客*/
  public void deleteCustomerByID(String cusID){
   try{
      Class.forName(driver);
      Connection con = DriverManager.getConnection(url,"root","4846");
      String sql = "delete from customers where customerId = ?";
      PreparedStatement cmd = con.prepareStatement(sql);
      cmd.setString(1, cusID);
      cmd.executeUpdate();
      con.close();
     }catch(Exception ex){
     }
  }
  /*查询所有顾客*/
  public List<Customer> allCustomers(){
    ArrayList<Customer> list = new ArrayList<Customer>();
    try{
       Class.forName(driver);
       Connection con = DriverManager.getConnection(url,"root","4846");
       Statement cmd = con.createStatement();
       ResultSet rs = cmd.executeQuery("select * from customers");
       while(rs.next()){
           Customer c = new Customer();
           c.setCid(rs.getString(1));
           c.setCname(rs.getString(2));
           c.setCphone(rs.getString(3));
           list.add(c);
       }
      con.close();
```

```
        }catch(Exception ex){
        }
        return list;
    }
}
```

(4) 编写客户端，测试该DAO类。

```
package com;
import bean.Customer;
import dao.CustomerDao;
import java.util.*;
public class Demo {
    public static void main(String[] args) throws Exception{
            CustomerDao dao = new CustomerDao();
            ArrayList<Customer> clist = dao.allCustomers();
            for(int i = 0;i<clist.size();i++){
                    Customer cus = clist.get(i);
                    System.out.println(cus.getCid());
            }
    }
}
```

4.5 本章小结

本章主要介绍了Java数据访问技术JDBC。在应用程序中数据都要进行持久化存储。持久化存储就是将数据存储在文件中或数据库中，不会因为机器关机或掉电等数据丢失。JDBC并没有设计为针对某个特殊的数据库，而是提供了一个统一的数据库访问技术。所以尽管面对不同的数据库产品，JDBC数据库编程都是统一的。但最后还是要转换为本地数据兼容的形式。这就是为什么要加载驱动程序的原因。本章使用的数据库为MySQL，如果要对其他数据库进行编程（如SQL Server 2005、Oracle等）基本思路都是一样的，只不过一些细节可能不同，如数据库访问驱动以及访问数据库的链接URL形式不同等。多动手写一些程序才是重要的。

Java对XML编程

5.1 XML 基本概念

XML 即可扩展的标记语言，可用于定义语义标记，是元标记语言。XML 与超文本标记语言 HTML 不同，HTML 只能使用规定的标记，对于 XML，用户可以定义自己需要的标记。本质上 XML 文件是一个纯文本文件。具体来说 XML 可以应用于以下几个方面：

1. XML 可用于存储数据

XML 本质上是纯文本文件，所以可用于存储文本数据，可以编写程序读取数据库中数据并将其存储于 XML 文件中。当然也可以通过 XML 编程技术将 XML 文件中的数据转存于其他形式文件或数据库之中。XML 可以使数据更有用，可供更多的用户使用。

2. XML 用于交换数据

通过使用 XML，可以在互不兼容的系统间交换数据。在现实世界中，计算机系统和数据库通过互不兼容的格式来容纳数据。对开发人员来说，其中一个挑战就是如何在因特网上的系统之间交换数据。XML 已经是一个国际标准，所以可以将 XML 文件作为中间交换文件。将数据转换为 XML 格式存储，可以降低这种复杂性，并创建可被许多不同类型的应用程序读取的数据。

3. XML 可被用来共享数据

通过使用 XML，纯文本文件可用于共享数据。XML 提供了独立于软硬件的数据共享解决方案。这使得不同的应用程序都可以更容易地创建数据。

5.1.1 XML 文档结构

XML 文档总体上包括两部分，即序言(Prolog)和文档元素(Document Elements)。序言中包含 XML 声明(XML Declaration)、处理指令(Processing Instructions)和注释(Comments)；文档元素中包含各种元素(Elements)、属性(Attributes)、文本内容(Textual Content)、字符和实体引用(Character and Entity References)、CDATA 段等。

假如定义学生相关信息，需要描述的是姓名、学号、性别、生日等，就可以为每项信息定义一个标记。students. xml 文件内容：

```
<?xml version = "1.0" encoding = "GB2312"?>
<学生名册>
  <学生 ID = "001">
    <姓名> Jacken </姓名>
    <性别>男</性别>
    <生日> 1982.05.09 </生日>
  </学生>
  <学生 ID = "002">
    <姓名> Mike </姓名>
    <性别>男</性别>
    <生日> 1984.06.10 </生日>
  </学生>
  <学生 ID = "003">
    <姓名> Enita </姓名>
    <性别>女</性别>
    <生日> 1981.12.01 </生日>
  </学生>
  <学生 ID = "004">
    <姓名> Richard </姓名>
    <性别>男</性别>
    <生日> 1985.09.09 </生日>
  </学生>
 <学生 ID = "005">
    <姓名> lisi </姓名>
    <性别>男</性别>
    <生日> 1995.09.09 </生日>
  </学生>
 <学生 ID = "006">
    <姓名> Rtom </姓名>
    <性别>男</性别>
    <生日> 1985.09.09 </生日>
  </学生>
 </学生名册>
```

直接用浏览器打开该 XML 文件,显示成默认的树状结构,如图 5.1 所示。

```
  <?xml version="1.0" encoding="GB2312" ?>
- <学生名册>
  - <学生 ID="001">
      <姓名>Jacken</姓名>
      <性别>男</性别>
      <生日>1982.05.09</生日>
    </学生>
  - <学生 ID="002">
      <姓名>Mike</姓名>
      <性别>男</性别>
      <生日>1984.06.10</生日>
    </学生>
  + <学生 ID="003">
  + <学生 ID="004">
  + <学生 ID="005">
  + <学生 ID="006">
  </学生名册>
```

图 5.1 XML 文件显示样式

5.1.2 定义基本元素

元素是 XML 内容的基本单元,元素包括了开始标签、结束标签和标签之间的内容。例如:

```
<title> XML 是可扩展标记语言</title>
```

整行统称为元素,其中<title></title>为标签,XML 是可扩展标记语言是字符数据。

一个 XML 文件最起码是格式良好的,格式良好的一个要求就是每个 XML 文件不管内容多少,都必须有且仅有一个称为根元素的元素,首先要确定一个根元素,在这里可以使用<学生名册>作为文档元素,其中包含一个学生的所有信息内容。接着，可以把学生的姓名放到<姓名>元素中，把性别放到<性别>元素中。

5.1.3 使用属性

元素的属性是可选的(可有 0～n 个)，若元素有(多个)属性，则必须放在其开始标签或空元素标签中的标签名的后面，中间用白空符分割。每个属性都是由属性名 = “属性值” 构成。

如果有不属于文档的内容或者不需要使用元素进一步表达的内容时，就需要使用属性。比如，如果使用不止一种货币发放工资，就需要在<工资>元素上表明是哪一种币制。可以添加一个名为“货币”的属性来表达这个消息。如果教师分为专职和兼职，又如何表示呢？

```
<?xml version = "1.0" encoding = "gb2312"?>
<教师列表>
  <教师>
      <姓名  类别 = "兼职">赵尚志</姓名>
      <住址>上海市浦东新区杨高路</住址>
      <职位>教授</职位>
      <工资  货币 = "人民币"> 5000 </工资>
    </教师>
    <教师>
          <姓名  类别 = "专职">周文雄</姓名>
          <住址>上海市杨浦区</住址>
          <职位>教授</职位>
          <工资  货币 = "人民币"> 4000 </工资>
  </教师>
</教师列表>
```

与 HTML 不同，XML 对语法有严格的要求。只有当 XML 文档符合“良构”(well-formed 格式良好的)要求时，解释程序才能对它加以分析处理。

所谓合法性就是要求 XML 文档的各个物理与逻辑成分严格符合语法规定。而对不符合规范的文档拒绝做进一步的处理，这一点与要求宽松的 HTML 浏览器不同。

具体来讲，一个合法或格式良好的 XML 文档应该满足以下常见的基本要求：

(1) 文档必须包含一个或多个元素(不能为空)。

(2) 每个 XML 文件有且仅有一个声明。

XML 文档是由一组使用唯一名称标识的实体组成的。始终以一个声明开始，这个声明指定该文档遵循 XML 1.0 的规范。XML 也有一种逻辑结构，在逻辑上文档的组成部分包括声明、元素、注释、字符引用和处理指令。以下是代码片段：

```
<?xml version = "1.0" ?>
```

这个就是 XML 的声明，声明也是处理指令。在 XML 中，所有的处理指令都以“<?”开始，“?>”结束。“<?”后面紧跟的是处理指令的名称。XML 处理指令要求指定一个 version 属性，并允许指定可选的 standalone 和 encoding，其中 standalone 是指是否允许使用外部声明，可设置为 yes 或 no。yes 是指定不使用外部声明，no 为使用。encoding 是指作者使用的字符编码格式。有 UTF-8、GBK、GB2312 等。例如：

```
<?xml version = "1.0" encoding = "GB2312"?>
```

encoding 表示 XML 文档的编码，默认的为 UTF-8 不能显示中文，中文编码为 GB2312 或 gbk。

(3) 每个 XML 文件有且仅有一个根节点。

例如：

```
<?xml version = "1.0"?>
< PEOPLE >
    ⋮
</PEOPLE >
```

(4) 每个 XML 标记严格区分大小写，开始标记与结束标记配对出现或空标记关闭。

例如：

```
< A >  </a >     错误
< br/>  空标记要关闭
```

(5) 标记可以嵌套但不可以交叉。

例如：

```
<! -- 写法错误,元素标记交叉 -->
< A > <B > </A ></B >
```

(6) 属性必须由名称与值构成，出现在元素开始标记中。

例如：

```
< Person PID = "1001">
```

5.2 利用开源 JDOM 项目对 XML 编程

JDOM 是一个开源项目，在 2000 年的春天由 Brett McLaughlin 和 Jason Hunter 开发出来，以弥补 DOM 及 SAX 在实际应用当中的不足之处。它基于树型结构，利用纯 Java 的技术对 XML 文档实现解析、生成、序列化以及多种操作。DOM 与现行的 SAX 和 DOM 标准兼容，为 Java 程序员提供了一个简单、轻量的 XML 文档操作方法。

1. 基本构成

- org.jdom　包含所有的 XML 文档要素的 Java 类。
- org.jdom.adapters　包含与 dom 适配的 Java 类。
- org.jdom.filter　包含 XML 文档的过滤器类。
- org.jdom.input　包含读取 XML 文档的类。
- org.jdom.output　包含写入 XML 文档的类。
- org.jdom.transform　包含将 jdom xml 文档接口转换为其他 XML 文档接口。
- org.jdom.xpath　包含对 XML 文档 xpath 操作的类三、JDOM 类说明。

Java 操作 XML 用的最多的应该是 jdom 开源包了，它是 document 模式的(虽然它用到了 SAX 模式)，主要的 API 如下：

- SAXBuilder. build(" * . xml");
  获取 XML 文件，返回 Document 实例(读 xml 文件)。
- Element. getChildren();
  获取该节点的所有子节点，返回 List。
- Element. getChild("child 节点名");
  获取字节点实例。
- Element. getAttribute("属性名");
  获取该节点属性的 value 值。
- Element. getText();
  获取该节点的节点文本。
- Document(new Element("根节点名"));
  新建 XML 文件文档。
- Document. getRootNote();
  获取根节点。
- Element. addContent(Element);
  添加子节点。
- Element. setAttribute("属性名","属性值");
  添加节点属性。
- Element. setText("文本值");
  添加该节点的文本值。
- xmloutPutter(Format. getPrettyFormat());
- xmlOutPutter. output(Document,FileOutPutStream);
  这两句用来输出 XML 文件，其中 Document 为填好内容的 XML 文档对象，FileoutPutStream 为文本输出流。

2. 入门示例

(1) 我们需要按如下格式，使用 JDOM 编程来建立如下的 XML 文档。

```
<?xml version = "1.0" encoding = "gbk"?>
< Customers >
    < Customer CusID = "100">
      < CusName > zhou </ CusName >
      < Email > zhou@126.com </Email >
      < Phone > 010 - 82668155 </Phone >
    </Customer >
 </Customers >
```

(2) 首先创建一个根元素，并将其添加到文档 Document 中。

```
Element customers  =  new Element("Customers");
Document document  =  new Document(customers);     //创建一个 Document
Element customer  =  new Element("Customer");
```

这一步创建一个新 org. jdom. Element *customers*，并将其作为 org. jdom. Document *document* 的根元素。因为一个 XML 文档必须有一个唯一的根元素，所以Document将 Element 放在它的构造器中。

(3) 添加 *customer* 的 CusID 属性。

① 首先为 *customer* 创建属性，属性名为 *CusID*，值为 1001。

```
customer.setAttribute("CusID", "1001");
```

② 再添加 *customer* 的子元素 *cname*。

```
Element cname = new Element("CusName");
cname.addContent("zhou");
customer.addContent(cname);       //将 cname 添加至 customer 元素中
```

由于 Element 的 addContent 方法返回 Element，我们也可以这样写：

```
customer.addContent(new Element("Email").addContent("zhou@126.com"));
customer.addContent(new Element("Phone").addContent("010 - 82668155"));
```

这两条语句完成了相同的工作。有些人认为第一个示例，即(2)段代码，可读性更好，但是如果一次建立很多元素，就会觉得第二个示例可读性更好。还可以在添加子元素的同时，设置其属性，例如：

```
customer.addContent(
    new Element("CusName").addContent("zhangsan").setAttribute("CusID", "100"));
```

用同样的方法添加注释部分或其他标准 XML 类型。

(4) 添加一条注释。

```
customer.addContent(new Comment("这是第一个客户"));
```

读取文档方法也很简单。例如，要引用 *CusName* 元素，我们使用 Element 的 getChild 方法：Element cname = customer. getChild("CusName")。

该语句实际上将返回第一个元素名为 *CusName* 的子元素。如果没有 *CusName* 元素，则调用返回一个空值。

(5) 删除子元素。

```
boolean removed = customer.removeChild("CusName");
```

这次调用将只除去 *CusName* 元素，文档的其余部分保持不变。

(6) 文档输出至控制台。

到目前为止，我们已经涵盖了文档的生成和操作。要将完成的文档输出至控制台，可使用 JDOM 的 XMLOutputter 类：

```
XMLOutputter outputter = new XMLOutputter();
outputter.output(document, System.out);
```

XMLOutputter 有几个格式选项。这里已指定希望子元素从父元素缩进两个空格，并且希望元素间有空行。XMLOutputter 可输出到 Writer 或 OutputStream。

（7）输出到文件。

使用 FileWriter 输出 XML：

```
FileWriter writer = new FileWriter("/some/directory/myFile.xml");
outputter.output(doc, writer);
writer.close();
```

3. 其他示例讲解

（1）读取示例

```
SAXBuilder builder = new SAXBuilder();
Document doc = builder.build(url);
Element root = doc.getRootElement();
//读取 root 的所有子节点,返回一个集合列表
List list = root.getChildren();
for (int i = 0; i < list.size(); i++) {
Element person = (Element) list.get(i);
  //读取 person 的所有子节点中的第 1 个子节点
    Element name = (Element) person.getChildren().get(0);
    Element address = (Element) person.getChildren().get(1);
    Element tel = (Element) person.getChildren().get(2);
    System.out.println(name.getValue() + "," + address.getValue() + "," + tel.getValue());
}
```

（2）写 XML 文件

```
package chapter5;
import java.io.FileWriter;
import java.util.*;
import org.jdom.*;
import org.jdom.input.SAXBuilder;
import org.jdom.output.Format;
import org.jdom.output.XMLOutputter;
public class JDOMWriter {
  public static void main(String[] args) throws Exception {
      Document doc = new Document();
      Element root = new Element("学生列表");
      doc.setRootElement(root);
      /*创建学生元素*/
      Element stu = new Element("学生");
      stu.setAttribute("sno", "95001");
      /*创建姓名元素*/
      Element name = new Element("姓名");
      name.addContent("zhou");
      /*在 root 下添加学生元素*/
      root.addContent(stu);
      stu.addContent(name);
      /*XML 输出工具类*/
      XMLOutputter outputter = new XMLOutputter();
      /*获取已有的格式*/
```

```
        Format format = outputter.getFormat();
        /*设置 XML 编码*/
        format.setEncoding("GB2312");
        /*设置 XML 缩进空格数,并且每个元素单独占一行*/
        format.setIndent("  ");
        /*设置 outputter 格式*/
        outputter.setFormat(format);
        outputter.output(doc, new FileWriter("d:\\my.xml"));
    }
}
```

5.3 本章小结

本章主要介绍了 XML 基本知识以及如何利用 Java 对 XML 文件进行编程,以及如何对 XML 进行读写。XML 在我们后面几章尤其是介绍到开源编程时,几乎每个开源都利用 XML 文件进行配置。XML 已经成为国际通用的数据交换标准。最后介绍到了利用 JDOM 对 XML 文件进行读写,理解了 XML 结构以及内存中 DOM 模型,对 XML 文件读写应该比较简单。

第二篇 Java EE网页编程

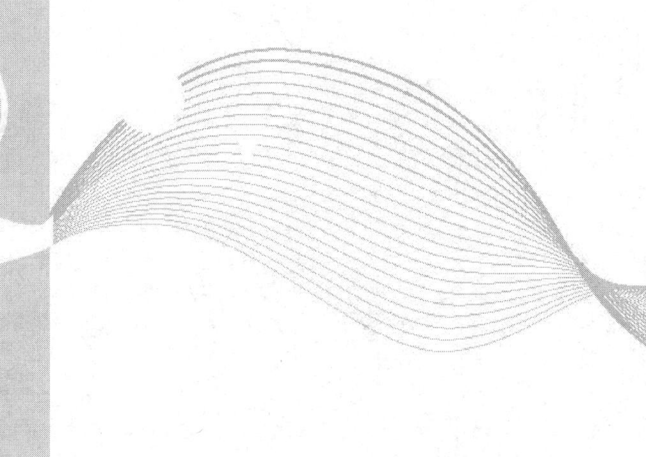

- 第6章　网页编程基础
- 第7章　JSP编程技术
- 第8章　EL表达式与JSTL库

网页编程基础

6.1 HTML 基本概念

HTML(Hypertext Marked Language,超文本标记语言)文件本质上是一个文本文件,但和一般文本的不同是,HTML 文件不仅包含文本内容,还包含一些 Tag,即标记。HTML 中的标记能够被所有的浏览器解释执行。

我们从一个例子开始:

打开记事本,新建一个文件,然后复制以下代码到这个新文件,然后将这个文件保存成为 demo1.html 文件。

例 6.1 HTML 基础示例(demo1.html)。

```
<html>
    <head>
    <title>网页标题</title>
   </head>
    <body>
    <h1>这是我第一个网页</h1>
    <br>
    <h2><a href = http://www.myspace.com>你可以在这里访问我的主页</a></h2>
    <br>
    </body>
</html>
```

要浏览这个 demo1.html 文件,双击它,或者打开 IE 浏览器,在 File 菜单选择 Open 命令,然后选择这个文件就行了。本书中使用 Google 浏览器,部署到某个 Web 工程中运行(后面章节会依次介绍)。结果如图 6.1 所示。

图 6.1 demo1.html 运行结果

示例解释：

这个文件的第一个标记是<html>，类似于XML，这是根标记，HTML以该标记开始也是以该标记结束。

在<head>和</head>之间的内容是Head信息。Head信息是不显示出来的，在浏览器里看不到。可以在head标记中定义网页标题，网页关键字有利于搜索引擎能够搜索到网页。

在<title>和</title>之间的内容，是这个文件的标题，可以在浏览器最顶端的标题栏看到这个标题。

在<body>和</body>之间的信息是正文。

<a href=http://www.myspace.com>你可以在这里访问我的主页</a>是一个超链接，单击可以链接到http://www.myspace.com这个网页。

动态网页运行流程(见图6.2)：

(1) 客户端浏览器请求动态页，即输入URL。

(2) Web服务器查找该页并将其传递给应用程序服务器。

(3) 应用程序服务器执行页中的指令。

(4) 应用程序服务器将查询发送到数据库。

(5) 数据库执行查询，返回记录集。

(6) 将记录集传递给应用程序服务器。

(7) 应用程序服务器将数据插入页中，然后将该页传递给Web服务器。

(8) Web服务器将完成的页面发送到请求的客户端浏览器。

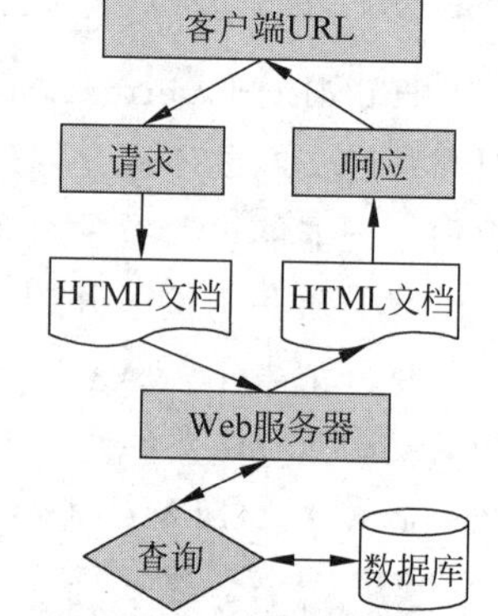

图6.2 动态网页运行流程

6.2 HTML基本标签的使用

1. 超链接标签<a>

我们通常会使用<a>标签的href属性来创建超文本链接，或叫超链接，以链接到同一页面的其他位置或其他页面中。href属性可以用来指定超链接目标的URL。href属性的值可以是任何有效文档的相对或绝对URL。如果用户单击<a>标签中的内容，那么浏览器会尝试检索并显示href属性指定的URL所表示的文档。

```
<a href = http://www.sina.com.cn >新浪</a>      超链到新浪主页
<a href = dispcards.jsp >显示购物车</a>         超链本网站 dispcards.jsp 页面
```

2. 段落标签<p>

<p></p>标签对是用来创建一个段落，在此标签对之间加入的文本将按照段落的格式显示在浏览器上。另外，<p>标签还可以使用align属性，它用来说明对齐方式，语法是<p align=""></p>。align可以是Left(左对齐)、Center(居中)和Right(右对齐)3个值中的任何一个。如<p align="Center"></p>表示标签对中的文本使用居中的对齐方式。

3. 字体标签

(1) <h1> </h1>…<h6> </h6>

HTML 语言提供了一系列对文本中的标题进行操作的标签对<h1></h1>…<h6></h6>,即一共有 6 对标题的标签对。<h1></h1>是最大的标题,而<h6></h6>则是最小的标题,也即标签中 h 后面的数字越大标题文本就越小。如果 HTML 文档中需要输出标题文本的话,便可以使用这 6 对标题标签对中的任何一对。

(2) <font> </font>

它可以对输出文本的字体大小、颜色进行随意改变,这些改变主要是通过对它的两个属性 size 和 color 的控制来实现的。size 属性用来改变字体的大小,而 color 属性则用来改变文本的颜色。

```
<Font face="宋体" size="20" color="red">
    这里使用宋体字体大小是 20 颜色是红颜色
</Font>
```

4. 图片标签 img

<img src="images\my.gif" width="300" height="200"/>src 表示图片源,是一个 url 地址,不是绝对物理路径,而是网络上的 url,即虚拟路径。

5. 列表标签<ol>

<ol></ol>标签对用来创建一个标有数字的列表;<ul></ul>标签对用来创建一个标有圆点的列表;<li></li>标签对只能在<ol></ol>或<ul></ul>标签对之间使用,此标签对用来创建一个列表项,若<li></li>放在<ol></ol>之间,则每个列表项加上一个数字,若在<ul></ul>之间,则每个列表项加上一个圆点。请看下面的例子。

例 6.2 列表标签示例(demo2.html)。

```
<html>
  <head><title>列表示例</title></head>
  <body>
      <ul>
          <li>学号: 1001</li>
          <li>姓名: 张军</li>
          <li>班级: C1 班</li>
      </ul>
      <ol>
          <li>学号: 1001</li>
          <li>姓名: 张军</li>
          <li>班级: C1 班</li>
      </ol>
      </body>
</html>
```

运行结果如图 6.3 所示。

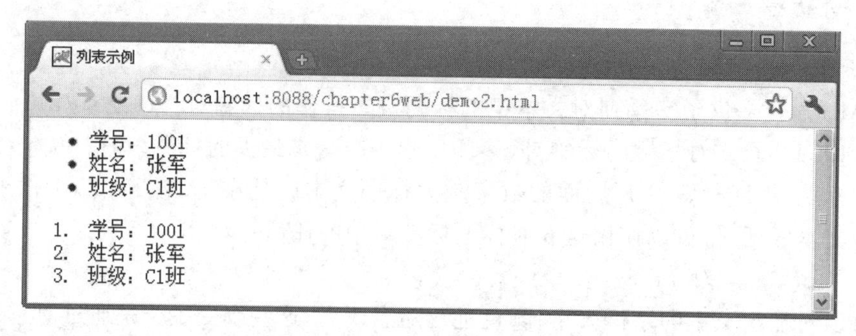

图 6.3 列表示例运行结果

6. 表格<table>

table 标签定义 HTML 表格。简单的 HTML 表格由 <table> 标记以及一个或多个 <tr>、<th> 或 <td> 元素组成。

<tr> 标记定义表格行，<th> 标记定义表头，<td>标记定义表格单元。

<tr></tr>标签对用来创建表格中的每一行。此标签对只能放在<table></table>标签对之间使用，而在此标签对之间加入文本将是无用的，因为在<tr></tr>之间只能出现<td></td>标签对，这才是有效的语法，<td></td>标签对用来创建表格中一行中的每一个格子，此标签对也只有放在<tr></tr>标签对之间才是有效的，输入的文本也只有放在<td></td>标签对中才能显示出来。

<tr>还有 align。align 是水平对齐方式，取值为 left(左对齐)、center(居中)、right(右对齐)。

例 6.3 表格示例(demo3. html)。

```
<html>
   <body>
    <h4>表头: </h4>
    <table border = "1">
        <tr>
         <th>姓名</th><th>电话</th> <th>电话</th>
        </tr>
        <tr>
          <td>Bill Gates</td><td>555 77 854</td><td>555 77 855</td>
        </tr>
    </table>
  </body>
</html>
```

运行结果如图 6.4 所示。

例 6.4 表格合并示例(demo4. html)。

```
<html>
 <body>
  <h4>横跨两列的单元格: </h4>
```

图 6.4 demo3.html 运行结果

```
    <table border="1">
      <tr><th>姓名</th> <th colspan="2">电话</th></tr>
      <tr>
        <td>Bill Gates</td><td>555 77 854</td><td>555 77 855</td>
      </tr>
    </table>
  <h4>横跨两行的单元格：</h4>
  <table border="1">
      <tr><th>姓名</th><td>Bill Gates</td></tr>
      <tr><td rowspan="2">电话</td><td>555 77 854</td></tr>
      <tr><td>555 77 855</td>   </tr>
   </table>
  </body>
  </html>
```

运行结果如图 6.5 所示。

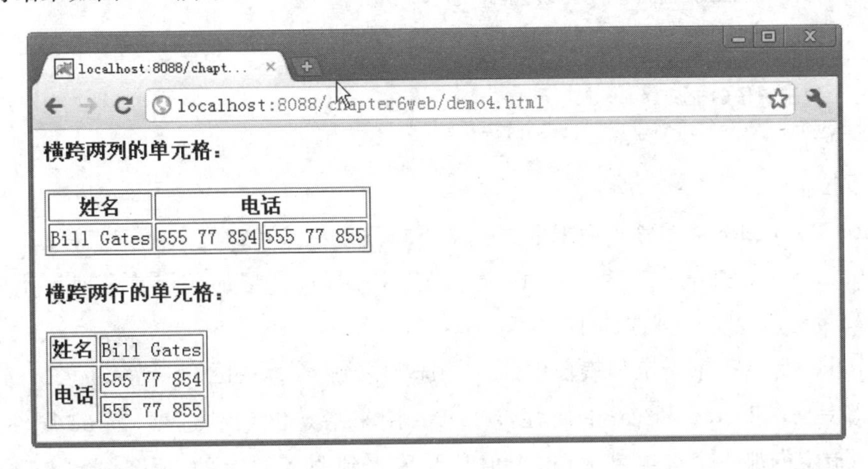

图 6.5 demo4.html 运行结果

7. 表单 Form 标签

表单(Form)用于从用户(站点访问者)收集信息，然后将这些信息提交给服务器进行处理。表单中可以包含允许用户进行交互的各种控件。用户在表单中输入或选择数据之后将其提交,该数据就会送交给表单处理程序进行处理。

为了让用户通过表单输入数据,表单中可以使用Input标记创建各种输入型表单控件。表单控件类型通过Input标记的Type属性设置,包括单行文本框、密码文本框、复选框、单选按钮、文件域以及按钮等。

(1) 表单基本形式

```
<form action = "b.jsp" method = "get 或 post">
   <! -- 这里是表单一些输入等标记 -->
</form>
```

(2) 文本框

```
<input type = text name = "username" value = "">
```

(3) 提交按钮

```
<input type = submit value = "User Register">
```

(4) 密码框

```
<input type = password name = "upwd">
```

(5) 单选按钮

```
<input type = radio name = "usex" value = "man" checked>男
<input type = radio name = "usex" value = "women">女
```

(6) 多选框

```
<input type = checkbox name = "c1" value = "sport">体育
<input type = checkbox name = "c2" value = "music">音乐
<input type = "image" border = 0 name = "name" src = "name.gif">
创建一个使用图像的提交(submit)按钮
<input type = "reset"> 创建重置(reset)按钮
```

(7) 下拉框

<select></select>标签对用来创建一个下拉列表框或可以复选的列表框。<select>具有multiple、name和size属性。multiple属性不用赋值,直接加入标签中即可使用,加入此属性后列表框就成了可多选的了。

<option>标签用来指定列表框中的一个选项,它放在<select></select>标签对之间。此标签具有selected和value属性,selected用来指定默认的选项,value属性用来给<option>指定的那一个选项赋值,这个值是要传送到服务器上的,服务器正是通过调用<select>区域的名字的value属性来获得该区域选中的数据项的。

```
<select name = "address" size = 1 >
    <option value = "sh">上海</option><option value = "bi">北京</option>
    <option value = "al">安徽</option>
</select>
```

例 6.5 表单综合示例(demo5.html)。

```
<html>
 <body>
   <Form action = "reg.jsp" method = "post">
     用户名: <input type = text name = "username"><br>
     密码:  <input type = password name = "userpwd"><br>
     性别: <input type = radio name = "sex" value = "man">男
           <input type = radio name = "sex" value = "woman">女<br>
     爱好: <input type = checkbox name = "ai1" value = "体育">体育
           <input type = checkbox name = "ai2" value = "音乐">音乐<br>
     图片:<input type = file><br>
     <input type = submit value = "提交"><input type = reset value = "重填">
  </Form>
 </body>
</html>
```

运行结果如图 6.6 所示。

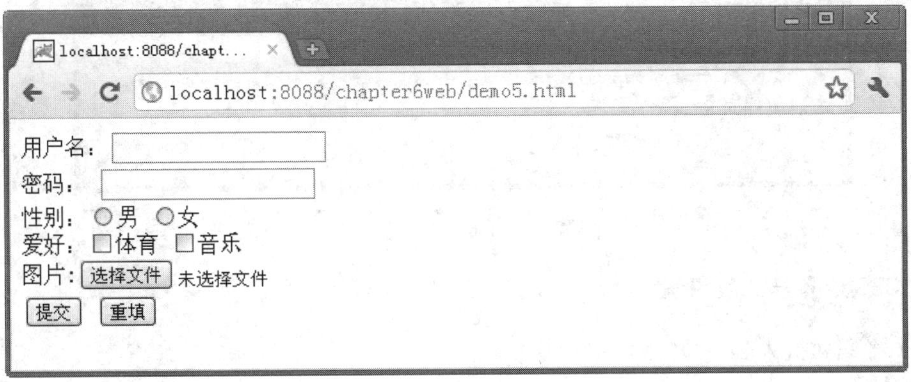

图 6.6 demo5.html 运行结果

6.3 CSS 使用

CSS 是 Cascading Style Sheets 的英文缩写,即层叠样式表,用于布局与美化网页。CSS 语言是一种标记语言,因此不需要编译,可以直接由浏览器执行。CSS 是大小写不敏感的,如 CSS 与 css 是一样的。CSS 是由 W3C 的 CSS 工作组创建和维护的。

样式表定义如何显示 HTML 元素,通过仅编辑一个简单的 CSS 文档,外部样式表使你有能力同时改变站点中所有页面的布局和外观。

由于允许同时控制多重页面的样式和布局,CSS 可以称得上 Web 设计领域的一个突破。作为网站开发者,能够为每个 HTML 元素定义样式,并将其应用于所希望的任意多的页面中。如需进行全局的更新,只需简单地改变样式,然后网站中的所有元素均会自动地更新。

1. 入门示例

例 6.6 CSS 示例 1(demo6.html)。

```
<HTML>
  <HEAD>
    <TITLE>CSS 例子</TITLE>
    <STYLE TYPE = "text/css">
       H1 { font - size: 12pt; color: red }
    </STYLE>
  </HEAD>
  <body>
     <h1>欢迎使用 CSS 层叠样式表</h1>
  </body>
</html>
```

运行结果如图 6.7 所示。

图 6.7 demo6.html 运行结果

2. CSS 层叠样式表用法

(1) 将样式嵌入到<head>。

例 6.7 CSS 示例 2(demo7.html)。

```
<html>
  <head>
     <style type = "text/css">
       h1{color:red;font - size:14pt;}
     </style>
   </head>
   <body>
     <h1>Java EE 编程</h1>
     <h1>ASP.net 编程</h1>
   </body>
</html>
```

运行结果如图 6.8 所示。

注意:在 CSS 中定义了<h1>标记的样式,在<body>部分所有<h1>的标记依照 CSS 样式显示。

(2) 嵌入到标签的开始部分。

```
<h1 style = "color:yellow;font - size:23;"> c++</h1>
```

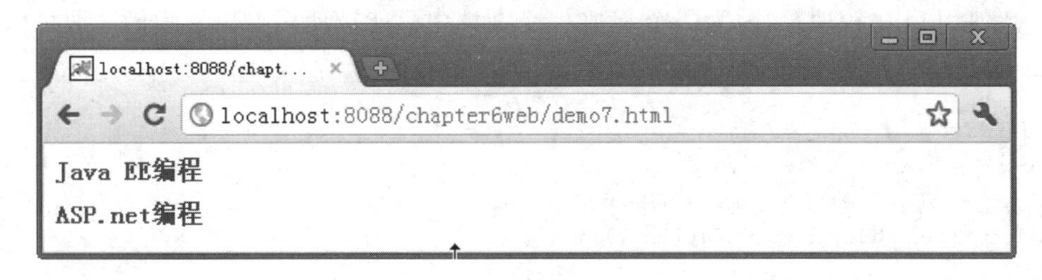

图 6.8 demo7.html 运行结果

```
在标记内部使用 CSS
<h1 style="color:green;font-size:37px">
      I love China! I am H1
</h1>
```

这里定义的样式表只针对这个标记<h1>有用，对别的<h1>标记不起作用。

(3) 将样式写成一个单独文件，扩展名为.css。

mystyle.css 文件内容如下：

```
h1{color:red;font-size:32;}
td{color:red;font-size:32;}
```

网页加载 css 文件：

```
<head>
     <link rel=stylesheet href="mystyle.css" type="text/css"/>
</head>
```

或

```
<head>
    <style type="text/css">
      @import url(mystyle.css);
    </style>
</head>
```

使用这样的方式加载 CSS 显然比较方便，网站哪个网页需要使用 CSS 只需要加载这个 CSS 文件即可。如果网站换另外的风格，只需要改变 CSS 文件即可。

3. id 选择符号

id 是设置标签的标识，用于区分不同的结构和内容，如果在一个班级中两个人同名，就会出现混淆。但在 HTML 网页中出现重复也不会出现异常，但还是建议不重复使用 id 这种选择符号。在这里多个标签使用同一个 id，定义这个 id 选择符的 CSS 样式，注意前面加上 #，则同一个 id 使用同一个 CSS 样式。

有可能在大部分浏览器中反复使用同一个 id 而不会出现问题，但在标准上这绝对是错误的使用，而且很可能导致某些浏览器出现问题。

通常用于定义页面上一个仅出现一次的标记。在对页面排版进行结构化布局时(比如说，通常一个页面都是由一个页眉，一个报头< masthead>，一个内容区域和一个页脚等组成)，一般使用 id 比较理想，因为一个 id 在一个文档中只能被使用一次。我们一般可以利用<div>加上 CSS 将网页布局。

```
<div id = "main - col"></div>
<div id = "left - col"></div>
#main - col { float:left; width: 700px;}
#left  - col { float: right; width: 200px; }
```

例 6.8 CSS 示例 3(demo8.html)。

```
<html>
  <head>
      <style type = "text/css">
        #c1{color:red;font - size:10pt;}
        #c2{color:blue;font - size:12pt;}
        #c3{color:red;font - size:10pt;}
      </style>
    </head>
    <body>
      <table width = 400 border = 1 >
        <tr>
            <td id = "c1"> a31 </td> <td id = "c2"> a32 </td>< td id = "c1"> a33 </td>
        </tr>
        </table>
        <h1  id = "c3"> Hello </h1 >
      </body>
</html>
```

运行结果如图 6.9 所示。

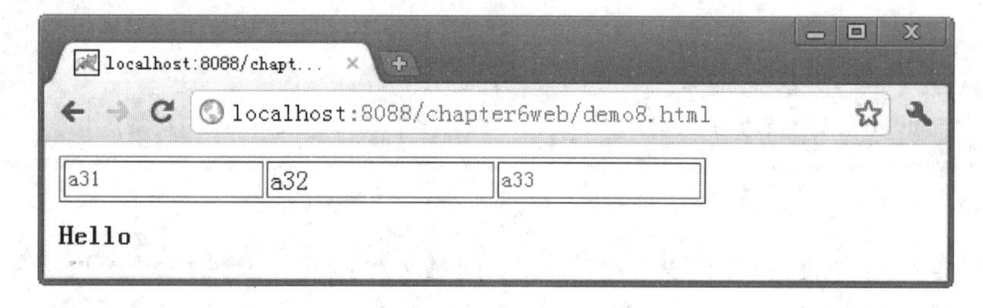

图 6.9 demo8.html 运行结果

4. class 选择符

class 则是它所属的“类别”。class 属性用于指定元素属于何种样式的类。按照语法，同名的 id 在一个文档里只应该出现一次，而 class 名可重复使用。注意定义 css 时前面加上“.”，如.c1。

```
<head>
    <style type = "text/css">
      .c1{color:red;font - size:32;}
      .c2{color:blue;font - size:32;}
    </style>
</head>
```

在网页中,可以定义标记所属的类:

```
< h1 class = "c1">
< tr class = "c1">
< td class = "c2">
```

在上例中 h1 与 tr 属于同一个 class,使用.c1 所定义的样式,而 td 则属于.c2。

同一个元素也可以定义部分属于一个类,另一部分属于另外的类。在 CSS 中可以为不同类显示不同样式。

```
H1.id1 { font - size: x - large; color: red }
H1.id2 { font - size: x - large; color: blue }
```

例 6.9 CSS 示例 4(demo9.html)。

```
< html >
< head >
    < TITLE > CSS 例子</TITLE >
    < style type = "text/css">
        td.id1 { background - color: #ffcc33 }
        td.id2 { background - color: deeppink }
    </style >
</head >
  < body >
    < table border = 1 >
        < tr >< td class = "id1">姓名</td >< td >学号</td >< td >地址</td ></tr >
        < tr >< td class = "id2"> zhou </td >< td > 1001 </td >< td > sh </td ></tr >
        < tr >< td class = "id1"> zhou </td >< td > 1001 </td >< td > sh </td ></tr >
        < tr >< td class = "id2"> zhou </td >< td > 1001 </td >< td > sh </td ></tr >
      </table >
  </body >
</html >
```

运行结果如图 6.10 所示。

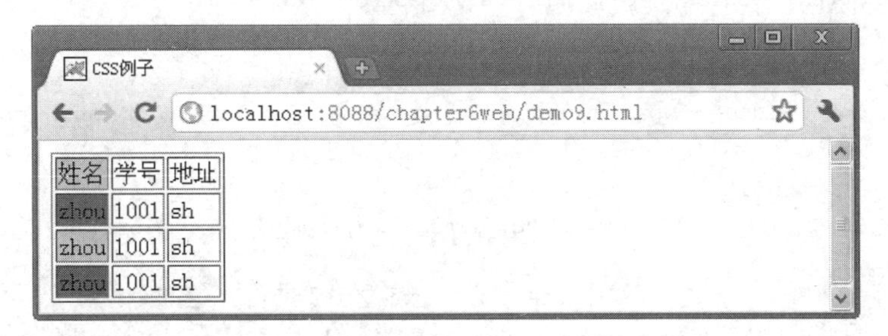

图 6.10 demo9.html 运行结果

6.4 利用 CSS 与 DIV 网页布局

开始设计一个网站时首先要对网页进行布局,一个好的布局不仅使界面好看,容易被用户接受,另外还可以加快开发进度。DIV+CSS 布局是网页 HTML 通过 DIV 标签以及

CSS 样式表代码开发制作的(HTML)网页的统称。使用 DIV+CSS 布局的网页便于维护，使网页符合 web 标准，网页打开速度更快等。进行布局首先要对网页框架进行分析，如何划分模块，如何选择好的网页图片等。

举例来说：现在需要完成一个上(上面分为两块)、中(中包括左中右)、下布局框架，如图 6.11 所示。

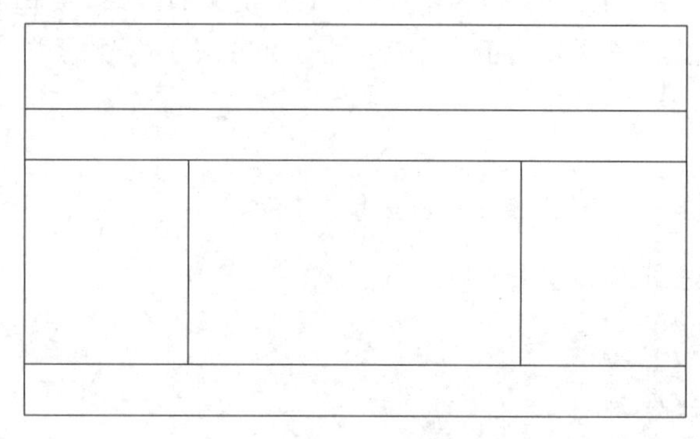

图 6.11 网页布局框架

首先在网站根目录下新建 HTML 页面，命名为 index.html，在 CSS 目录下建立一个 CSS 文件，命名为 main.css。然后在 index.html 中将导入 CSS 文件，再在 CSS 模板的基础上添加 CSS。

1. main.css 文件

文件如下：

```
body {
    background-color: white;font-size: 10pt;font-family: Arial;
    margin: 0;padding: 0;color: #333333;
}
#wapper {
    width: 960px; margin: 0; padding: 0; background-color: #09460F;
}
#header {
    clear: both; width: 960px; height: 130px; padding-top:5px; background-color: #C3BB1F;
}
#logo {
    width: 960px;height: 100px;padding-left: 25px;background-color: #4DC5D6;
}
#topmenu {
    float: left;width: 960px; height: 30px; padding-left: 25px; background-color: #F9630D;
}
#content {
    clear: both; width: 960px; height: 500px; background-color: #F7AE16;
}
#leftmenu {
    float: left;width: 200px;height: 500px; line-height: 14pt;padding-bottom: 10px;
    background-color: #CCCCCC;
}
```

```
#centercontent {
    float: left;width: 600px;line-height: 14pt;height: 500px;
    padding-bottom: 10px;background-color: #C59A6F;
}
#rightsider {
    float: left;width: 160px;line-height: 14pt;height: 500px;
    padding-bottom: 10px;background-color: #FAF93C;
}
#footer {
    clear: both;width: 960px;height: 30px;text-align: center;line-height: 14pt;
    background-color: #EE88CD;
}
```

2. html 文件内容

内容如下：

```
<!DOCTYPE HTML PUBLIC "-//W3C//DTD HTML 4.01 Transitional//EN">
<html>
  <head><title>网站布局示例</title>
    <link rel="stylesheet" type="text/css" href="css/main.css">
  </head>
  <body>
  <center>
      <div id="wapper">
              <div id="header">
                <div id="logo">网站图片</div>
                <div id="topmenu">网站顶部导航</div>
              </div>
              <div id="content">
                <div id="leftmenu">网站左边导航栏</div>
                <div id="centercontent">网站主体内容</div>
                <div id="rightsider">网站右边导航栏</div>
              </div>
              <div id="footer">网站版权声明</div>
      </div>
      </center>
  </body>
</html>
```

注意：两个重要的 CSS 元素，float 与 clear。

网页文档采用流布局，一般是自上而下的，但有时需要改变流方向，如左对齐等，这时需要 float。基于浮动的布局利用了 float(浮动)属性来并排定位元素。可以利用这个属性来创建一个环绕在周围的效果，例如，环绕在照片周围。但是当把它应用到一个<div>标签上时，浮动就变成了一个强大的网页布局工具。float 属性把一个网页元素(div)移动到网页其他块(div)的某一边。任何显示在浮动元素下方的 HTML 都在网页中上移，并环绕在浮动周围。

float 的属性有以下几项。

- left：移至父元素中的左侧。

- right：移至父元素中的右侧。
- none：默认，会显示它在文档中出现的位置。

在 CSS 样式表中，clear:both;可以终结在出现它之前的浮动。使用 clear 属性可以让元素边上不出现其他浮动元素。

clear 的属性有以下几项。

- left：不允许元素左边有浮动的元素。
- right：不允许元素的右边有浮动的元素。
- both：元素的两边都不允许有浮动的元素。
- none：允许元素两边都有浮动的元素。

6.5 JavaScript 编程基础

JavaScript 是一种脚本语言，可以直接嵌入到 HTML 文件中被浏览器解释执行。

JavaScript 运行在客户端的浏览器中，利用这一特性，可以不需要将网页发送到服务器端。例如，一个用户注册，可以利用 JavaScript 在客户端直接对用户名、密码等进行简单验证。如检查用户名或密码有没有填写，或验证用户名与密码最小长度等。现在 JavaScript 技术越来越成熟，AJAX 技术以及 JQuery 等都是在 JavaScript 基础上发展起来的。

1. 在什么地方插入 JavaScript

使用标记<script></script>可以在 HTML 文档的任意地方插入 JavaScript，甚至在<html>之前插入也可以。不过如果要在声明框架的网页(框架网页)中插入，就一定要在<frameset>之前插入，否则不会运行。

基本格式：

```
< script type = "text/javascript">
   function setAllCheckTrue(objChkAll){
      var frm = jQuery(objChkAll).parents().filter("form,:first");
      if(frm ! = null){
            jQuery(frm).find(":checkbox").attr("checked", true);
      }
   }
</script >
```

另外一种插入 JavaScript 的方法，是把 JavaScript 代码写到另一个文件当中(此文件通常应该用.js 作扩展名)，然后用格式为<script src="javascript.js"></script>的标记把它嵌入到文档中。注意，一定要用</script>标记。这样的格式也可以用在连接中：

```
< script src = "script/jquery.js"  type = "text/javascript"> </script >
```

2. JavaScript 基本语法

(1) JavaScript 变量定义

JavaScript 变量的命名有以下要求：

- 只包含字母、数字或下划线；
- 要以字母开头；
- 不能使用 JavaScript 的保留字；
- 变量是区分大小写的，例如，variable 和 Variable 是两个不同的变量。

变量需要声明，没有声明的变量不能使用，否则会出错，即“未定义”。声明变量可以用：

```
var d = 10;
var s = "Hello";
```

注意：在 JavaScript 变量没有指定变量类型，JavaScript 依据变量值确定变量类型。

(2) JavaScript 表达式与运算符

表达式与数学中的定义相似，表达式是指用运算符把常数和变量连接起来的代数式。一个表达式可以只包含一个常数或一个变量。运算符可以是四则运算符、关系运算符、位运算符、逻辑运算符、复合运算符。表 6.1 将这些运算符从高优先级到低优先级排列。

表 6.1　JavaScript 常见运算符

<table>
<tr><td rowspan="4">自增、自减</td><td>x++</td><td>如 int x=1;int y=x++; 在读取完 x 值后 x 值加 1,即 y=1;x=2</td></tr>
<tr><td>x--</td><td>如 int x=1;int y=x--; 在读取完 x 值后 x 值减 1,即 y=1;x=0</td></tr>
<tr><td>++x</td><td>如 int x=1;int y=++x; 在 x 值加 1 后读取 x 值,即 y=2;x=2</td></tr>
<tr><td>--x</td><td>如 int x=1;int y=--x; 在 x 值减 1 后读取 x 值,即 y=0;x=0</td></tr>
<tr><td rowspan="5">加、减
乘、除</td><td>x * y</td><td>返回 x 乘以 y 的值</td></tr>
<tr><td>x/y</td><td>返回 x 除以 y 的值</td></tr>
<tr><td>x%y</td><td>返回 x 与 y 的模(x 除以 y 的余数)</td></tr>
<tr><td>x+y</td><td>返回 x 加 y 的值</td></tr>
<tr><td>x-y</td><td>返回 x 减 y 的值</td></tr>
<tr><td rowspan="3">关系运算
等于、
不等于</td><td>x<y
x<=y
x>=y
x>y</td><td>当符合条件时返回 true 值,否则返回 false 值</td></tr>
<tr><td>x==y</td><td>当 x 等于 y 时返回 true 值,否则返回 false 值</td></tr>
<tr><td>x!=y</td><td>当 x 不等于 y 时返回 true 值,否则返回 false 值</td></tr>
<tr><td rowspan="3">与非或</td><td>x&&y</td><td>当 x 和 y 同时为 true 时返回 true,否则返回 false</td></tr>
<tr><td>!x</td><td>返回与 x (布尔值)相反的布尔值</td></tr>
<tr><td>x || y</td><td>当 x 和 y 任意一个为 true 时返回 true,当两者同时为 false 时返回 false</td></tr>
<tr><td>三元
表达式</td><td>c? x:y</td><td>当条件 c 为 true 时返回 x 的值(执行 x 语句),否则返回 y 的值(执行 y 语句)</td></tr>
</table>

(3) JavaScript 定义函数

在 JavaScript 定义函数需要使用 function 关键字，不管有没有返回值都没有返回值类型。

① 无返回值函数，函数体中不使用 return 关键字。

例 6.10　JavaScript 函数示例 1(demo10.html)。

```
<HTML>
  <head>
    <SCRIPT LANGUAGE = "JavaScript">
```

```
        function getSqrt(iNum){
          var iTemp = iNum * iNum;
          document.write(iNum + " * " + iNum + " = " + iTemp + "<br>");
        }
      </SCRIPT>
    </head>
    <body>
        <SCRIPT LANGUAGE = "JavaScript">
        for(var i = 1;i <= 10;i++)
          getSqrt(i);     //调用函数
      </SCRIPT>
    </body>
  </html>
```

运行结果如图 6.12 所示。

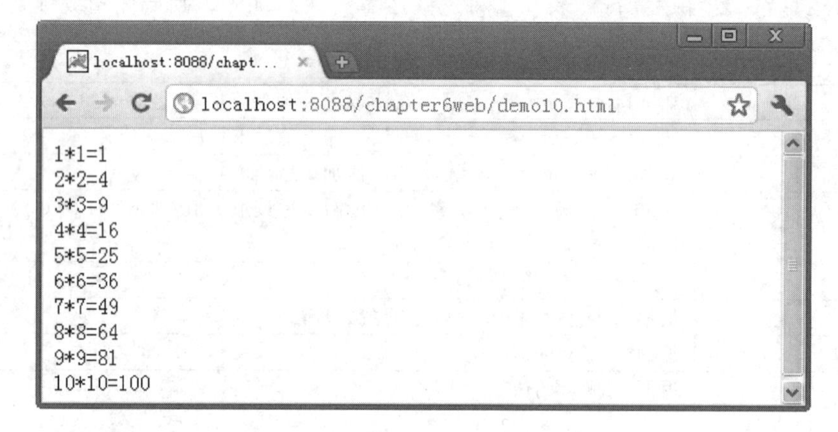

图 6.12 demo10.html 运行结果

② 有返回值函数，函数体中使用 return 返回值。

例 6.11 JavaScript 函数示例 2(demo11.html)。

```
<html>
 <head>
   <script language = "javascript">
     function f(y){
        var x = y * y;
        return x;
     }
   </script>
  </head>
  <body>
     <script language = "javascript">
      for(x = 1; x <= 10; x++){
          y = f(x);
          document.write(x + " * " + x + " = " + y + "<br>");
          document.write();
      }
```

```
    </script>
  </body>
</html>
```

运行结果如图 6.13 所示。

图 6.13 demo11.html 运行结果

(4) 几种编程结构

```
① if ( <条件> ) <语句 1> [ else <语句 2> ];
   if(条件){
        ⋮
   }else if(条件){
        ⋮
   }
```

例 6.12 输出 3～100 之间的素数示例,每行输出 5 个(demo12.html)。

```
<html>
 <head>
    <script language = "JavaScript">
      function  isSushu(x){
         var flag = true;
         for(var i = 2;i < x;i++)
              if(x % i == 0){
                flag = false;break;
              }
         return flag;
      }
    </script>
 </head>
  <body>
     <script language = "JavaScript">
       document.write("<table border = 1>");
       var c = 1;
       for(var n = 3;n <= 100;n++)
         if(isSushu(n)){
           if(c % 5 == 1) document.write("<tr>");
           document.write("<td>" + n + "</td>");
           if(c % 5 == 0) document.write("</tr>");
           c++;
         }
       document.write("</table>");
```

```
        </script>
    </body>
</html>
```

运行结果如图 6.14 所示。

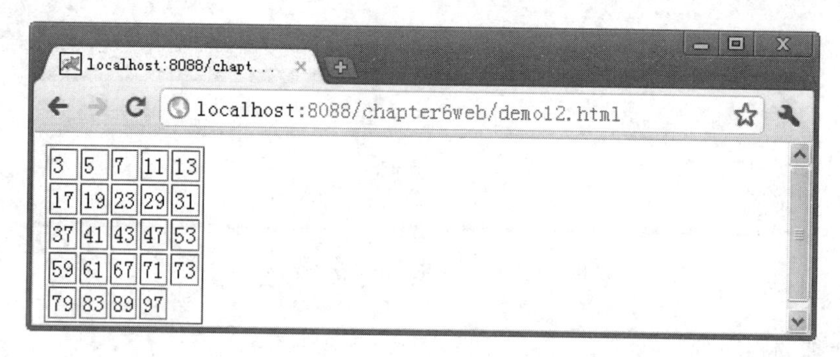

图 6.14 demo12.html 运行结果

```
② switch(表达式){
     case 值 1:...;break;
     case 值 2:...;break;
         ⋮
     default:...;break;
   }
```

③ for (<变量> = <初始值>; <循环条件>; <变量累加方法>) <语句>;

本语句的作用是重复执行＜语句＞，直到＜循环条件＞为 false 为止。它是这样运作的：首先给＜变量＞赋＜初始值＞，然后 * 判断＜循环条件＞(应该是一个关于＜变量＞的条件表达式)是否成立，如果成立就执行＜语句＞，然后按＜变量累加方法＞对＜变量＞作累加，回到 * 处重复，如果不成立就退出循环。这叫做 for 循环。

```
for(var i = 1;i< = 10;i++){...}
```

例 6.13 JavaScript 示例(demo13.html)

```
<script language = "JavaScript">
        var num = 7;
        for(var n = 1;n <= num;n++){
            for(var x = 1;x <= num - n;x++) //输出空格
                document.write("  ");
            for(var y = 1;y <= n * 2 - 1;y++) //输出 *
                document.write(" *  ");
            document.write("<br>");
        }
</script>
```

运行结果如图 6.15 所示。

④ while (＜循环条件＞) ＜语句＞;比 for 循环简单，while 循环的作用是当满足＜循环条件＞时执行＜语句＞。

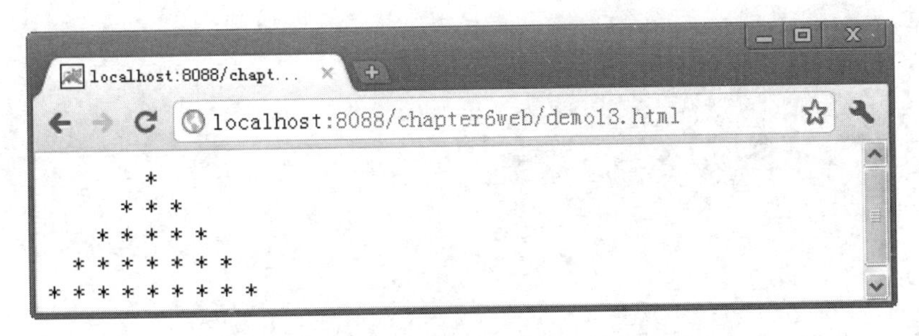

图 6.15　demo13.html 运行结果

```
while(条件){
    ⋮
}
```

(5) 定义数组。在 JavaScript 中定义数组与定义变量一样，只是数组需要开辟空间使用 new Array(n)，n 表示开辟多少。定义好数组后可以向数组中添加任何类型的元素。

定义一维数组：var x=new Array(10);，数组下标从 0 开始，到 $n-1$ 结束。

```
x[0] = 10; x[1] = "abc";
```

定义二维数组：

```
var x = new Array(10);          //首先定义一维数组
x[0] = new Array(10);           //再将一维数组中的第一个元素定义为一个数组，则为二维数组
x[0][0] = 1;                    //给二维数组中第一行第一列元素赋值
x[1] = new Array(10);
```

例 6.14　数组的使用示例(demo14.html)。

```
<html>
   <style type = "text/css">
        .id1 { background - color: white }
        .id2 { background - color: black }
   </style>
   <body>
    <script language = "JavaScript">
     //定义二维数组
  var x = new Array(10);
  for(var i = 0;i < x.length;i++)
       x[i] = new Array(10);
  //给二维数组元素赋值
  for(var i = 0;i < 10;i++)
    for(var j = 0;j < 10;j++){
         var n = Math.random();
         if(n < 0.5)   x[i][j] = 0;
         else          x[i][j] = 1;
    }
   document.write("< table border = 1 >");
   for(var i = 0;i < 10;i++){
     document.write("< tr >");
```

```
        for(var j = 0;j < 10;j++){
            if(x[i][j] == 0)
              document.write("< td class = 'id1' width = 20 >" + x[i][j] + "</td>");
            else
              document.write("< td class = 'id2'>" + x[i][j] + "</td>");
          }
          document.write("</tr>");
        }
      document.write("</table");
    </script>
  </body>
</html>
```

运行结果如图 6.16 所示。

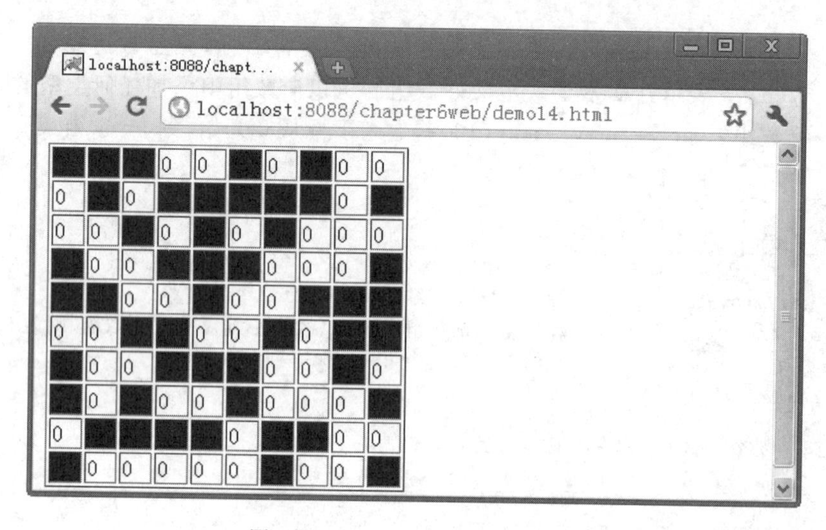

图 6.16 demo15.html 运行结果

(6) JavaScript 验证。

事件处理是对象化编程的一个很重要的环节。一般用特定的自定义函数(function)来处理事情。指定事件处理程序有以下方法：

① 编写特定对象特定事件的 JavaScript。

```
< script language = "JavaScript" for = "对象" event = "事件">
事件处理代码
</script>
```

例如：

```
< script language = "JavaScript" for = "window" event = "onload">
  alert('网页加载完毕,请你阅读.');
</script>
```

② 直接在 HTML 标记中指定。

```
<标记 .... 事件 = "事件处理程序">
```

例 6.15　JavaScript 事件示例(demo15.html)

```
<html>
 <body>
   <select name = "seladdr" size = "1" onchange = "func()">
          <option selected value = "北京">北京</option>
          <option value = "上海">上海</option>
           <option value = "广州">广州</option>
   </select>
   <script language = "javascript">
    function func(){
       alert("你选择了" + seladdr.value);
    }
    </script>
 </body>
</html>
```

例 6.16　利用 JavaScript 对输入的表单进行验证示例。

```
<html>
 <head>
   <script>
     //定义验证函数,在 form 的提交事件 onsubmit()调用,
     //当 checkform()验证函数返回 true 才真正提交,如果返回 false,
     //则不提交还是停留在当前页面上
     // document.form1.uname 表示取名称为 form1 的表单上的 uname 这个标签的值
     function checkform(){
         var name = document.form1.uname;
         if(name.value == ""){
              alert("请输入用户名");
              return false;
         }
       if(document.form1.upwd.value == ""){
              alert("请输入密码");
              return false;
         }
       return true;
    }
    </script>
   </head>
   <body>
        <form action = "reg.jsp" method = "post" name = "form1"
             onsubmit = "return checkform();">
        username:<input type = text name = uname> <br>
        userpwd:<input type = text name = upwd> <br>
         <input type = submit value = "注册">
      </form>
   </body>
 </html>
```

运行结果如图 6.17 所示。

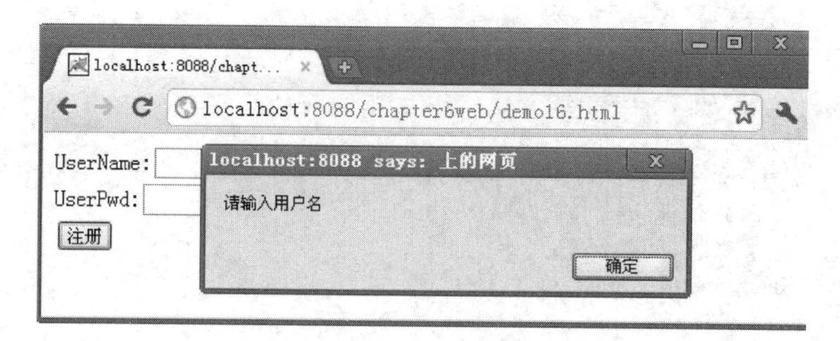

图 6.17 demo16.html 运行结果

6.6 本章小结

本章主要介绍了 HTML 网页基本知识,网站程序总是离不开 HTML,所以要学好 HTML。这里建议重点学习以下几个方面:一是 HTML 基本标签的使用。二是了解 CSS 编程知识。网页的布局和美工很重要,这是和最终用户打交道的最直接的方式。用户有时不关心实现细节,看到的只是页面。一个再好的系统如果没有一个好的界面,其效果也大打折扣。三是学习 JavaScript 知识,这是客户端编程的重要语言。现在有很多基于 JavaScript 的库文件能够帮助优化我们的网站,这会在后面进一步学习其中的一款产品——JQuery。

第7章 JSP编程技术

7.1 JSP编程基础

JSP(Java Server Pages)是由Sun公司率先倡导并由许多公司参与建立的一种Web页面技术标准。JSP使软件开发者可以响应客户端请求，动态生成HTML、XML或其他格式文档的Web网页。JSP技术是以Java语言作为脚本语言的。JSP将Java代码和特定的预定义动作嵌入到静态页面HTML中。

在传统的网页HTML文件中加入Java程序脚本(Scriptlet)和JSP标记(tag)，就构成了JSP网页。Web服务器在遇到访问JSP网页的请求时，Web服务器(该服务器安装在服务器端)配合JDK编译其中的Java程序脚本，然后将执行结果以HTML格式返回给客户。所以对客户端要求很低，只需要浏览器以及网络能够互联就可以了。Java程序脚本拥有Java程序的大部分功能，如访问数据库、读写文件以及实现动态网页的一些功能，如发送E-mail等。

7.1.1 JSP运行环境配置

一个JSP网页程序要运行需要Web服务器。目前使用一个广泛的开源的Web服务器Tomcat，且目前用的是Tomcat 6.0版本，另外安装的JDK版本是JDK 1.6。

1. JSP运行环境

首先安装JDK1.6，可以直接在Sun公司网站下载，安装非常简单。然后安装Tomcat 6.0，建议大家下载解压版的Tomcat，下载后解压到某一个目录就可以了。

假设JDK安装目录为C:\Program Files\Java\jdk1.6.0_13。Tomcat 6.0安装目录为D:\tomcat 6。

首先配置环境变量：右击鼠标，在弹出的快捷菜单中选择“我的电脑”→“属性”→“高级”→“环境变量”命令，出现界面，如图7.1所示。

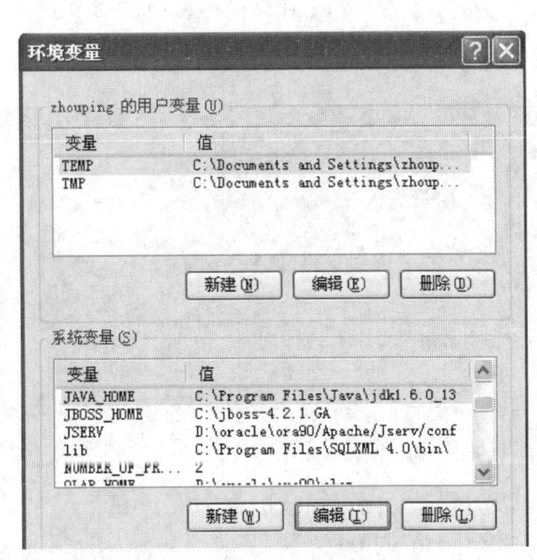

图7.1 用户环境变量设置

设置第一个环境变量：Java_Home 值为 JDK 安装根目录。选择“新建”命令，如 JDK 安装根目录为 C:\Program Files\Java\jdk1.6.0_13，如图 7.2 所示。

设置第二个环境变量：path，指系统一些 EXE 文件的路径。系统已经存在，不要删除已有的值单击“新建”按钮，在变量值末尾或前面加上；%Java_Home%\bin ；表示多个值分隔，如图 7.3 所示。

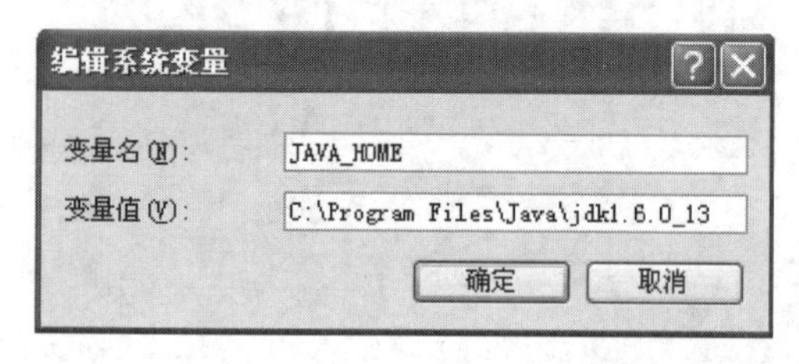

图 7.2 JAVA_HOME 环境变量设置

图 7.3 Path 环境变量设置

设置第三个环境变量：classpath 指 Java 程序运行所需要基本包 .jar。单击“新建”按钮，值为：%Java_Home%\lib\dt.jar；%Java_Home%\lib\tools.jar。

%Java_Home%表示引用了前面设置的环境变量 Java_Home 的值，如图 7.4 所示。

设置第四个环境变量：Tomcat_Home 指 tomcat 服务器安装根目录。单击“新建”按钮，如图 7.5 所示。

图 7.4 classpath 环境变量设置

图 7.5 Tomcat_Home 环境变量设置

2. 测试一下 JSP

运行 ${Tomcat Home 目录}\bin\startup.bat 启动 Tomcat。使用记事本编写一个网页：

```
<%@ page language="java"  pageEncoding="gbk"%>
 <html>
 <body>
   <%
    out.println("这是我第一个 JSP");
   %>
 </body>
</html>
```

保存为 hello.jsp 文件，注意后缀名为.jsp。做好的网页放置在 tomcat6 的安装目录 webapps\chapter7web\hello.jsp 下。可以在 webapps 下创建目录 chapter7web。

在浏览器中输入 *http://localhost:8088/chapter7web/hello.jsp*，运行结果如图 7.6 所示。

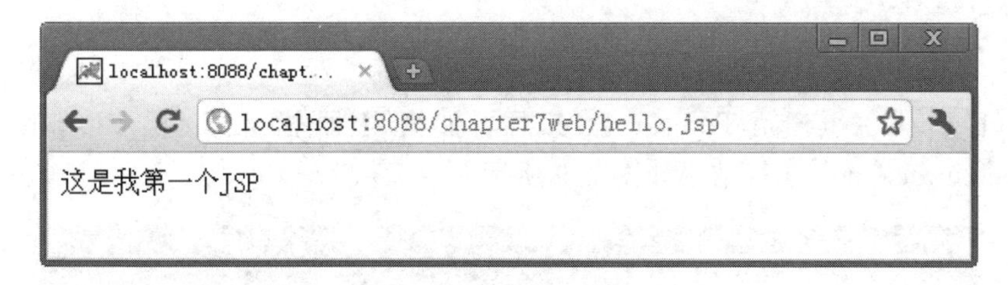

图 7.6　hello.jsp 运行结果

3. MyEclipse 中开发 JSP

在 MyEclipse 中需要配置 Web 服务器，其实在 MyEcplise 中可以配置多个 Web 服务器，我们选择目前广泛使用的 Web 服务器 Tomcat。

（1）配置 Tomcat 服务器：选择 window→Preferences→MyEclipse Enterprise Workbench→Servers→Tomcat6.X 命令。在选项中选择 Tomcat 安装的根目录即可。

（2）新建 web project 名称为 chapter7web。

向导自动添加了 JRE 以及 Java EE5 的一些基本的包。完成后，项目目录结构（见图 7.7）如下。

\src 源代码目录：放置所有 Java 源文件，如 *.java 文件。

\webroot 目录：网页根目录放置，如 *.jsp，*.html 等。

\WEB-INF 目录：放置一些配置信息 web.xml。

\WEB-INF\classes 目录：放 Java 文件编译后的.class。

\WEB-INF\lib 目录：放需要使用到的包文件，后缀名为.jar。

（3）打开已有的 index.jsp 文件添加代码如上例。

（4）部署 web 工程到 Tomcat 中。右击，在弹出的快捷菜单中选择“工程”→MyEclipse→Add and Remove Project Deployments 命令，如图 7.8 所示。

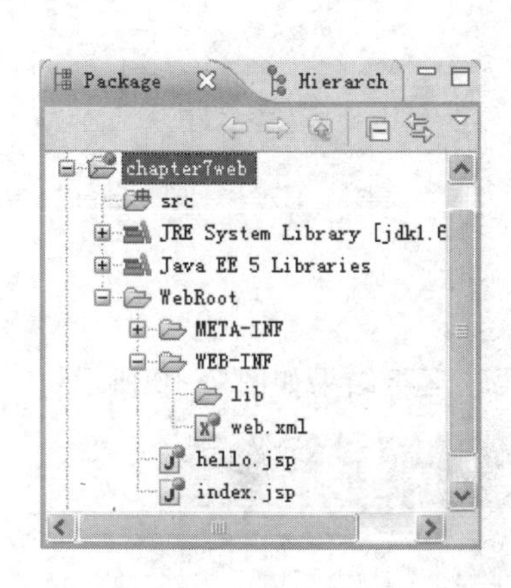

图 7.7　文件目录结构

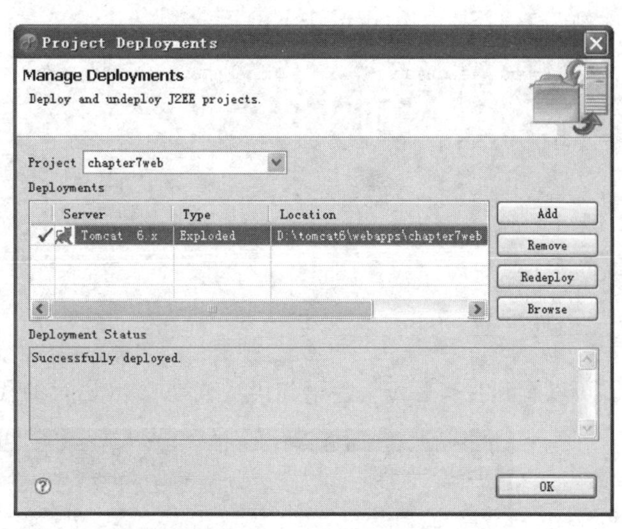

图 7.8　部署向导图

注意：其实部署就是将 MyEclipse 中工程复制到 Tomcat 的 webapps 目录下。请查看该目录结构。

4. 运行程序

在 MyEclipse 中启动 Tomcat 服务器，在浏览器输入 http://localhost：8088/chapter7web/index.jsp，运行结果如图 7.9 所示。

图 7.9 index.jsp 页面运行结果

7.1.2 JSP 基础

1. JSP 的执行过程

客户端请求 URL 即请求 jsp 容器（比如 tomcat）中的 JSP 页面，第一个用户请求 jsp 文件的时候，把 jsp 文件转换成 java 文件（servlet 类文件），然后再编译成 class 文件。最后以 HTML 格式返回给客户端浏览器。客户端浏览器解释 HTML 标签呈现给用户。由于编译后的 class 文件常驻内存，如果再次有客户请求的时候，直接再开一个线程，无须重新编译，直接执行第一次已经编译好的 class 文件，这样速度要快一些。当然，如果 jsp 文件发生变化，那么就需要重新编译一次。

2. 一个示例

例 7.1 JSP 示例（demo1.jsp）。

```
<%@ page language="java"  pageEncoding="gbk"%>
<html>
 <body>
  <%
   for(int i=1;i<=5;i++)
     out.println(i+"*"+i+"="+i*i);
   %>
 </body>
</html>
```

可以看到在＜％…％＞语句语法就是 Java 语言的代码。运行结果如图 7.10 所示。

图 7.10 demo1.jsp 页面运行结果

3. 基础语法

<%…%>中间包含Java代码，在一个页面中可以在多个位置出现多个<%…%>脚本块。可以在脚本块定义变量、函数以及编写一些执行代码等。

(1) 定义变量。

```
<%! int x = 0; %>
<%  int y = 10; %>
```

上述两种定义变量的方法是不同的，使用"!"定义的变量，类似于以前的全局变量，在网页刷新时该变量值还保存着。而不使用"!"的定义变量是局部变量。每次网页刷新时重新生成分配内存。

(2) 定义函数。

```
<!—定义一个函数判断输入的一个数字是否为素数 -->
<%! boolean isSushu(int x){
        boolean flag = true;
        for(int n = 2;n < x;n++)
          if(x % n == 0) {
            flag = false;break;
          }
      return flag;
  }
 %>
```

(3) 调用函数。

例 7.2 JSP 函数示例(demo2.jsp)。

```
<%
     int c = 0;
     for(int i = 3;i < 100;i++){
          if(isSushu(i)){
               if(c % 5 == 0)
                    out.println("<tr>");
               out.println("<td><b>" + i + "</b></td>");
               if(c % 5 == 4)
                    out.println("</tr>");
               c++;
          }
     }
 %>
```

上面两段代码写在同一个jsp文件中，在浏览器中运行该网页，运行结果如图7.11所示。

图 7.11 demo2.jsp 页面运行结果

7.1.3 JSP常见指令

1. page:为当前页面设置一些属性

定义当前jsp文件所需的属性,如页面编码、页面用到的一些包等。常见属性包括import、contentType 、errorPage、isErrorPage等。其位置可以出现在页面的任何位置,但推荐放在页首。

(1) 设置页面编码。

```
<%@ page pageEncoding = "gb2312" %>
```

这里设置编码是中文编码,显示中文不会出现乱码。网页默认的编码是ISO-8859-1。

(2) 导入包和类. import:需要导入的java包列表。

```
<%@ page import = "java.sql.*" %>
<%@ page import = "java.util.*,java.io.*" %>
```

(3) 设置页面类型contentType:设置MIME类型和字符编码集。MIME类型默认为text/html,字符集默认为charset=ISO-8859-1。

```
<%@page contentType = "text/html; chareset = gbk" %>
```

(4) 设置网站异常处理页面。errorPage:设置处理异常事件的JSP文件。

isErrorPage:设置此页是否为处理异常事件的页面,如果设置为true,就能使用exception对象。

例7.3 异常处理示例(errortest.jsp)。

首先编写一个页面,这个页面存在异常,目的是当这个页面发生异常时导向一个异常处理页面。

(1) 创建一个errortest.jsp页面。如果出现异常,跳转到error.jsp。

```
<%@ page language = "java"   pageEncoding = "gbk" %>
<%@ page errorPage = "error.jsp" %>
<html>
 <body>
   <%
        int x[] = new int[10];
        x[10] = 3;//出现异常,数组下标越界
   %>
</body>
</html>
```

<%@ page errorPage="error.jsp"%>表示当这个页面发生异常,页面导向error.jsp页面。

(2) error.jsp:错误处理页面,捕获异常对象exception。

```
<%@ page language = "java"   pageEncoding = "gbk" %>
<%@ page isErrorPage = "true" %>
```

```
<html>
 <body>
  <%
     out.println("传过来的异常：" + exception);
   %>
</body>
</html>
```

在浏览器中运行 errortest.jsp 网页，运行结果如图 7.12 所示。

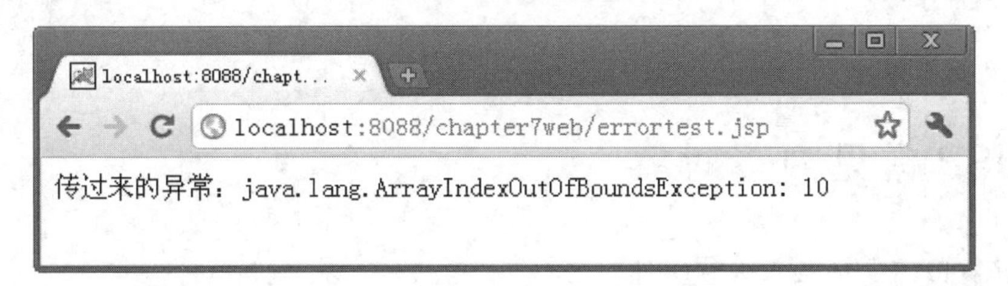

图 7.12 errortest.jsp 页面运行结果

2. include 指令

如果一个 Web 程序导航和页脚在每个页面都会出现，可以将导航和页脚部分单独做成一个网页文件，如果以后别的页面要使用就可以使用 include 指令。<%@ include file=" "%>，jsp 的 include 指令元素读入指定页面的内容。Web 容器在编译阶段将这些内容和原来的页面融合到一起。

可以使用 include 指令在 JSP 中包含一个静态的文件，同时解析这个文件中的 JSP 语句。

```
<%@ include file = "top.jsp" %>
   ⋮
<%@ include file = "bottom.jsp" %>
```

注意：被包含页面如 top.jsp 不能含有<html>与<Body>标记。

3. <jsp:forward>指令

<jsp:forward>实现网站内部跳转，从一个网页使用该标签跳转到另外的网页。在跳转时可以传递参数。<jsp:forward>标签从一个 JSP 文件向另外一个文件传递一个包含用户请求的 request 对象。

该标签包含两个属性：

(1) page 属性是一个表达式或是一个字符串，用于说明将要定向的文件或 URL。

```
<jsp:forward page = "a.jsp"/>
```

(2) <jsp:param>向一个动态文件发送一个或多个参数。如果使用了<jsp:param>标签，目标文件必须是动态的文件，如 Servlet 或者 JSP 等。另外页面可以通过 request 来接收参数，如第一个页面，即 a.jsp 页面。

```
<jsp:forward page = "b.jsp">
```

```
  <jsp:param name="p1" value="1001"/>
  <jsp:param name="p2" value="zhou"/>
</jsp:forward>
```

第二个页面，即 b.jsp 接收参数。

```
<%
  String v1 = request.getParameter("p1");
  String v2 = request.getParameter("p2");
  out.println(v1 + "<br>"); out.println(v2);
%>
```

7.2 JSP 常见内置对象

JSP 共有以下 9 种基本内置组件：

- request 用户端请求，此请求会包含来自 GET/POST 请求的参数；
- response 网页传回用户端的回应；
- pageContext 网页的属性是在这里管理；
- session 与请求有关的会话期；
- application servlet 正在执行的内容；
- out 用来传送回应的输出；
- config servlet 的构架部件；
- page JSP 网页本身；
- exception 针对错误网页，未捕捉的例外。

1. out 对象

out 对象是一个输出流，用来向客户端输出数据。out 对象用于各种数据的输出。

2. request 对象

服务器端接收从客户端传来的参数该对象封装了用户提交的信息，通过调用该对象相应方法可以获取封装的信息。当 request 对象获取客户提交的汉字字符时，会出现乱码，必须进行特殊处理。

例如，在浏览器地址栏输入 http://localhost:8088/myweb/a.jsp?name=admin&birth=1990-12-12。这里表示向 a.jsp 页面传递两个参数，一个名称为 name，值为 admin，另外一个名称为 birth，值为 1990-12-12，& 表示多个参数分隔符。

在 a.jsp 页面使用 request 接收参数，返回一个 String 类型的值。接收形式如下：

```
String name = request.getParameter("name");
String birth = request.getParameter("birth");
```

注意：如果没有传进参数，但在一个页面中又使用 request 接收了该参数，则返回值为 null，可以使用如下方式判断是否接收到该参数。

```
String v1 = request.getParameter("p1");
if(v1! = null){ ...}
```

例 7.4 中文乱码示例(zwinput.jsp)

```
<%@ page language = "java"  pageEncoding = "gbk" %>
<html>
 <body>
  <form action = "zwjieshou.jsp" method = "get">
       UserName<input type = text name = uname ><br>
       <input type = submit>
   </form>
 </body>
</html>
```

接收页面 zwjieshou.jsp 代码如下：

```
<%@ page language = "java"  pageEncoding = "gbk" %>
<html>
 <body>
   <%
     String uname = request.getParameter("uname");
     out.println("<h3>" + uname + "</h3>");
   %>
 </body></html>
```

网页运行,输入中文,运行结果如图 7.13 所示。

图 7.13 页面乱码运行结果

注意输出结果：中文出现了乱码。

例 7.5 中文乱码处理示例。

```
<%@ page language = "java"  pageEncoding = "gbk" %>
<html>
 <body>
   <%
     String uname = request.getParameter("uname");
     uname = new String(uname.getBytes("iso-8859-1"));//重新编码
     out.println("<h3>" + uname + "</h1>");
   %>
 </body>
</html>
```

运行结果如图 7.14 所示。

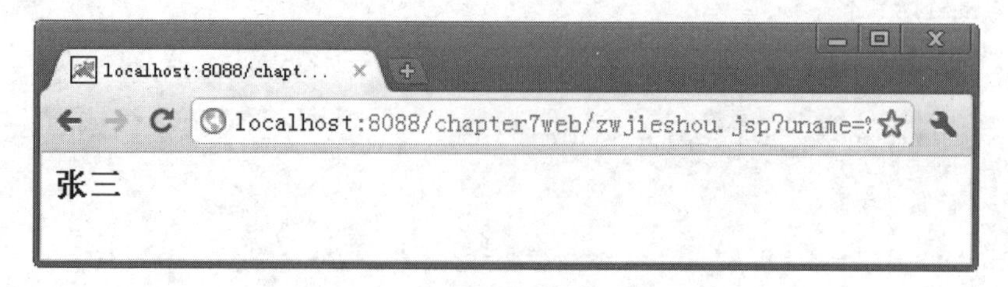

图 7.14 乱码页面处理后运行结果

表单标签用户输出的值服务器端接收。

(1) 复选框

```
UHobby < input type = checkbox name = h1 value = music >音乐
       < input type = checkbox name = h2 value = sports >体育
```

接收页面接收复选框值：request.getParameter("h1")中的 h1 就是复选框的标签名。

```
String h1 = request.getParameter("h1");
String h2 = request.getParameter("h2");
if(h1! = null)
    out.println("爱好:" + h1);
if(h2! = null)
    out.println("爱好:" + h2);
```

(2) 下拉框

```
UCity < select name = ucity >
        < option value = "bj">北京</option >
        < option value = "sh" selected >上海</option >
        < option value = "tj">天津</option >
      </select >
```

接收页面接收下拉框值，用户选择的是哪个城市就传的是哪个城市。

```
String city = request.getParameter("ucity");
```

(3) 隐藏控件

```
< input type = "hidden" name = "hidd" value = "zhangsan"/>
```

接收页面接收隐藏控件值。

```
String hid = request.getParameter("hidd");
```

其余输入如文本框、单选按钮等读取其中的值都是类似，就不在此赘述了。

例 7.6 dtbdinput.jsp 关于动态标签，如标签名称是动态产生的。如一个学生成绩输入系统，要输入平时成绩、期末成绩等，而学生个数是不定的，服务器端如何接收参数呢？

注意：如何得到客户端所有传来的参数名 dtbdinput.jsp。

```
< form action = "dtshow.jsp" method = "get">
  < %
    for(int i = 100;i < 110;i++){
```

```
            out.println(i);
            out.println("<input type=text name=ps_"+i+">");
            out.println("<input type=text name=qm_"+i+"><br>");
        }
    %>
    <input type=submit value=提交>
</form>
```

运行结果如图 7.15 所示。

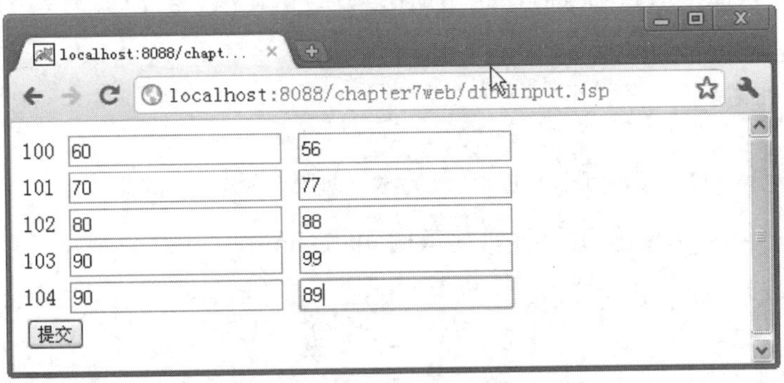
localhost:8088/chapt...
localhost:8088/chapter7web/dtinput.jsp
100 60 56
101 70 77
102 80 88
103 90 99
104 90 89
提交

图 7.15 动态标签页面运行结果

注意：标签名称是动态的，如 name="ps_"+i。

```
<%
  //得到传来所有参数名称
  Enumeration paras = request.getParameterNames();
  while(paras.hasMoreElements()){
     String ps = paras.nextElement().toString();
     if(ps.startsWith("ps_")){
         out.println("学号: "+ps.substring(3));
         String pscore = request.getParameter(ps);
         out.println(" 平时: "+pscore);
         String qscore = request.getParameter("qm_"+ps.substring(3));
         out.println(" 期末: "+qscore+"<br>");
     }
  }
%>
```

运行结果如图 7.16 所示。

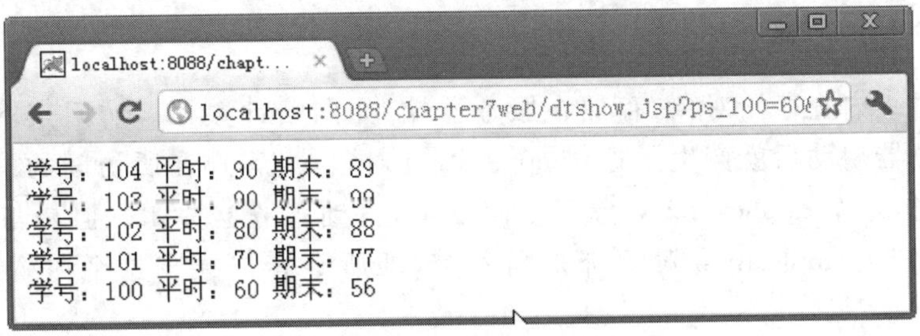
localhost:8088/chapt...
localhost:8088/chapter7web/dtshow.jsp?ps_100=60
学号: 104 平时: 90 期末: 89
学号: 103 平时: 90 期末: 99
学号: 102 平时: 80 期末: 88
学号: 101 平时: 70 期末: 77
学号: 100 平时: 60 期末: 56

图 7.16 动态标签页面接收运行结果

请仔细研究其中的代码，以后会经常遇到这种情况。

3. response 对象

服务器对客户的请求做出动态的响应，向客户端发送数据。

(1) 动态响应 contentType 属性。用 page 指令静态地设置页面的 contentType 属性，动态设置这个属性时使用 response. setContextType("text/html;charset=utf-8");。

(2) 网页重定向。可以在<%%>中使用 response 的 sendRedirect(url)跳转到网站内部或外部网站的其他页面。跳转时停止当前网页运行，显示跳转后的网页。

```
response.sendRedirect("index.jsp");
```

(3) 定时刷新

```
response.setHeader("Refresh","5");        //表示每隔5秒刷新一次
```

例 7.7 一个服务器端网页时钟实现示例(dateshow.jsp)。

```
<%@ page language="java" import="java.util.*,java.text.*" pageEncoding="gbk"%>
<html>
  <body>
   <%
     Date date = new Date();
     SimpleDateFormat  format = new SimpleDateFormat("hh:mm:ss");
     String time = format.format(date);
     out.println(time);
     response.setHeader("Refresh","1");
   %>
  </body>
</html>
```

运行结果如图 7.17 所示。

图 7.17 dateshow.jsp 页面运行结果

4. application 对象

应用程序级内置存储对象，存储在服务器端，如网站计数器。访问该网站所有用户共有的。服务器启动后就产生了这个 application 对象，当客户在所访问的网站的各个页面之间浏览时，这个 application 对象都是同一个，直到服务器关闭。但是与 session 不同的是，所有客户的 application 对象都是同一个，即所有客户共享这个内置的 application 对象。

（1）设置属性

```
application.setAttribute("属性名",Object);
```

（2）读取属性值

```
Object obj = application.getAttribute("属性名");
```

例 7.8　网站计数器实现示例。

```
<%
 Object c = application.getAttribute("count");
 if(c! = null){
     int x = Integer.parseInt(c.toString());
     x++;
     application.setAttribute("count",x + "");
   }else
       application.setAttribute("count","1");
%>
```

注意：applicatoin针对所有用户，所有网页都可以使用、共有。

5. session对象

会话级内置存储对象，从一个客户打开浏览器并连接到服务器开始，到客户关闭浏览器离开这个服务器结束，被称为一个会话。当一个客户访问一个服务器时，可能会在这个服务器的几个页面之间反复连接，反复刷新一个页面，服务器应当通过某种办法知道这是同一个客户，这就需要session对象。

（1）读取会话ID：当一个客户首次访问服务器上的一个JSP页面时，JSP引擎产生一个session对象，同时分配一个String类型的ID号，JSP引擎同时将这个ID号发送到客户端，存放在Cookie中。这样session对象和客户之间就建立了一一对应的关系：session.getId()。

（2）设置属性：session.setAttribute("属性名",值);。

（3）读取属性：Object obj=session.getAttribute("属性名");。

例 7.9　使用session实现购物车功能实现。

（1）显示商品以及购买的页面示例(showbooks.jsp)。

```
<%@ page language = "java"  pageEncoding = "gbk" %>
<%@page import = "java.util.*" %>
<!DOCTYPE HTML PUBLIC "-//W3C//DTD HTML 4.01 Transitional//EN">
<html>
  <body>
   Java <a href = "showbooks.jsp?bname = Java" >购买</a><br>
   VB.net <a href = "showbooks.jsp?bname = vb.net">购买</a><br>
   C++<a href = "showbooks.jsp?bname = c++" >购买</a><br>
   Asp.net <a href = "showbooks.jsp?bname = Asp.net">购买</a><br>
   <a href = "showcarts.jsp" >显示购物车</a>
   <%
     String bname = request.getParameter("bname");
```

```
        if(bname! = null){
            //从 session 中读取集合属性
        ArrayList plist = (ArrayList)session.getAttribute("plist");
            //如何集合为空,则新建一个集合存放购买的书名
        if(plist == null){
              plist = new ArrayList();
              plist.add(bname);
                  //保存到 session
              session.setAttribute("plist",plist);
        }else{
              /* 检查是否已经购买过这本书了,如果第一次购买则将商品添加到集合中,集合再放入
                 session 中 */
                if(!plist.contains(bname)){
                  plist.add(bname);
                  session.setAttribute("plist",plist);
                }
        }
      }
    %>
  </body>
</html>
```

运行结果如图 7.18 所示。

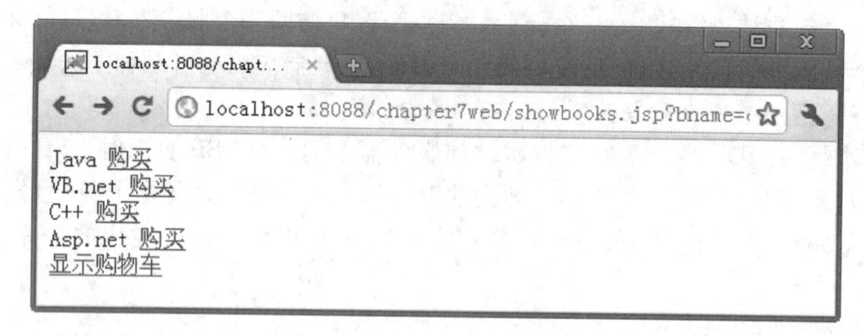

图 7.18 showbooks.jsp 页面运行结果

（2）显示购物车页面。

```
<%@ page language = "java"  import = "java.util.*" pageEncoding = "gbk" %>
<html>
  <body>
  <% ArrayList plist = (ArrayList)session.getAttribute("plist");
    if(plist! = null)
    for(int i = 0;i < plist.size();i++)  out.println("<h4>你已经购买了: " + plist.get(i) + "
</h4>");
   %>
  </body>
</html>
```

运行结果如图 7.19 所示。

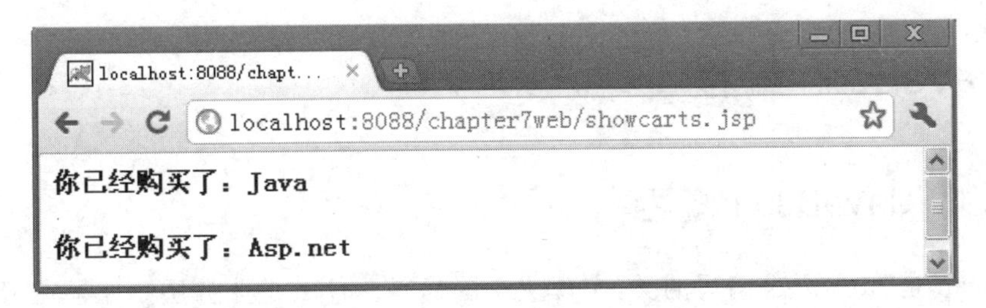

图 7.19 购物车页面运行结果

6. pageContext 对象

该对象代表该 JSP 页面上下文，使用该对象可以访问页面中的共享数据。常用的方法有 getServletContext()和 getServletConfig()等。

使用 pageContext 设置属性，该属性默认在 page 范围内。

```
pageContext.setAttribute("page" , "hello") ;
<%
   int x[] = {1,2,3,4,5};
   pageContext.setAttribute("arr",x);
%>

<%
   int y[] = (int[])pageContext.getAttribute("arr");
   for(int i = 0;i < y.length;i++){
         out.println(y[i] + "<br>");
   }
%>
```

7. Cookie 类的使用

Cookies 是一种 Web 服务器通过浏览器在访问者的硬盘上存储信息的手段。Netscape 使用一个名为 cookies.txt 本地文件保存从所有站点接收的 Cookie 信息；而 IE 浏览器把 Cookie 信息保存在类似于 C:\windows\cookies 的目录下。当用户再次访问某个站点时，服务端将要求浏览器查找并返回先前发送的 Cookie 信息，来识别这个用户。

(1) 设置客户端 Cookie。

```
Cookie uname = new Cookie("名","值");
response.addCookie(uname);      //将 Cookie 保存到客户端某个存储区域
```

(2) 读取客户端 Cookie。

```
Cookie c[] = request.getCookies();
for(int i = 0;i<c.length;i++){
     Cookie cook = c[i];
     if(cook.getName().equals("uname"))
       out.println(cook.getValue());
}
```

7.3 JavaBean 编程

7.3.1 JavaBean 概述

JavaBean 是 Java 语言编写的类,实现业务层代码。什么是业务层?如果在 JSP 页面中有一个输入表单供用户输入注册信息,输入的注册信息要保存到服务器端的数据库中,保存用户信息的过程可以在 Java 函数中完成,可以使用纯 Java 语言实现,页面只需要调用该函数传给它相应的参数即可。实现这段业务代码的类称为 JavaBean。利用 JavaBean 实现 Java 与 HTML 页面分离。用户可以使用 JavaBean 将功能、处理、数据库访问和其他任何可以用 Java 代码创造的对象进行打包,并且其他的开发者可以通过内部的 JSP 页面、Servlet,其他 JavaBean、applet 程序或者应用来使用这些对象。JavaBean 类必须是公共的,并且具有无参数的构造器。

特别要说明的是 JavaBean 是一个普通的 Java 类,在使用时需要用户创建其对象实例,JavaBean 不拥有网页上下文(Web Context),所以不能在 JavaBean 中直接使用 Session、Application 以及 PageContext 等内置对象。

1. 定义 JavaBean 在源代码目录 src 创建 JavaBean 类

```
package bean;
public class Circle {
 public double area(double r){
     return Math.PI * r * r;
 }
}
```

2. 页面调用

(1) 直接在页面上创建了一个 Circle 的实例 beanDemo.jsp。

```
<%@ page import = "bean.Circle" %>
<%
    double  r = 5.0;
    if(r >= 0){
        Circle obj = new Circle();
        out.println(obj.area(r));
    }
%>
```

(2) 通过<jsp:useBean>标记生成一个实例 id="obj",obj 是实例名。

```
<jsp:useBean id = "obj" class = "bean.Circle"/>
```

相当于:

```
<%
    Circle obj = new Circle();
%>
```

JavaBean 中一般不需要构造函数,如果定义了构造函数,需要有一个默认的构造函数。属性的赋值通过 set/get 方法完成。

(3) 属性的<jsp:setProperty>与<jsp:getProperty>。

例 7.10　Circle 类如果有一个属性为 r,并写了一个 set 方法(Circle2.java)。

```
package bean;
public class Circle2 {
private double r;
public double getR() {
    return r;
}
public void setR(double r) {
    this.r = r;
}
public double area(){
    return Math.PI * r * r;
}
}
```

则:

```
<jsp:useBean id = "obj" class = "bean.Circle"/>
<jsp:getProperty>读取某个实例的某个属性的值
<jsp:setProperty  name = "obj" property = "r" value = "56"/>
```

上面语句的意思就是为实例 obj 的属性 r 赋值为 56。其实调用了函数 obj.setR(56)。再如:

```
<jsp:useBean id = "user" class = "bean.User"/> <jsp:setProperty name = "user" property =
"uname" value = "zhou"/>
```

其功能上相当于:

```
<%
   user.setUname("zhou");
%>
<jsp:setProperty name = "user" property = "ubirth" value = "2000 - 12 - 12"/>
<jsp:getProperty name = "user" property = "uname"/>
```

其功能上相当于:

```
<%
   out.println(user.getUname());
%>
```

例 7.11　设置和读取属性值示例。

```
<%@ page language = "java"  pageEncoding = "gbk" %>
<html>
 <body>
  <jsp:useBean id = "circle" class = "bean.Circle"/>
```

```
  设置属性的值为 30
  <jsp:setProperty  name = "circle" property = "r" value = "20"/><br>
  读取属性的值
  <jsp:getProperty  name = "circle" property = "r"/><br>
  计算面积
  <%
    out.println(circle.area());
  %>
  <br>
</body>
</html>
```

7.3.2 JavaBean 数据库编程

虽然可以直接在页面上直接访问数据库，但不推荐这种方法，这种方法将导致页面不简洁，目标是在 JSP 页面上尽量减少脚本，多用标签。

作为知识的一部分，还是以一个例子说明如何在页面上直接访问数据库。JSP 访问数据库技术与前面讲述的内容一致。

1. JSP 直接读写数据库代码

例 7.12 访问数据库示例(disptable1.jsp)。

```
<%@ page language = "java" import = "java.sql.*" pageEncoding = "gbk" %>
<html>
<body>
  <center><table border = 1>
  <tr><td>学号</td><td>姓名</td><td>院系</td></tr>
   <%
      String driver = "com.mysql.jdbc.Driver";
      String url = "jdbc:mysql://localhost:3306/support";
      Class.forName(driver);
      Connection con = DriverManager.getConnection(url,"root","4846");
      Statement cmd = con.createStatement();
      String sql = "select * from student";
      ResultSet rs = cmd.executeQuery(sql);
      while(rs.next()){
      String sno = rs.getString(1);
      String sname = rs.getString(2);
      String sdept = rs.getString(3);
      out.println("<tr><td>" + sno + "</td><td>" + sname +
                        "</td><td>" + sdept + "</td></tr>");
      }
      con.close();
   %>
   </table>
   </center>
  </body>
</html>
```

2. 分页显示数据库记录代码

例 7.13 分页显示示例(disptablepages.jsp)。

```
<%@ page language = "java" import = "java.sql.*" pageEncoding = "gbk" %>
<html>
  <body>
    <center><table border = 1>
    <tr><td>学号</td><td>姓名</td><td>院系</td></tr>
     <%
        String driver = "com.mysql.jdbc.Driver";
      String url = "jdbc:mysql://localhost:3306/support";
        Class.forName(driver);
        Connection con = DriverManager.getConnection(url,"root","4846");
        /*创建一个支持滚动的游标*/
        Statement cmd = con.createStatement(
                        ResultSet.TYPE_SCROLL_SENSITIVE,
                        ResultSet.CONCUR_READ_ONLY);
        String sql = "select * from student";
        ResultSet rs = cmd.executeQuery(sql);
        /*计算总的记录数,所需的页面数,每页显示10条记录*/
        rs.last();
        int records = rs.getRow();//总的记录数
        int pages = 0;
        if(records % 10 == 0)
            pages = records/10;
        else
            pages = records/10 + 1;
        int curpage = 1;//默认当前页
        String spage = request.getParameter("curpage");
        if(spage! = null)
            curpage = Integer.parseInt(spage);
         if(curpage == 1)   rs.beforeFirst();
         else   rs.absolute((curpage - 1) * 10);//记录开始位置定位
         for(int i = 1;i <= 10;i++){
           if(rs.next()){
                String sno = rs.getString(1);
                String sname = rs.getString(2);
                String sdept = rs.getString(3);
                out.println("<tr><td>" + sno + "</td><td>" + sname +
                                "</td><td>" + sdept + "</td></tr>");
           }
        }
        con.close();
        out.println("<tr><td><a href = showstudent.jsp?curpage = 1>第一页</a></td>");
        out.println("<td><a href = showstudent.jsp?curpage = " + (curpage + 1) + ">下一页
        </a></td>");
        out.println("<td><a href = showstudent.jsp?curpage = " + (curpage - 1) + ">上一页
        </a></td>");
```

```
            out.println("< td >< a href = showstudent.jsp?curpage = " + pages + ">最后一页</a >
            </td></tr >");
        %>
        </table>
        </center>
    </body>
  </html>
```

3. 利用 JavaBean 读写数据库(推荐)

下面给出利用 JavaBean 读写数据库的例子。

例 7.14 JavaBean 实现访问数据库示例(StudentDao.jsp)。

```
package dao;
import java.sql.Connection;
import java.sql.DriverManager;
import java.sql.PreparedStatement;

public class StudentDao {
 String driver = "com.mysql.jdbc.Driver";
 String url = "jdbc:mysql://localhost:3306/support";
 public  void addStudent(String sno,String sname,String sdept){
    try{
        Class.forName(driver);//加载驱动包
        Connection con = DriverManager.getConnection(url,"root","4846");
        String sql = "insert into student values(?,?,?)";
        PreparedStatement cmd = con.prepareStatement(sql);
        cmd.setString(1, sno);
        cmd.setString(2, sname);
        cmd.setString(3, sdept);
        cmd.executeUpdate();
        con.close();
    }catch(Exception ex){

    }
}
public  void deleteStudentBySno(String sno){
    try{
        Class.forName(driver);//加载驱动包
        Connection con = DriverManager.getConnection(url,"root","4846");
        String sql = "delete from student where sno = ?";
        PreparedStatement cmd = con.prepareStatement(sql);
        cmd.setString(1, sno);
        cmd.executeUpdate();
        con.close();
    }catch(Exception ex){
    }
  }
}
```

在页面上调用 JavaBean(deleteStudent.jsp)。

```
<%@ page language = "java"  pageEncoding = "gbk" %>
<html>
 <body>
   <jsp:useBean id = "studentdao" class = "dao.StudentDao"/>
  <form action = "studentop.jsp" method = "get">
      待删除的学生学号: <input type = text name = sno ><br>
      <input type = submit value = "删除">
   </form>
    <%
    String sno = request.getParameter("sno");
    if(sno! = null)
     studentdao.deleteStudentBySno(sno);
    %>
 </body>
</html>
```

7.4 Servlet 编程

7.4.1 Servlet 概述

Servlet 是用 Java 编写的类,运行于服务器端即 Web 服务器(如 Tomcat)中。不同于 JavaBean 的是 Servlet 对象由 Web 服务器创建。Servlet 拥有 Web 上下文,即 Servlet 类中可以读取页面一些对象,如 Response、Request 等。Servlet 通过创建一个框架来扩展服务器的能力,以提供在 Web 上进行请求和响应服务。当客户端发送请求至服务器时,服务器可以将请求信息发送给 Servlet,并让 Servlet 建立起服务器返回给客户机的响应。当启动 Web 服务器或客户机第一次请求服务时,可以自动装入 Servlet。装入后,Servlet 继续运行直到其他客户机发出请求。其功能主要有:

- 创建并返回一个包含基于客户请求性质的动态内容的完整的 HTML 页面。
- 创建可嵌入到现有 HTML 页面中的一部分 HTML 页面(HTML 片段)。
- 与其他服务器资源(包括数据库和基于 Java 的应用程序)进行通信。
- 用多个客户端处理连接,接收多个客户端的输入,并将结果广播到多个客户端上。例如,Servlet 可以是多参与者的游戏服务器。
- 对特殊的处理采用 MIME 类型过滤数据,例如,图像转换和服务器端包括(SSI)。

Servlet 比 JSP 出现得更早些。JSP 页面被客户端第一次请求时,Web 服务器将 JSP 页面编译成一个 Servlet,Servlet 再响应客户端的请求再形成 HTML 格式发送到客户端浏览器中。从某种意义上说 JSP 是对 Servlet 的一次包装,使得网页程序更容易编写,如在 JSP 中设置了很多内置对象。

现在 Servlet 一般不写界面层了,界面层的功能主要由 JSP 完成。而 Servlet 可以作为中间控制层,它从页面接收传过来的参数,再去调用业务层 JavaBean 实现业务逻辑。如在一个页面注册场景中,我们使用 JSP 完成注册界面,将注册页面中输入的参数通过 Form 提交给一个 Servlet,Servlet 调用 JavaBean 中一个方法将用户信息写到数据库中。这是一个经典编程模式,称其为 MVC 编程模式。

Servlet 请求-响应流程如下。

(1) 客户端发送请求至服务器端。

(2) 服务器将请求信息发送至 Servlet。

(3) Servlet 生成响应内容并将其传给 Server。响应内容动态生成,通常取决于客户端的请求。

(4) 服务器将响应返回给客户端。

简单地介绍 JSP 与 Servlet 的不同之处:

(1) 简单来说 JSP 就是含有 Java 代码的 HTML,而 Servlet 是含有 HTML 的 Java 代码。

(2) JSP 最终也是被解释为 Servlet 并编译再执行。

(3) 在 MVC 三层结构中,JSP 负责 V(视图),Servlet 负责 C(控制),各有优势,各司其职。Servlet 在功能实现上其实是一样的,可以说用 JSP 能实现的,Servlet 也可以实现,但是从应用的角度来讲,JSP 更适合做表现层的事情,因为它有标签支持,而 Servlet 适合做数据逻辑层的数据处理。

(4) Servlet 就是一个 Java 类,Web 中应用的应该是 HttpServlet,Servlet 类最大的好处就是能够提供 request/response 的服务器功能,当有请求提交到 Servlet 时,它执行它自身的 service(request,response)方法。

7.4.2 Servlet 生命周期

Servlet 的生命周期就是指 Servlet 从创建实例开始到最后销毁的这段过程。生命周期中会自动调用的 3 个主要方法为 init()、service()、destroy()。

(1) 装载 servlet 类以及其他可能使用到的类,即 Web 服务器创建一个 Servlet 的实例。

(2) 调用 init(ServletConfig config)方法加载配置信息,初始化 Servlet。一个客户端的请求到达服务器端,服务器 Web 服务器创建一个请求对象 request 以及一个响应对象 response。

(3) 调用 service()方法处理业务逻辑,Server 激活 Servlet 的 service()方法,传递请求和响应对象作为参数。service()方法获得关于请求对象的信息,处理请求,访问其他资源,获得需要的信息。

service()方法使用响应对象的方法根据客户传的方式不同(用户可能使用 get 或 post 方式提交),service()方法可能激活其他方法以处理请求,如 doGet()或 doPost()响应客户端的请求。

(4) 调用 destroy 方法销毁不再使用的 servlet。

注意:对于更多的客户端请求,Server 创建新的请求和响应对象,仍然激活此 Servlet 的 service()方法,将这两个对象作为参数传递给它。如此重复以上的循环,但无需再次调用 init()方法。一般 Servlet 只初始化一次,当 Server 不再需要 Servlet 时(一般当 Server 关闭时),Server 调用 Servlet 的 Destroy()方法。

7.4.3 Servlet 编程

本节将以编写一个简单的 Servlet（我们称为 HelloServlet）为例说明开发 Servlet 的过程。

Java Servlet API 是一个标准的 Java 扩展程序包，包含两个 Package，即 javax. servlet 和 javax. servlet. http。对于想开发基于客户自定义协议的开发者，应该使用 javax. servlet 包中的类与界面；对于仅利用 HTTP 协议与客户端进行交互的开发者，则只需要使用 javax. servlet. http 包中的类与界面进行开发即可。

下面是一个典型的 servlet 的程序代码，该 Servlet 实现的功能是，当用户输入一个圆半径，将参数传递给 Servlet 时，该 Servlet 向客户端浏览器传送圆面积。

(1) 创建 Servlet 类，从 HttpServlet 继承，编写 doGet()、doPost()等函数的代码。

例 7.15 Servlet 示例(CircleServlet. java)。

```
package myservlet;
import java.io.*;
import javax.servlet.ServletException;
import javax.servlet.http.*;
public class CircleServlet extends HttpServlet {
    public void doGet(HttpServletRequest request, HttpServletResponse response)
            throws ServletException, IOException {
        response.setContentType("text/html;charset = gb2312");
        PrintWriter out = response.getWriter();
        double r = Double.parseDouble(request.getParameter("r"));
        out.println("圆的面积 = " + Math.PI * r * r);
        out.close();
    }
}
```

(2) 改写网站配置文件 web. xml，增加以下内容。

```
<!-- 定义 servlet 名为 CircleServlet,处理类 myserv.CircleServlet -->
<servlet>
    <servlet-name>CircleServlet</servlet-name>
    <servlet-class>myservlet.CircleServlet</servlet-class>
  </servlet>
  <!-- 定义名为 CircleServlet 的 servlet 调用的 URL:/calcu -->
  <servlet-mapping>
    <servlet-name>CircleServlet</servlet-name>
    <url-pattern>/calcu</url-pattern>
  </servlet-mapping>
```

这一步定义该 Servlet 名称、对应的处理类名以及客户端、调用的 URL。

(3) 编写 JSP 代码调用 Servlet。

```
circleserlet.jsp
<%@ page language="java"  pageEncoding="gbk"%>
```

```
<html>
 <body>
   <form action="calcu" method="get">
       输入圆的半径：<input type=text name="r"><br>
       <input type=submit value="计算">
   </form>
 </body></html>
```

注意：代码中的 action = " calcu"，calcu 对应的就是 servlet 的 URL，即调用 CircleServlet。

运行结果：

（1）输入页面如图 7.20 所示。

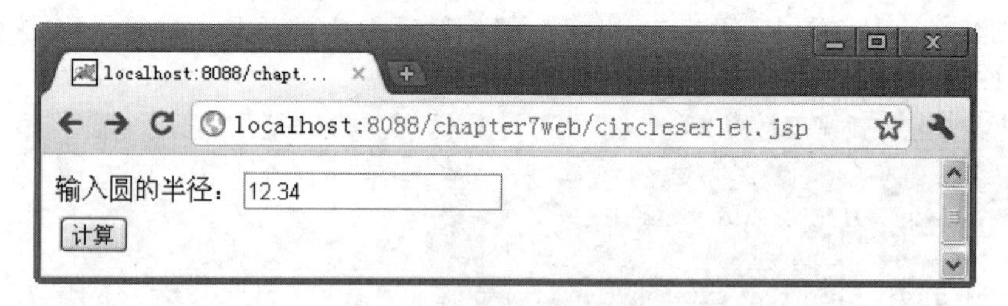

图 7.20 输入页面运行结果

（2）调用成功输出页面如图 7.21 所示。

图 7.21 输出页面运行结果

总结一下 servlet 调用流程。

首先客户端输入：http://localhost:8088/javaeewebch5/calcu?r=23，根据 url "/calcu"在配置文件 web.xml 找到对应的 Servlet。

如果定位到 Servlet 类，则 Web 服务器创建一个 Servlet 实例，依据客户端请求方式不同(get 或 post)，Servlet 实例自动调用处理类中的 doGet()方法响应客户端的请求。

在 doGet()方法中使用 request 对象接收客户端的参数，计算结果通过 out 输出到客户端。

通常 JSP 作为用户视图层 View，Servlet 作为控制层 Controller，JavaBean 实现业务逻辑层 Model。

7.4.4 Servlet 初始化函数

启动一个 Servlet 线程时，自动调用 Servlet 的初始化函数，可以在初始化函数中读取配置文件(web.xml)中一些参数。

1. 读取当前网站实际物理路径

```
String path = config.getServletContext().getRealPath("/");
```

2. 读取 web.xml 文件参数

```
<servlet>
    <servlet-name>ServDemo</servlet-name>
    <servlet-class>com.ServDemo</servlet-class>
    <init-param>
        <param-name>user</param-name>
        <param-value>root</param-value>
    </init-param>
</servlet>
```

该 Servlet 中定义了一个参数，名为 user，值为 root。在 Servlet 中如何读取呢？可以在 Servlet 类的 init(ServletConfig config)函数中读取：

```
public void init(ServletConfig config) throws ServletException {
    super.init(config);
    String value = config.getInitParameter("user");
    System.out.println(value);
}
```

上面初始化参数其实只能由该 ServDemo 这个 Servlet 读取，类似于局部变量。如何定义全局的初始化参数呢，可以在 web.xml 中这样定义：

```
<?xml version="1.0" encoding="UTF-8"?>
<web-app >
  <servlet>
    <servlet-name>CircleServlet</servlet-name>
    <servlet-class>myserv.CircleServlet</servlet-class>
  </servlet>

  <servlet-mapping>
    <servlet-name>CircleServlet</servlet-name>
    <url-pattern>/calcu</url-pattern>
  </servlet-mapping>
  <context-param>
      <param-name>url</param-name>
      <param-value>jdbc:mysql://127.0.0.1:3306/support</param-value>
  </context-param>
</web-app>
```

在 Servlet 读取代码：

```
public void init(ServletConfig config) throws ServletException {
        super.init(config);
        String url = config.getServletContext().getInitParameter("url");
        System.out.println(url);
}
```

7.5 过滤器 Filter 编程

7.5.1 Filter 概述

从上节中我们知道了 Servlet，其实在 Web 服务器中，当客户端发起 URL 请求时，Web 服务器收到客户端请求首先经过过滤器，如果过滤器允许则客户才可以到达最终的 URL。过滤器就像一个链条，介于客户端与服务器端资源 URL(如 JSP、Servlet)之间。多个过滤器还可以组成一个过滤链，过滤器如图 7.22 所示。

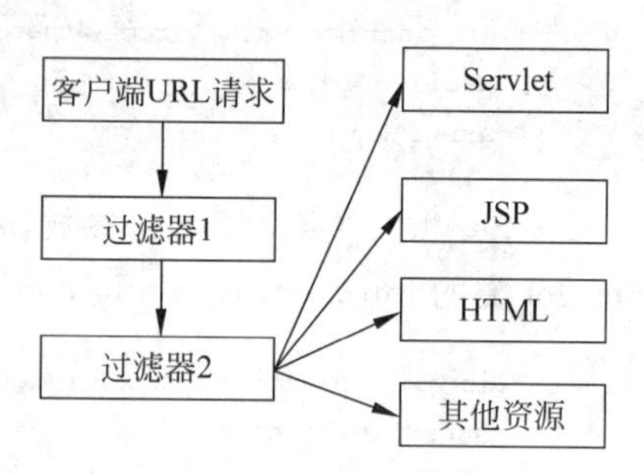

图 7.22 过滤器流程

Filter 不是一个 Servlet，它不能产生一个 response，它能够在一个 request 到达 servlet 之前预处理 request，也可以在离开 servlet 时处理 response。也就是说 Filter 其实是一个 servlet chaining(Servlet 链)。

一个 Filter 包括：

- 在 Servlet 被调用之前截获；
- 在 Servlet 被调用之前检查 servlet request；
- 根据需要修改 request 头和 request 数据；
- 根据需要修改 response 头和 response 数据。

通俗点说 Filter 相当于加油站，request 是条路，response 是条路，目的地是 servlet，这个加油站设在什么地方对什么数据操作可以由你来控制。常见的过滤器有编码转换 Filter、认证 Filter、日志和审核 Filter 等。

7.5.2 Filter 编程

下面通过一个中文乱码过滤器来介绍过滤器编程。

(1) 编写过滤器类。

例 7.16 过滤器示例(SetCharacterEncodingFilter. java)。

```
package myfilter;
import java.io.IOException;
import javax.servlet.Filter;
import javax.servlet.FilterChain;
import javax.servlet.FilterConfig;
import javax.servlet.*;
public class SetCharacterEncodingFilter implements Filter {
    private String encoding;
    public void init(FilterConfig filterConfig) throws ServletException {
        this.encoding = filterConfig.getInitParameter("encoding");
    }
    public void doFilter(ServletRequest request, ServletResponse response,
      FilterChain chain) throws IOException, ServletException {
      request.setCharacterEncoding(this.encoding);
      response.setCharacterEncoding(this.encoding);
```

```
        chain.doFilter(request,response);
    }
    public void destroy() {
    }
}
```

(2) web.xml 中添加过滤器的配置。

```
<filter>
    <filter-name>SetCharacterEncodingFilter</filter-name>
    <filter-class>myfilter.SetCharacterEncodingFilter</filter-class>
    <init-param>
        <param-name>encoding</param-name>
        <param-value>utf-8</param-value>
    </init-param>
</filter>
<filter-mapping>
    <filter-name>SetCharacterEncodingFilter</filter-name>
    <url-pattern>/*</url-pattern>
</filter-mapping>
```

(3) 编写一个输入信息的 JSP 页面与一个接收的测试页面。输入中文查看接收的结果是否出现乱码。页面注意设置为 utf-8 编码格式,程序如 filtertest.jsp。

```
<%@ page language="java" pageEncoding="utf-8"%>
<html>
 <body>
  <form action=" filtertest.jsp" method="get">
       UserName<input type=text name=uname ><br>
       <input type=submit>
    </form>
     <%
     String uname=request.getParameter("uname");
     if(uname!=null)
       out.println("<h3>"+uname+"</h3>");
    %>
 </body>
</html>
```

7.5.3 Filter 配置

1. 如果要映射过滤应用程序中所有资源

```
<filter-mapping>
    <filter-name>loggerfilter</filter-name>
    <url-pattern>/*</url-pattern>
</filter-mapping>
```

2. 过滤指定的类型文件资源

```
<filter-mapping>
    <filter-name>loggerfilter</filter-name>
    <url-pattern>*.html</url-pattern>
</filter-mapping>
```

其中<url-pattern>*.html</url-pattern>要过滤JSP,那么就要修改*.html为*.jsp,但是注意没有"/"斜杠。如果要同时过滤多种类型资源,那么:

```
<filter-mapping>
    <filter-name>loggerfilter</filter-name>
    <url-pattern>*.html</url-pattern>
</filter-mapping>
<filter-mapping>
    <filter-name>loggerfilter</filter-name>
    <url-pattern>*.jsp</url-pattern>
</filter-mapping>
```

3. 过滤指定的目录

```
<filter-mapping>
    <filter-name>loggerfilter</filter-name>
    <url-pattern>/folder_name/*</url-pattern>
</filter-mapping>
```

4. 过滤指定的Servlet

```
<filter-mapping>
    <filter-name>loggerfilter</filter-name>
    <servlet-name>loggerservlet</servlet-name>
</filter-mapping>
```

5. 过滤指定文件

```
<filter-mapping>
    <filter-name>loggerfilter</filter-name>
    <url-pattern>/simplefilter.html</url-pattern>
</filter-mapping>
```

7.6 JSP常见技巧

7.6.1 JSP验证码实现

有效防止某个黑客对某一个特定注册用户用特定程序暴力破解方式进行不断的登录尝

试,实际上是用验证码,是现在很多网站通行的方式(比如银行的网上个人银行等)。

目前,不少网站为了防止用户利用机器人自动注册、登录、灌水,都采用了验证码技术。所谓验证码,就是将一串随机产生的数字或符号,生成一幅图片,图片里加上一些干扰像素。由用户肉眼识别其中的验证码信息,输入表单提交网站验证,验证成功后才能使用某项功能。

以下通过使用 Servlet 实现验证码。

实现原理:

(1) 在服务器通过 Servlet 产生几位随机数字(验证码);

(2) 将验证码存放在 session 中;

(3) 验证码形成图片输出到客户端;

(4) 校验客户输入验证码与 session 保存验证码是否相同。

实现步骤如下:

(1) 创建一个 Servlet。

例 7.17 验证码示例(ImageServlet.java)。

```
package yzm;
import java.awt.*;
import java.awt.image.*;
import javax.imageio.*;

import java.io.*;
import java.util.Random;
import javax.servlet.*;
import javax.servlet.http.*;
public class ImageServlet extends HttpServlet {
    public void doGet(HttpServletRequest request, HttpServletResponse response)
            throws ServletException, IOException {
        //设置页面不缓存
        response.setHeader("Pragma","No-cache");
        response.setHeader("Cache-Control","no-cache");
        response.setDateHeader("Expires", 0);
        //在内存中创建图像
        int width=60, height=20;
        BufferedImage image = new BufferedImage(
            width, height, BufferedImage.TYPE_INT_RGB);
        //获取图形上下文
        Graphics g = image.getGraphics();
        //创建随机数对象
        Random random = new Random();
        //设定背景色
        g.setColor(new Color(122,123,100));
        g.fillRect(0, 0, width, height);
        //设定字体
        g.setFont(new Font("Times New Roman",Font.PLAIN,18));
        //随机产生干扰线,使图像中的认证码不易被其他程序探测到
        for (int i=0;i<200;i++){
```

```
                int x = random.nextInt(width);
                int y = random.nextInt(height);
                    int xl = random.nextInt(12);
                    int yl = random.nextInt(12);
                g.drawLine(x,y,x + xl,y + yl);
            }
            //取随机产生的认证码(4 位数字)

            String sRand = "";
            for (int i = 0;i < 4;i++){
                String rand = String.valueOf(random.nextInt(10));
                sRand + = rand;
                //将认证码显示到图像中
                g.setColor(new Color(30 + random.nextInt(160),
                  40 + random.nextInt(170),40 + random.nextInt(180)));
                g.drawString(rand,13 * i + 6,16);
            }
            //将认证码存入 SESSION
            request.getSession().setAttribute("yzm",sRand);
            g.dispose();
            //输出图像到页面
            ImageIO.write(image, "JPEG", response.getOutputStream());
        }
        public void doPost(HttpServletRequest req, HttpServletResponse resp)
                throws ServletException, IOException {
            doGet(req,resp);
        }
    }
```

(2) 配置 web.xml 文件。

```
< servlet >
      < servlet - name > ImageServlet </servlet - name >
      < servlet - class > yzm.ImageServlet </servlet - class >
</servlet >
< servlet - mapping >
      < servlet - name > ImageServlet </servlet - name >
      < url - pattern >/servletyzm </url - pattern >
</servlet - mapping >
```

(3) 编写登录页面(yzminput.jsp)。

```
< %@ page language = "java"   pageEncoding = "gbk" % >
< html >
  < body >
  < form action = "yzmvalidate.jsp" method = "post">
     < table align = "center">
        < tr >< td >用户名</td >< td >< input type = "text" name = "uname"></td ></tr >
        < tr >< td >密  码</td >< td >< input type = "password" name = "upwd"></td ></tr >
        < tr >< td >验证码</td >< td >< input type = "text" name = "uyzm">
              < img border = 0 src = "servletyzm"></td >
```

```
        </tr>
        <tr><td align="center"><input type="submit" value="登录"></td>
            <td align="center"><input type="reset" value="取消"></td>
        </tr>
      </table>
      </form>
    </body>
  </html>
```

(4) 编写验证验证码页面(yzmvalidate.jsp)。

```
<%
  String uyzm=request.getParameter("uyzm");
  String yzm=request.getSession().getAttribute("yzm").toString();
  if(!uyzm.equals(yzm))
    response.sendRedirect("loginerr.jsp?err=验证码错误");
%>
```

运行结果如图7.23所示。

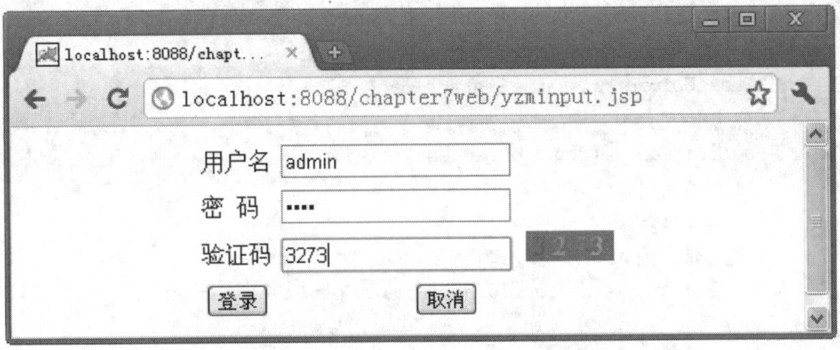

图7.23 login.jsp页面运行结果

7.6.2 JSPSmartUpload实现文件上传

JSPSmartUpload是由www.jspsmart.com网站开发的一个可免费使用的全功能的文件上传下载组件，适于嵌入执行上传下载操作的JSP文件中。该组件有以下几个特点：

- 使用简单。在JSP或Servlet中编写少量代码就可以搞定文件的上传或下载。
- 能全程控制上传。利用JSPSmartUpload组件提供的对象及其操作方法，可以获得全部上传文件的信息(包括文件名、大小、类型、扩展名、文件数据等)，方便存取。
- 能对上传的文件在大小、类型等方面做出限制。如此可以滤掉不符合要求的文件。
- 下载灵活。仅写少量代码，就能把Web服务器变成文件服务器。不管文件在Web服务器的目录下或在其他任何目录下，都可以利用JSPSmartUpload进行下载。
- 能将文件上传到数据库中，也能将数据库中的数据下载下来。

JSPSmartUpload组件可以从www.jspsmart.com网站上下载，压缩包的名字是jspsmart.jar。下载后导入到工程后就可以使用。

1. 编写上传的 Servlet 类

例 7.18 文件上传示例(UploadServlet.java)。

```
package upload;
import java.io.*;
import javax.servlet.*;
import javax.servlet.http.*;
import com.jspsmart.upload.SmartUpload;
public class UploadServlet extends HttpServlet {
    private ServletConfig config;

    final public void init(ServletConfig config) throws ServletException {
        this.config = config;
    }

    protected void doPost(HttpServletRequest request,
            HttpServletResponse response) throws ServletException, IOException {
        PrintWriter out = response.getWriter();
        response.setContentType("text/html;charset = gb2312");
        try {
            SmartUpload su = new SmartUpload();
            //上传初始化
            su.initialize(config, request, response);
            //上传文件
            su.upload();
            //读取当前网站实际物理路径
            String rootpath = config.getServletContext().getRealPath("/");
            String uname = su.getRequest().getParameter("uname");
            /* 根据用户名创建一个目录专门保存用户的图片 */
            java.io.File f = new java.io.File(rootpath + uname);
            if(!f.exists())         f.mkdir();
            //将上传文件全部保存到指定目录
            int count = su.save(f.getAbsolutePath());
            //逐一提取上传文件信息,同时可保存文件
            for (int i = 0; i < su.getFiles().getCount(); i++) {
                com.jspsmart.upload.File file = su.getFiles().getFile(i);
            //若文件不存在则继续
            if (file.isMissing())     continue;
            file.saveAs(f.getAbsolutePath() + "/" + file.getFileName(),
                    su.SAVE_PHYSICAL);
            }
            out.print("用户图片保存成功");
        } catch (Exception ex) {
        }
    }
}
```

注意,还有其他功能设置使用非常方便:

- 设定上传限制,限制每个上传文件的最大长度。

```
su.setMaxFileSize(10000);
```

• 限制总上传数据的长度。

```
su.setTotalMaxFileSize(20000);
```

• 设定允许上传的文件(通过扩展名限制),仅允许 DOC、TXT 文件。

```
su.setAllowedFilesList("doc,txt");
```

• 设定禁止上传的文件(通过扩展名限制),禁止上传带有 exe、bat、jsp、htm、html 扩展名的文件和没有扩展名的文件。

```
su.setDeniedFilesList("exe,bat,jsp,htm,html,,");
```

2. 调用的网页及配置 web.xml

```
<?xml version = "1.0" encoding = "ISO - 8859 - 1"?>
< web - app >
   < servlet >
    < servlet - name > UploadServlet </servlet - name >
    < servlet - class > dao.UploadServlet </servlet - class >
  </servlet >
  < servlet - mapping >
    < servlet - name > UploadServlet </servlet - name >
    < url - pattern >/upload </url - pattern >
  </servlet - mapping >
</web - app >
```

上传页面 uploaddemo.jsp 如下:

```
< % @page contentType = "text/html;charset = gb2312" % >
 < html >
 < body >
      < Form action = "upload" method = "post" ENCTYPE = "multipart/form - data">
          用户名: < input type = "text" name = "uname">< br >
          图片: < input type = "file" name = "userimage">< br >
        < input type = submit >
      </Form >
 </body >
 </html >
```

7.7 本章小结

本章内容较多,涉及 JSP 基础、JavaBean、Servlet、Filter 等。学习起来要花一番工夫。对于 Servlet 一定要理解其本质,理解其与 JavaBean 的异同,为什么 Servlet 要在 web.xml 配置文件中配置其 url,JSP 与 Servlet 的关系。还要深刻理解 Filter 的基本概念,Filter 与 Servlet 也存在关联,其实这一章基本是围绕 Servlet 展开的。有了本章与第 6 章的知识就可以动手制作一个网站了。练习很重要,要多动手练习,练习后还要思考。网上介绍了很多技巧,技巧是学不完的,如果需要这方面或那方面的技巧可以去网上查询。

EL表达式与JSTL库

8.1 EL表达式

8.1.1 JSP中EL表达式

EL表达式,英文为Expression Language,即表达式语言,它是为了便于存取数据而定义的一种语言,在JSP 2.0之后才成为一种标准。EL提供了在JSP脚本编制元素范围外使用运行时表达式的功能。例如,页面中要输出变量或表达式值,在JSP中使用<%%>输出,但有了EL表达式语言后,就可以直接使用EL进行输出,减少脚本与HTML的嵌套了。

其基本语法:

```
${expression}: 表达式
```

例8.1 EL表达式示例(eldemo1.jsp)。

```
<%@ page language="java"  pageEncoding="gbk"%>
<html>
<body>
   <%
     int x=100;
     pageContext.setAttribute("ax",x);
   %>
   <!-- 使用JSP脚本输出 -->
   <%
     out.println("x="+ pageContext.getAttribute("ax"));
   %>
   <!-- 使用EL表达式输出 -->
   x=${ax}
</body>
</html>
```

运行结果如图8.1所示。

可以看出使用EL表达式的输出非常简洁。

图 8.1 eldemo1.jsp 页面运行结果

8.1.2 JSP 中 EL 表达式输出某个范围变量值

1. 输出某一个范围内的变量值

${name}的意思是读出某一范围中名称为 name 的变量。

因为没有指定哪一个范围的 name，所以它会依序从 Page、Request、Session、Application 范围查找。

要取得 session 中储存一个属性 name 的值，可以利用下列方法：

```
<% = session.getAttribute("name") %>
```

取得 name 的值。

在 EL 中则使用下列方法：

```
${name}或${sessionScope.name}
```

sessionScope 是 EL 中与范围有关的隐含对象。与范围有关的 EL 隐含对象包含以下 4 个，即 pageScope、requestScope、sessionScope 和 applicationScope。

2. 输出页面之间传的值

与输入有关的隐含对象有两个，即 param 和 paramValues，它们是 EL 中比较特别的隐含对象。

例如，要取得用户的请求参数时，可以利用下列方法：

```
request.getParameter(String name)
request.getParameterValues(String name)
```

在 EL 中则可以使用 param 和 paramValues 两者来取得数据。

```
${param.name}
${paramValues.name}
```

3. 读取 Cookie 中的值

要取得 Cookie 中有一个设定名称为 email 的值，可以使用${cookie. Email}来读取。

例 8.2 输出 Cookie 中的值示例(eldemo2.jsp)。

```
<%@ page language = "java"  pageEncoding = "gbk" %>
<html>
    <body>
    <%
      Cookie c = new Cookie("uemail","zhou@126.com");
```

```
        response.addCookie(c);
    %>
    <input type=text value="${cookie.uemail.value}">
    </body>
</html>
```

运行结果如图 8.2 所示。

图 8.2 eldemo2.jsp 页面运行结果

4. 读取 initParam

initParam 取得设定 Web 站点的环境参数(Context),例如,可以使用 ${initParam.userid}来取得,名称为 userid。

例 8.3 输出 web.xml 中参数值(eldemo3.jsp)。

首先在 web.xml 文件中定义参数。

```
<context-param><!-- 全局参数 -->
    <param-name>url</param-name>
    <param-value>jdbc:mysql://127.0.0.1:3306/support</param-value>
  </context-param>
  <servlet>
    <servlet-name>LoginServ</servlet-name>
    <servlet-class>servlet.LoginServ</servlet-class>
    <init-param><!-- 局部参数 -->
      <param-name>user</param-name>
      <param-value>zhang</param-value>
    </init-param>
  </servlet>
```

如何调用 eldemo3.jsp:

```
<%@ page language="java"  pageEncoding="gbk"%>
<html>
<body>
    通过 application 读取参数:
    <%
      out.println(application.getInitParameter("url"));
    %>
    <br>
    通过 EL 表达式读取参数:
    ${initParam.url}
</body>
</html>
```

注意：在 Servlet 中如何输出全局参数与局部参数。在 Servlet 中应这样读取：

```
public void init(ServletConfig config) throws ServletException {
        super.init(config);
        System.out.println(config.getInitParameter("user"));     //读取局部参数
        System.out.println(this.getServletContext().getInitParameter("url"));
                //读取全局参数
}
```

8.1.3　EL 运算符

- 算术运算符有 5 个：+、-、* 或 $、/或 div、%或 mod。
- 关系运算符有 6 个：==或 eq、!=或 ne、<或 lt、>或 gt、<=或 le、>=或 ge。
- 逻辑运算符有 3 个：&& 或 and、|| 或 or、!或 not。
- 其他运算符有 3 个：Empty 运算符、条件运算符、()运算符。

例 8.4　EL 表达式示例(eldemo4.jsp)。

```
<%@ page language="java" pageEncoding="gbk"%>
<html>
    <body>
      <%
            int x = 10;
            pageContext.setAttribute("x", x);
      %>
      2+34=${2+34}<br>
      EL 表达式中 x+34=${x+34}<br>
      EL 表达式中 x>34 的值=${x>34}<br>
      EL 表达式中 x gt 34 的值=${x gt 34}<br>
      EL 表达式中 x ge 34 的值=${x ge 34}<br>
      EL 表达式中 x eq 34 的值=${x eq 34}<br>

    </body>
</html>
```

运行结果如图 8.3 所示。

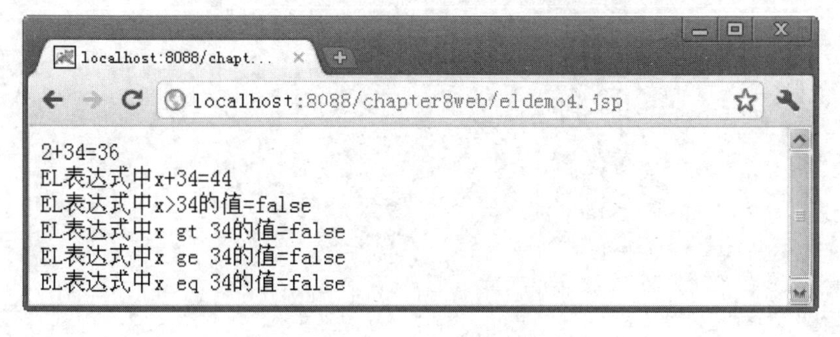

图 8.3　eldemo4.jsp 页面运行结果

8.1.4 EL 输出 JavaBean 中属性值

1. 输出 JavaBean 中的属性

例 8.5 EL 输出 Bean 中属性示例(User.jsp)。

(1) 定义 JavaBean。

```
package bean;
public class User {
  private String uname, upwd, ubirth;

  public String getUname() {
      return uname;
  }
  public void setUname(String uname) {
      this.uname = uname;
  }
  public String getUpwd() {
      return upwd;
  }
  public void setUpwd(String upwd) {
      this.upwd = upwd;
  }
  public String getUbirth() {
      return ubirth;
  }
  public void setUbirth(String ubirth) {
      this.ubirth = ubirth;
  }
}
```

(2) JSP 页面输出(eldemo5.jsp)。

```
<%@ page language="java"  pageEncoding="gbk"%>
<html>
<body>
 <jsp:useBean id="user" class="bean.User"></jsp:useBean>
     <%
       user.setUname("zhou");
       user.setUpwd("1234");
       user.setUbirth("2000-12-12");
     %>
    EL 表达式输出 JavaBean<br>
     Name: ${user.uname}<br>
     Pwd: ${user.upwd}<br>
     Birth: ${user.ubirth}<br>
     <input type=text value="${user.uname}" name="uname"><br>
  </body>
</html>
```

运行结果如图 8.4 所示。

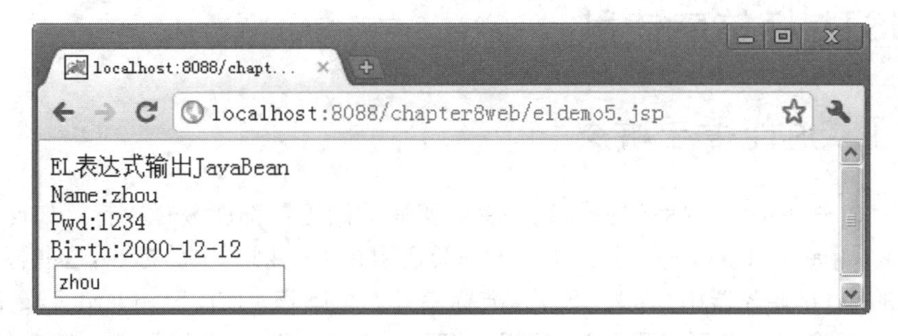

图 8.4 eldemo5.jsp 页面运行结果

2. 输出集合元素

```
${集合名称[索引]}
```

例 8.6 EL 输出集合元素示例(eldemo6.jsp)。

```
<%@ page language="java" pageEncoding="gbk" %>
<%@page import="java.util.ArrayList,bean.User" %>
<html>
 <body>
  <%
        ArrayList list = new ArrayList();
        list.add("a");list.add("b");list.add("c");
        pageContext.setAttribute("arr",list);
        ArrayList<User> list2 = new ArrayList<User>();
        User user = new User();
        user.setUname("zhou");
        user.setUpwd("1234");
        user.setUbirth("2000-12-12");
        list2.add(user);
        pageContext.setAttribute("clist",list2);
   %>
    输出数组:
    ${arr[0]}, ${arr[1]}, ${arr[2]}<br>
    输出集合:
    ${clist[0].uname}, ${clist[0].upwd}, ${clist[0].ubirth}<br>
 </body>
</html>
```

运行结果如图 8.5 所示。

图 8.5 eldemo6.jsp 页面运行结果

8.2 JSTL 标签库使用

8.2.1 JSTL 基本概念

HTML 由一些定制的标签构成，这些标签所有的浏览器都能解释执行。如何扩充网页里的标签呢？apache 的 jakarta 小组开发了一套适用在 JSP 网页中的标签，这些标签运行在支持 Java 的 Web 服务器中，称为 JSP 标准标签库，即 JSTL(JSP Standard Tag Library)，JSTL 还在不断完善。其源代码开放，所以 JSTL 适合进一步开发与应用。JSTL 可以应用于各种领域，如基本输入输出、流程控制、循环、XML 文件剖析、数据库查询及国际化和文字格式标准化的应用等。

JSTL 有以下几个基本的定制标记库：

1. 核心标签库（Core tag library）

Core 标记库提供了定制操作，通过限制了作用域的变量管理数据，以及执行页面内容的迭代和条件操作。它还提供了用来生成和操作 URL 的标记。

2. I18N 格式标签库(I18N-capable formatting tag library)

支持使用本地化资源束进行 JSP 页面的国际化。

3. SQL 标签库（SQL tag library）

format 标记库定义了用来格式化数据(尤其是数字和日期)的操作。

4. XML 标签库（XML tag library）

XML 库包含一些标记，这些标记用来操作通过 XML 表示的数据。

5. 函数标签库（Functions tag library）

SQL 库定义了用来查询关系数据库的操作。

8.2.2 JSTL 入门

先从一个示例开始。使用 JSTL 等自定义的标签库，需要在网页前面声明 Tag 标记。

```
<%@ taglib prefix="c" uri="http://java.sun.com/jsp/jstl/core" %>
```

例 8.7 JSTL 示例(jstldemo1.jsp)。

```
<%@ page language="java" import="java.util.*" pageEncoding="gbk" %>
<%@ taglib prefix="c" uri="http://java.sun.com/jsp/jstl/core" %>
<html><body>
<c:set var="userName" value="zhang san" />
<c:set value="16" var="age" />
欢迎您,
```

```
<c:out value="${userName}" /><hr>
 <!--从1到5依次取一个数字赋于变量 i-->
<c:forEach var="i" begin="1" end="5">
       ${i}  
</c:forEach>
<br>
 <c:if test="${age<18}">
       对不起,你的年龄过小,不能访问这个网页
  </c:if><br>
 </body>
</html>
```

运行结果如图 8.6 所示。

图 8.6 jstldemo1.jsp 页面运行结果

注意：页面上几个标签库声明。

(1) 核心标签库声明：

prefix 为：c uri 为：http://java.sun.com/jsp/jstl/core

(2) I18N 格式标签库：

prefix 为：fmt uri 为：http://java.sun.com/jsp/jstl/xml

(3) SQL 标签库声明：

prefix 为：sql uri 为：http://java.sun.com/jsp/jstl/sql

(4) XML 标签库声明：

prefix 为：xml uri 为：http://java.sun.com/jsp/jstl/fmt

(5) 函数标签库声明：

prefix 为：fn uri 为：http://java.sun.com/jsp/jstl/functions

8.2.3 JSTL 核心标签库

核心标签库(Core)主要有基本输入输出、流程控制、迭代操作和 URL 操作。

1. 表达式操作 out、set、remove

(1) <c:out>：输出一个特定范围里面的属性，类似 JSP 的 out.println();。例如：

```
<c:out value="Hello Jstl"/>
<jsp:useBean id="user" class="bean.User"></jsp:useBean>
```

```
<%
  user.setUname("zhou");
%>
<c:out value="Hello ${user.uname}"/>
```

(2) <c:set>设置某个特定对象的一个属性。

```
<c:set value="value"  var="varName"  [scope= "{page|request|session|application}"]/>
```

例如:

```
<c:set value="zhou"  var="uname"/>
```

相当于:

```
<%
  pageContext.setAttribute("uname","zhou");
%>
<c:set value="zhou"  var="uname" scope="session"/>
```

(3) <c:remove>的作用是删除某个变量或者属性。

```
<c:remove var="varName"  [scope= "{page|request|session|application}"]/>
```

例如:

```
<c:remove var=" uname " scope="session"/>
```

(4) 为 bean 属性赋值。

```
<jsp:useBean id="user" class="zhou.User"></jsp:useBean>
<c:set target="${user}" property="uname" value="admin" />
<c:set target="${user}" property="upwd" value="1234" />
```

2. 流程控制 catch、if、choose、when、otherwise

(1) <c:catch>的作用是捕捉由嵌套在它里面的标签所抛出来的异常。类似于<%try{}catch{}%>,它的语法是<c:catch [var="varName"]>...</c:catch>。

例 8.8 JSTL 示例(jstldemo2.jsp)。

```
<%@ page language=?"java" pageEncoding=?"gbk" %>
<%@ taglib prefix="c" uri="http://java.sun.com/jsp/jstl/core" %>
<html>
   <body>
      <c:catch var="error">
         <%
            int x[] = new int[10];
            x[10] = 1;
         %>
      </c:catch>
      <c:out value="${error}" />
      <hr>
      异常 exception.getMessage=<c:out value="${error.message}" />
      <hr>
      异常 exception.getCause=<c:out value="${error.cause}" />
</body>
</html>
```

运行结果如图 8.7 所示。

糟糕！谷歌浏览器无法...

localhost:8088/chapter8web/jstldemo2.jsp

java.lang.ArrayIndexOutOfBoundsException: 10

异常 exception.getMessage=10

异常exception.getCause=

图 8.7　jstldemo2.jsp 页面运行结果

(2) <c:if>用来做条件判断，功能类似 JSP 中的<%if(boolean){}%>。

例 8.9　JSTL 判断示例(jstldemo3.jsp)。

```
<%@ page language = "java"  pageEncoding = "gbk" %>
<%@ taglib prefix = "c" uri = "http://java.sun.com/jsp/jstl/core" %>
<html>
<body>
    <c:set var = "score" value = "81"/>
    <c:if test = " ${score >= 90}">
       成绩优秀
    </c:if>
    <c:if test = " ${score >= 80 && score < 90}">
       成绩良好
    </c:if>
    <c:if test = " ${score >= 60 && score < 80}">
       成绩及格
    </c:if>
    <c:if test = " ${score < 60}">
       成绩不及格
    </c:if>
  </body>
</html>
```

运行结果如图 8.8 所示。

图 8.8　jstldemo3.jsp 页面运行结果

3. 迭代操作 forEach、forTokens

<c:forEach>是最常用的，它几乎能够完成所有的迭代任务，类似于 JSP 中的 for(int i=j;i<k;i++)。

基本语法为：

```
<c:forEach [var = "varName"] items = "collection" [varStatus = "varStatusName"]
      [begin = "begin"] [end = "end"] [step = "step"]>
      Body 内容
</c:forEach>
```

例 8.10 JSTL 迭代输出示例(jstldemo4.jsp)。

```
<%@ page language = "java" import = "java.util.*,bean.User"  pageEncoding = "gbk" %>
 <%@ taglib prefix = "c" uri = "http://java.sun.com/jsp/jstl/core" %>
 <html>
  <body>
   固定次数的循环
   <c:forEach var = "count" begin = "50" end = "60">
      <c:out value = "${count}"/>
   </c:forEach>
   <%
      ArrayList<User> users = new ArrayList<User>();
      for(int i = 1;i<4;i++){
         User user = new User();
         user.setUname("s" + i);
         user.setUpwd("p" + i);
         users.add(user);
      }
      pageContext.setAttribute("userlist",users);
   %>
   遍历集合中内容
   <table border = "1">
   <c:forEach var = "user" items = "${userlist}" >
      <tr>
         <td><c:out value = "${user.uname}"/></td>
         <td><c:out value = "${user.upwd}"/></td>
      </tr>
   </c:forEach>
   </table>
  </body>
</html>
```

运行结果如图 8.9 所示。

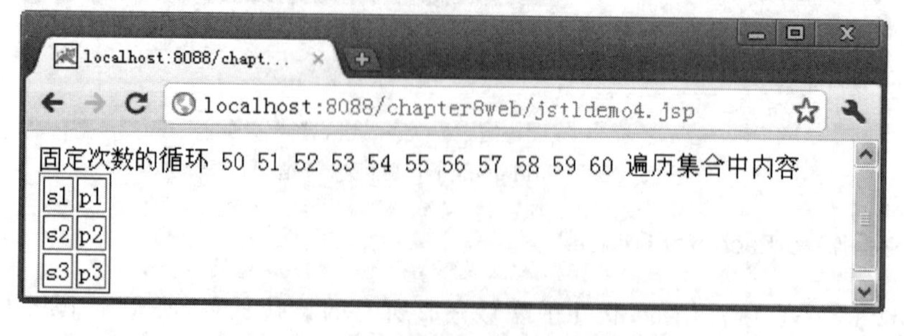

图 8.9 jstldemo4.jsp 页面运行结果

4. URL 标签的使用

(1) <c:import>的作用是导入一个 url 的资源,相当于 JSP 中的<jsp:include page="path">标签,同样也可以把参数传递到被导入的页面。

```
<c:import url = "http://127.0.0.1:8080/myweb/ footer.jsp"/>
```

(2) <c:redirect>的作用是把客户的请求发送到另一个资源,相当于 JSP 中的 request.sendRedirect(" other.jsp")。

```
<c:url var = "loginurl" value = "login.jsp" scope = "page">
  <c:param name = "uid" value = "zhou"/>
</c:url>
 <a href = " ${loginurl}">带参数的 URL</a>
```

或

```
<c:redirect url = "/index.html" context = "/examples/jsp" />
```

8.2.4 JSTL 输出数据库中的表内容

JSTL 输出数据库中的表内容的步骤如下:

(1) 创建数据库中的表。

```
create Table customers(
  customerid varchar(20),
  name varchar(20),
  phone varchar(20)
);
```

(2) 编写一个类映射数据库中的表。

```
public class Customer {
 private String cusid, cusname, cusphone;
 public Customer() {
 }
 public Customer(String cusid, String cusname, String cusphone) {
     this.cusid = cusid;
     this.cusname = cusname;
     this.cusphone = cusphone;
 }
 public String getCusid() {
     return cusid;
 }
 public void setCusid(String cusid) {
     this.cusid = cusid;
 }
 public String getCusname() {
     return cusname;
 }
```

```
    public void setCusname(String cusname) {
        this.cusname = cusname;
    }
    public String getCusphone() {
        return cusphone;
    }
    public void setCusphone(String cusphone) {
        this.cusphone = cusphone;
    }
}
```

(3) 编写一个操作类DAO,实现数据库表记录添加、删除、修改以及查询等操作。

```
public class CustomerDAO{
    /*查询所有顾客*/
    public List<Customer> allCustomers(){
    ArrayList<Customer> list = new ArrayList<Customer>();
        try{
            Class.forName(driver);
            Connection con = DriverManager.getConnection(url,"root","4846");
            Statement cmd = con.createStatement();
            ResultSet rs = cmd.executeQuery("select * from customers");
            while(rs.next()){
                Customer c = new Customer();
                c.setCid(rs.getString(1));
                c.setCname(rs.getString(2));
                c.setCphone(rs.getString(3));
                list.add(c);
            }
            con.close();
        }catch(Exception ex){
        }
        return list;
    }
}
```

(4) 编写JSP客户端,调用该DAO类。在JSP文件中使用JSTL标签显示顾客信息。

```
<%@ page language="java" import="java.util.*,bean.User,dao.CustomerDAO"
    pageEncoding="gbk" %>
<!-- 声明JSTL标签库 -->
<%@ taglib prefix="c" uri="http://java.sun.com/jsp/jstl/core" %>
  <%
    CustomerDao dao = new CustomerDao();
    ArrayList<Customer> clist = dao.allCustomers();
    pageContext.setAttribute("cuslist", clist);
   %>
 <table>
   <tr> <td>顾客编号</td><td>顾客姓名</td><td>顾客电话</td></tr>
   <!-- 声明使用JSTL中的遍历标签对cuslist进行遍历,将cuslist中的每一项赋值给cus -->
   <c:forEach var="cus" items="${cuslist}"  varStatus="item">
```

```
        <tr>
          <td>${cus.cusid}</td>
          <td>${cus.cusname}</td>
          <td>${cus.cusphone}</td>
        </tr>
      </c:forEach>
    </table>
  </body>
</html>
```

8.3 本章小结

本章主要介绍 EL 表达式以及 JSTL 标签库的使用。这一章应该说主要是讨论如何运用 EL 与 JSTL 简化 JSP 编程,减少在 JSP 中的脚本代码。学习起来不应很难,但 EL 与 JSTL 很实用,在 Web 程序中得到广泛的使用。如果有兴趣,还可以看看如何自定义标签方面的知识。

第三篇

Java EE开源编程

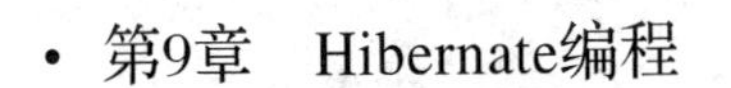

第9章 Hibernate编程

9.1 Hibernate 架构与入门

9.1.1 O/R Mapping

我们知道目前主流的数据库都是关系型数据库，编程技术都是面向对象的程序设计方法，如何使用对象去描述关系数据库中的表，以及如何使用对象之间的关系描述数据库表之间的关联？就出现了对象关系映射(ORM)技术。简单地说，ORM 是通过使用描述对象和数据库之间映射的元数据，将 Java 程序中的对象自动持久化到关系数据库中。

对象-关系映射(ORM)，是随着面向对象的软件开发方法发展而产生的。面向对象的开发方法是当今企业级应用开发环境中的主流开发方法，关系数据库是企业级应用环境中永久存放数据的主流数据存储系统。对象和关系数据是业务实体的两种表现形式，业务实体在内存中表现为对象，在数据库中表现为关系数据。内存中的对象之间存在关联和继承关系，而在数据库中，关系数据无法直接表达多对多关联和继承关系。因此对象-关系映射系统一般以中间件的形式存在，主要实现程序对象到关系数据库数据的映射。

Hibernate 是一个开放源码的、非常优秀、成熟的 O/R Mapping 框架。它提供了强大、高性能的 Java 对象和关系数据的持久化和查询功能。开发人员可以使用面向对象的设计进行持久层开发。简单地说，Hibernate 只是一个将持久化类与数据库表相映射的工具，每个持久化类实例均对应于数据库表中的一条数据行。用户可以使用面向对象的方法操作此持久化类实例，完成对数据库表数据的插入、删除、修改、读取等操作。

利用 Hibernate 操作数据库，通过应用程序经过 Hibernate 持久层来访问数据库，其实 Hibernate 完成了以前 JDBC 的功能，不过 Hibernate 是使用面向对象的方法操作数据库。

先回顾一下利用 JDBC 技术的数据库访问的分层设计实现，其实这里也使用了 OR 映射思想，请仔细体会。

例 9.1 JDBC 编程分层设计示例。

(1) 需要创建的数据库表结构，客户表主要有编号、姓名、电话。

```
CREATE TABLE customers (
  customerID varchar(8) primary key,
  name   varchar(15),
  phone varchar(16)
);
```

(2) 编写一个 JavaBean 类,映射数据库中的表。可以将表中的列映射成 JavaBean 中的属性,数据库中的数据类型映射成相应的 Java 数据类型。

```
package bean;
public class Customer {
    private String customerId, name, phone;
    /* 以下属性映射表中的列,列名称与属性名可以不同 */
    public String getCustomerId() {
        return this.customerId;
    }
    public void setCustomerId(String customerId) {
        this.customerId = customerId;
    }
    public String getName() {
       return this.name;
    }
    public void setName(String name) {
        this.name = name;
    }
    public String getPhone() {
        return this.phone;
    }
    public void setPhone(String phone) {
        this.phone = phone;
    }
}
```

(3) 编写操作类 Dao 类,主要是增加、删除、查询等功能封装。

```
package dao;
public class CustomerDao {
    /* 查询所有客户,返回一个集合 */
    public List<Customer> allCustomers() {
      ... /* 使用 JDBC 访问数据库代码 */
    }
    /* 根据客户编号,删除一个客户 */
    public void deleteCustomerByID(String id) {
      ⋮
    }
    /* 传入客户对象,增加到数据库中 */
    public void addCustomer(Customer cus) {
      ⋮
    }
}
```

(4) 编写客户端测试这个 Dao 类。

```
package com;
public class Demo {
    public static void main(String[] args) throws Exception {
        CustomerDao dao = new CustomerDao();
```

```
        /*查询所有客户*/
        List<Customer> list = dao.allCustomers();
        /*删除一个客户*/
        dao. deleteCustomerByID("ADDIFK01");
    }
}
```

这里编写了实体类映射数据库中的表，还编写了操作类封装了实体类的一些操作。但这仅仅是初步的，还存在一些问题：

(1) 在表中主键列和其他列地位上应该不是一样的，它用来标识数据库表的记录。这个映射类中这点没有体现。

(2) 如果表与表之间还有联系，如一对多、多对多等，数据库中是通过主键、外键建立关联的，我们映射类该如何反映这些关联关系呢？

Hibernate 很好地解决了这些问题，这是我们为什么要学习 Hibernate 的关键所在。

9.1.2 Hibernate 体系结构与入门示例

Hibernate 是一个开放源代码的对象关系映射框架，它对 JDBC 进行了非常轻量级的对象封装，使得 Java 程序员可以使用对象编程思维来操纵数据库。Hibernate 可以应用于任何使用 JDBC 的场合，既可以在 Java 的客户端程序使用，也可以在 Servlet/JSP 的 Web 应用中使用。

图 9.1 显示的是 Hibernate 体系结构。最上面是 Java 应用程序，第二层上持久化对象。由此图可以看出，Hibernate 使用数据库和配置信息来为应用程序提供持久化服务。

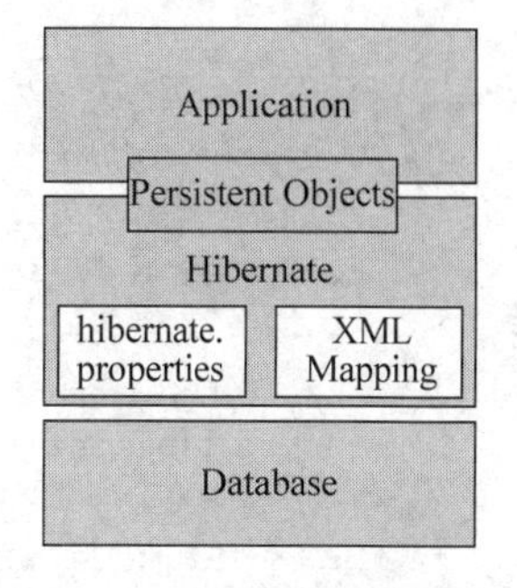

图 9.1 Hibernate 体系结构

运行时 Hibernate 需要读取数据服务器信息，如数据库服务器地址、数据库名、用户名以及密码等。这些信息写在配置文件中，我们将通过一个示例来阐述 Hibernate 入门步骤。

例 9.2 Hibernate 入门示例。

(1) 先建一个 Java 工程导入使用 Hibernate 最小必要包（也可以到网站下载 Hibernate 最新的包）。当然如果访问数据库，则需要导入数据库驱动包。例如，访问 MySQL 则导入 MySQL 的驱动包。最小必要包功能简述如表 9.1 所示。

表 9.1 Hibernate 最小包功能描述

包	作　用	说　明
jta. jar	标准的 JTA API	必要
commons-logging. jar	日志功能	必要
commons-collections. jar	集合类	必要
antlr. jar	实现了语言识别功能	必要
dom4j. jar	XML 配置和映射解释器	必要
hibernate3. jar	核心库	必要
asm. jar	ASM 字节码库	如果使用"cglib"则必要

续表

包	作　用	说　明
asm-attrs. jar	ASM 字节码库	如果使用“cglib”则必要
ehcache. jar	EHCache 缓存	如果没有其他的缓存,则它是必要的
cglib. jar	CGLIB 字节码解释器	如果使用“cglib”则必要

最小必要包为 antlr. jar、cglib. jar、asm. jar、asm-attrs. jar、encache. jar、dom4j. jar、log4j. jar、jta. jar、commons-collections. jar、commons-loggins. jar。

(2) 在 src 创建配置文件 hibernate. cfg. xml,放置在 src 目录中。

```
<?xml version = '1.0' encoding = 'UTF - 8'?>
<!DOCTYPE hibernate - configuration PUBLIC
          " - //Hibernate/Hibernate Configuration DTD 3.0//EN"
          "http://hibernate.sourceforge.net/hibernate - configuration - 3.0.dtd">
< hibernate - configuration >
  < session - factory >
       <! -- 设置访问 MySQL 数据库的驱动描述符 -- >
       < property name = "connection.driver_class">
          com.mysql.jdbc.Driver
       </property >
       <! -- 设置访问数据库的 URL -- >
      < property name = "connection.url">
         jdbc:mysql://127.0.0.1:3306/support
       </property >
        <! -- 指定登录数据库用户账号 -- >
        < property name = "connection.username"> root </property >
        <! -- 指定登录数据库用户密码 -- >
        < property name = "connection.password"> 1234 </property >
        <! -- 设置访问 MySQL 数据库的方言,用以提高数据访问性能 -- >
        < property name = "dialect">
         org.hibernate.dialect.MySQLDialect
        </property >
         <! -- 指出映射文件位置 -- >
        < mapping resource = "bean/Customer.hbm.xml" />
    </session - factory >
</hibernate - configuration >
```

(3) 编写一个会话工厂类。通过会话工厂类产生一个会话 Session 对象,Session 对象是 Hibernate 的核心。任何对数据库的操作都是在会话中进行的。

```
import org.hibernate.HibernateException;
import org.hibernate.Session;
import org.hibernate.cfg.Configuration;
public class HibernateSessionFactory {
      private static String configfile = "/hibernate.cfg.xml";
      /* ThreadLocal 是一个本地线程 */
      private static final ThreadLocal < Session > threadLocal = new ThreadLocal < Session >();
      private static Configuration config = new Configuration();
      private static org.hibernate.SessionFactory sessionFactory;
```

```
    /* 读取配置文件,创建一个会话工厂,这段代码为静态块,编译后已经运行 */
    static {
        try {
            config.configure(configfile);
            sessionFactory = config.buildSessionFactory();
        } catch (Exception e) {
            e.printStackTrace();
        }
    }
    /* 通过会话工厂打开会话,就可以访问数据库了 */
    public static Session getSession() throws HibernateException {
        Session session = (Session) threadLocal.get();
        if (session == null || !session.isOpen()) {
            if (sessionFactory == null) {
                rebuildSessionFactory();
            }
            session = (sessionFactory != null) ? sessionFactory.openSession(): null;
            threadLocal.set(session);
        }
        return session;
    }

    /* 重新创建一个会话工厂 */
    public static void rebuildSessionFactory() {
        try {
            config.configure(configfile);
            sessionFactory = config.buildSessionFactory();
        } catch (Exception e) {
        }
    }
    /* 关闭与数据库的会话 */
    public static void closeSession() throws HibernateException {
        Session session = (Session) threadLocal.get();
        threadLocal.set(null);
        if (session != null) {
            session.close();
        }
    }
}
```

理解 Session(即会话)概念:

① 什么是 Session? Session 就是一次会话,是一个动态的过程,有开始也有结束。我们应用程序访问数据库的过程其实就是一个与数据库会话的过程。所以当打开会话(open Session)时,就相当于开始会话了。这就表示可以访问数据库了。

② 上例中将 Session 放入一个 ThreadLocal 中,什么是 ThreadLocal? 本质上说 ThreadLocal就是用一个以 Thread 实例为 Key 来实现保存信息的一个类。它提供了一个 get 方法来获取保存的值,但是和一般保存信息的类不同,假如这些类都给我们提供一个 get 方法来获取当前值,那么对于一般类,无论我们何时调用 get 方法,都是获取的当前值,

如果这个值变化了，那么接下来调用 get 就会获得新的值；但是 ThreadLocal 则不同，由于它实现机制的原因，对于一个 ThreadLocal 线程来说，无论何时调用 get 方法，无论是通过静态方法还是用实例去调用，即便是其他线程改变了 ThreadLocal 的值，get 方法都会返回同一个值。HibernateSessionFactory 类包含管理与数据库之间会话 Session 的主要方法。

- 读取配置文件 Hibernate.cfg.xml 代码。

```
private static String configFile = "/hibernate.cfg.xml";
static {
 try {
     config.configure(configFile);                          //读取配置文件
     sessionFactory = config.buildSessionFactory();    //产生一个会话工厂
} catch (Exception e){}
```

- 通过会话工厂产生一个会话 Session 函数。

```
public static Session getSession(){ … }
```

- 关闭会话函数。

```
public static void closeSession(){ … }
```

（4）编写 POJO 类以及映射文件。

假如要访问 MySQL 中的 Support 数据库表 Customers，则要为 Customers 表生成类以及映射 XML 文件。

表结构为：

```
CREATE TABLE customers (
  customerID char(8) primary key,
  name char(40) default NULL,
  phone char(16) default NULL
);
```

编写映射类 Customer.java。映射类就是将数据库中的表映射成为 Java 中的一个类。这样以后对表的操作可以转换为对类对象的操作。

```
package bean;
public class Customer  {
      private String customerId;
      private String name;
      private String phone;
      public Customer() {
      }
      public Customer(String customerId) {
          this.customerId = customerId;
      }
      public Customer(String customerId, String name, String phone) {
          this.customerId = customerId;
          this.name = name;
          this.phone = phone;
      }
```

```
        public String getCustomerId() {
            return this.customerId;
        }
        public void setCustomerId(String customerId) {
            this.customerId = customerId;
        }
        public String getName() {
          return this.name;
        }
        public void setName(String name) {
            this.name = name;
        }
        public String getPhone() {
            return this.phone;
        }
        public void setPhone(String phone) {
            this.phone = phone;
        }
}
```

编写映射文件 Customer.hbm.xml。映射文件回答了我们上一节中提出的问题。映射文件描述了数据库表和映射类中的映射关系，如表名与类名映射、列名与属性名映射、数据库列类型与属性类型映射、表中主键与类 ID 属性映射，还可以定义类直接关系等。

```
<?xml version = "1.0" encoding = "utf - 8"?>
<!DOCTYPE hibernate - mapping PUBLIC " - //Hibernate/Hibernate Mapping DTD 3.0//EN"
"http://hibernate.sourceforge.net/hibernate - mapping - 3.0.dtd">

<hibernate - mapping>
    <class name = "bean.Customer" table = "customers" catalog = "support">
        <id name = "customerId" type = "java.lang.String">
            <column name = "customerID" length = "8" />
            <generator class = "assigned"></generator>
        </id>
        <property name = "name" type = "java.lang.String">
            <column name = "name" length = "40" />
        </property>
        <property name = "phone" type = "java.lang.String">
            <column name = "phone" length = "16" />
        </property>
    </class>
</hibernate - mapping>
```

注意：映射类与映射文件在同一个包中。

(5) 编写测试文件。

```
package dao;
import org.hibernate.*;
import java.util.*;
import bean.Customer;
```

```
import hib.HibernateSessionFactory;
public class Demo {
    public static void main(String[] args) {
        /* 由会话工厂类创建一个会话 Session 对象 */
        Session session = HibernateSessionFactory.getSession();
        /* 由会话 Session 对象创建一个查询 Query 对象 */
        Query query = session.createQuery("from Customer");
        List list = query.list();
        for(int i = 0;i < list.size();i++){
            Customer cus = (Customer)list.get(i);
            System.out.printf("%-10s%-20s%-20s\n",
              cus.getCustomerId(),cus.getName(),cus.getPhone());
        }
    }
}
```

（6）查看运行结果如图 9.2 所示。

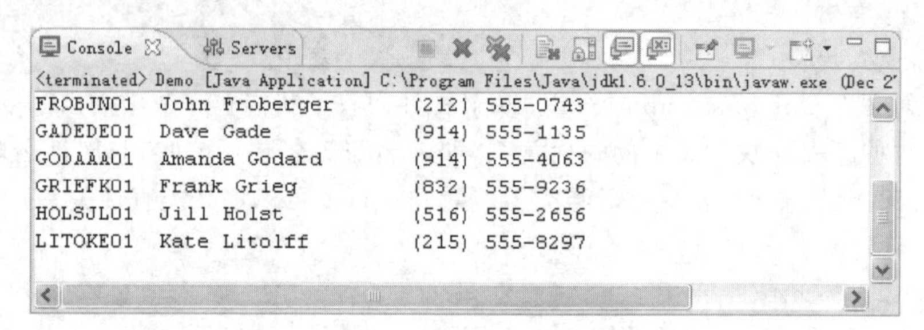

图 9.2 Demo 运行结果

以下是在 Web 下使用 Hibernate，要注意的是一般在某个 JavaBean 中使用 Hibernate 访问数据库，然后在 JSP 页面中调用该 JavaBean，或者在 Servlet 中调用 JavaBean，将取得的数据一般是以集合形式保存到 Session 中，页面上可以使用 JSTL 输出该集合中的内容。

（7）编写 DAO 类（CustomerDao.java）。

```
package dao;
import org.hibernate.*;
import java.util.*;
import bean.Customer;
import hib.HibernateSessionFactory;
public class CustomerDao {
  public List queryAllCustomers(){
      Session session = HibernateSessionFactory.getSession();
      /* 由会话 Session 对象创建一个查询 Query 对象 */
      Query query = session.createQuery("from bean.Customer");
      List list = query.list();
      return list;
  }
}
```

(8) 编写一个JSP页面显示表中的数据(dispcustomers.jsp)。

```
<%@ page language="java" import="bean.*,dao.*,java.util.*" pageEncoding="utf-8"%>
<%@taglib prefix="c"  uri="http://java.sun.com/jsp/jstl/core" %>
<!DOCTYPE HTML PUBLIC "-//W3C//DTD HTML 4.01 Transitional//EN">
<html>
    <head>
    </head>
    <body>
      <%
       CustomerDao dao = new CustomerDao();
       session.setAttribute("cuslist",dao.queryAllCustomers());
      %>
      <table>
         <c:forEach items="${cuslist}" var="cus">
         <tr>
           <td>${cus.customerId}</td>
           <td>${cus.name}</td>
           <td>${cus.phone}</td>
         </tr>
         </c:forEach>
      </table>
    </body>
 </html>
```

(9) 部署运行后的结果如图9.3所示。

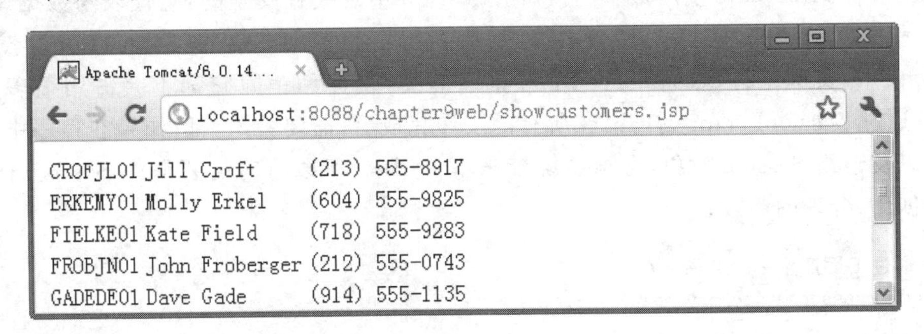

图9.3 showcustomers.jsp运行结果

9.1.3 Hibernate 核心接口

本节介绍Hibernate的核心接口。

(1) Configuration 接口

Configuration接口负责管理Hibernate的配置信息。为了能够连上数据库必须配置一些属性,这些属性包括:

- 数据库URL;
- 数据库用户;
- 数据库用户密码;

- 数据库 JDBC 驱动类；
- 数据库 dialect，用于对特定数据库提供支持，其中包含了针对特定数据库特性的实现。

```
/* 创建一个配置对象,读取配置文件 */
Configuration config = new Configuration();
config.configure("/hibernate.cfg.xml");
```

这些在前面我们已经详细解释过了。

(2) SessionFactory 接口

应用程序从 SessionFactory(会话工厂)里获得 Session(会话)实例。这里用到了一个设计模式，即工厂模式，用户程序从工厂类 SessionFactory 中取得 Session 的实例。SessionFactory 不是轻量级的。它占的资源比较多，所以它应该能在整个应用中共享。一个项目通常只需要一个 SessionFactory 就够了，但是当项目要操作多个数据库时，必须为每个数据库指定一个 SessionFactory。

会话工厂缓存了生成的 SQL 语句和 Hibernate 在运行时使用的映射元数据。它也保存了在一个工作单元中读入的数据并且可能在以后的工作单元中被重用(只有类和集合映射指定了使用这种二级缓存时才会如此)Session 类。

```
/* 通过配置对象产生一个会话工厂 */
SessionFactory factory = config.buildSessionFactory();
```

(3) Session 接口

该接口是 Hibernate 使用最多的接口。Session 不是线程安全的，它代表与数据库之间的一次操作。Session 是持久层操作的基础，相当于 JDBC 中的 Connection。然而在 Hibernate 中，实例化的 Session 是一个轻量级的类，创建和销毁它都不会占用很多资源。Session 通过 SessionFactory 打开，在所有的工作完成后，需要关闭。但如果在程序中，不断地创建以及销毁 Session 对象，会给系统带来不良影响，所以有时需要考虑 Session 的管理合理的创建、合理的销毁。

```
/* 通过工厂产生一个会话 */
Session session = factory.openSession();
```

(4) Query 类

使用 Query 类可以很方便地对数据库及持久对象进行查询，它可以有两种表达方式：查询语句使用 HQL(HQL 是 Hibernate Query Lanaguage 的简称，是 Hibernate 配备的一种非常强大的查询语言，类似于 SQL)或者本地数据库的 SQL 语句编写。

```
/* 通过会话产生一个查询对象 */
Query query = session.createQuery("from Dept");
/* 通过查询对象查询数据库,返回集合 */
List list = query.list();
for (int i = 0; i < list.size(); i++) {
    Dept dept = (Dept) list.get(i);
    System.out.println(dept.getDname());
}
```

(5) Transaction 接口

如果向数据库中增加数据或修改数据，就需要使用事务处理，这时便需要 Transaction 接口。Transaction 接口是对实际事务实现的一个抽象，该接口可以实现 JDBC 的事务、JTA 中的 UserTransaction，甚至可以是 CORBA 事务等跨容器的事务。之所以这样设计是让开发者能够使用一个统一事务的操作，使得自己的项目在不同的环境和容器之间可以方便地移植。

例 9.3 一个完整示例，显示了 Hibernate 编程基本思路。

```
package dao;
import java.util.List;

import org.hibernate.Query;
import org.hibernate.Session;
import org.hibernate.SessionFactory;
import org.hibernate.cfg.Configuration;
import bean.Customer;
public class CustomerDao2 {
  public static void main(String[] args) {
      /*创建一个配置对象,读取配置文件*/
      String configfile = "/hibernate.cfg.xml";
      Configuration config = new Configuration();
      config.configure(configfile);
      /*通过配置对象产生一个会话工厂类*/
      SessionFactory sessionfactory = config.buildSessionFactory();
      /*通过会话工厂类产生一个会话实例*/
      Session session = sessionfactory.openSession();
      /*通过会话产生一个查询对象 Query*/
      Query query = session.createQuery("from bean.Customer");
      /*进行查询返回一个集合 List*/
      List<Customer> cuslist = query.list();
      for(Customer cus:cuslist){
          System.out.println(cus.getCustomerId() +
                  " " + cus.getName() + " " + cus.getPhone());
      }
  }
}
```

注意：session. createQuery("from bean. Customer");，其中 SQL 语句中的 bean. Customers 是类名而不是数据库表的名称，HQL 语句中涉及类或属性名时严格区分大小写。

9.2 Hibernate 常见操作

9.2.1 利用 Hibernate 增删改记录

利用 Hibernate 修改数据库时，需要使用事务处理，一个事务提交时才真正将修改过的记录更新到数据库中。

1. 增加记录

```
Session session = HibernateSessionFactory.getSession();
/*定义事务开始*/
Transaction tran = session.beginTransaction();
Dept dept = new Dept(new Long(1001),"math","shanghai");
session.save(dept);
/*提交事务,真正保存到数据库中*/
tran.commit();
```

2. 删除记录

```
public static void main(String[] args) {
        Session session = HibernateSessionFactory.getSession();
       /*首先查找待删除记录,通过ID*/
        Dept dept = (Dept)session.get(Dept.class,new Long(10));
        Transaction tran = session.beginTransaction();
        session.delete(dept);
        tran.commit();
}
```

3. 修改记录

```
public class Demo {
    public static void main(String[] args) {
          Session session = HibernateSessionFactory.getSession();
        Transaction tran = session.beginTransaction();
         /*首先查找待修改记录,通过ID*/
         Dept dept = (Dept)session.get(Dept.class,new Long(10));
         dept.setDname("math");
         session.saveOrUpdate(dept);
         tran.commit();
    }
}
```

注意:可以在 hibernate.cfg.xml 设计视图,设置属性 show_sql 的值为 true,显示 Hibernate 查询语句并在 Console 输出。

9.2.2 Hibernate 主键 ID 生成方式

数据库中表有主键,主键的唯一性决定了数据库表中记录唯一。缓存在 Session 中的数据即实例都有一个唯一的 ID,ID 映射了数据库中主键。那么 ID 如何产生呢?

1. assigned

主键由外部程序负责生成,无需 Hibernate 参与。即当增加一个实体时,由程序设定该实体的 ID 值(手工分配值)。

（1）表结构

```
create table customers (
  customerid char(8) primary key,
  name char(40) default null,
  phone char(16) default null
);
```

（2）映射文件

```
<class name = "bean.Customer" table = "customers" catalog = "support">
     <id name = "customerId" type = "java.lang.String">
         <column name = "customerID" length = "8" />
         <generator class = "assigned"></generator>
     </id>
   ⋮
</class>
```

（3）增加实体

```
Session session = HibernateSessionFactory.getSession();
Customer cus = new Customer();
cus.setCustomerId("1001");          //由程序设定其值(手工分配值)
cus.setName("zhangsan");
cus.setPhone("021 - 343434");
/*开始一个默认事务*/
session.beginTransaction();
/*保存实体*/
session.save(cus);
/*提交事务*/
session.getTransaction().commit();
```

2. identity

在DB2、SQL Server、MySQL等数据库产品中表中主键列可以设定是自动增长列，则增加一条记录时主键的值可以不赋值。用数据库提供的主键生成机制。

（1）表结构

```
create table test1 (
  tid int not null  primary key auto_increment,
  name char(40)
);
```

（2）映射文件

```
<class name = "bean.Test1" table = "test1" catalog = "support">
      <id name = "tid" type = "java.lang.Integer">
          <column name = "tid" />
          <generator class = "identity"></generator>
      </id>
      <property name = "name" type = "java.lang.String">
          <column name = "name" length = "40" />
```

```
        </property>
    </class>
```

(3) 增加实体

ID不需要在程序中给出。当增加到数据库中,数据库自动分配值。

```
Session session = HibernateSessionFactory.getSession();
Test1 test1 = new Test1();
test1.setName("zhou");
session.beginTransaction();          /* 开始一个默认事务 */
session.save(test1);                 /* 保存实体 */
```

3. increment

主键按数值顺序递增。此方式的实现机制为在当前应用实例中维持一个变量,以保存着当前的最大值,之后每次需要生成主键的时候将此值加1作为主键。这种方式可能产生的问题是:如果当前有多个实例访问同一个数据库,那么由于各个实例各自维护主键状态,不同实例可能生成同样的主键,从而造成主键重复异常。因此,如果同一数据库有多个实例访问,此方式必须避免使用。

(1) 表结构

```
create table test2 (
    tid int not null   primary key,
    name char(40)
);
```

(2) 映射文件

```
<class name="bean.Test2" table="test2" catalog="support">
    <id name="tid" type="java.lang.Integer">
        <column name="tid" />
        <generator class="increment"></generator>
    </id>
    <property name="name" type="java.lang.String">
        <column name="name" length="40" />
    </property>
</class>
```

(3) 增加实体

ID值不需要手工赋值,在实体增加到数据库之前,由Hibernate首先查找当前数据库中ID对应列的最大值,该最大值加1为当前实体ID值。

```
Session session = HibernateSessionFactory.getSession();
Test2 test2 = new Test2();
test2.setName("zhou");
session.beginTransaction();              /* 开始一个默认事务 */
session.save(test2);                     /* 保存实体 */
session.getTransaction().commit();       /* 提交事务 */
```

4. sequence

采用数据库提供的sequence机制生成主键,如Oracle中的Sequence。

表结构如下：

```
create table test4 (
  sid     int   primary key,
  sname  varchar(20)   default null
);
```

在 Oracle 中创建序列：

```
create sequence hibernate_sequence;
```

当需要保存实例时，Hibernate 自动查询 Oracle 中序列 hibernate_sequence 的下一个值，即 select hibernate_sequence. nextval from dual;。该值作为主键值，可以改变默认的序列名称。

```
<id name = "sid" type = "java.lang.Integer">
        <column name = "sid" />
        <generator class = "sequence"></generator>
</id>
```

5. native

由 Hibernate 根据底层数据库自行判断采用 identity、hilo、sequence 其中一种作为主键生成方式。

6. uuid.hex

由 Hibernate 为 ID 列赋值，依据当前客户端机器的 IP、JVM 启动时间、当前时间、一个计数器生成串，以该串为 ID 值。

(1) 表结构

```
create table test3 (
  tid varchar(50)   not null   primary key,
  name char(40)
);
```

(2) 映射文件

```
<class name = "bean.Test3" table = "test3" catalog = "support">
    <id name = "tid" type = "java.lang.String">
        <column name = "tid" length = "50" />
        <generator class = "uuid.hex"></generator>
    </id>
    <property name = "name" type = "java.lang.String">
        <column name = "name" length = "40" />
    </property>
</class>
```

(3) 增加实体

```
Session session = HibernateSessionFactory.getSession();
Test3 test3 = new Test3();
```

```
test3.setName("zhou");
session.beginTransaction();            /* 开始一个默认事务 */
session.save(test3);                   /* 保存实体 */
session.getTransaction().commit();     /* 提交事务 */
```

查询数据库表结果，如图 9.4 所示。

```
MySQL Command Line Client
mysql> select * from test3;
+----------------------------------+------+
| tid                              | name |
+----------------------------------+------+
| 402885a92b7a55aa012b7a55acc00001 | zhou |
| 402885a92b7a5640012b7a56422a0001 | zhou |
| 402885a92b7a5650012b7a5652180001 | zhou |
+----------------------------------+------+
3 rows in set (0.00 sec)
```

图 9.4 数据库表中记录

9.2.3 Hibernate 查询方式

Hibernate 配备了一种非常强大的查询语言，这种语言看上去很像 SQL，但不要被语法结构上的相似所迷惑，HQL(Hibernate query lauguage)被设计为完全面向对象的查询。

HQL 对关键字(如 select、from、join 等)的大小写并不区分，但是凡是涉及类、对象以及对象属性时就要区分大小写，因为它是面向对象的查询，所以查询的是一个对象，而不是数据库的表，在 SQL 中如果要加条件的话就是列，而在 HQL 里面条件就是对象的属性，而且还要给对象起别名。

1. Hibernate 查询 HQL 语句

限制查询结果记录数与起始记录：

```
Session session = HibernateSessionFactory.getSession();
Query query = session.createQuery("from Customer");
query.setFirstResult(10);          //设置查询记录开始位置，索引从 0 开始
query.setMaxResults(10);           //设置查询返回的最大记录个数
List list = query.list();
```

注意：条件查询。

```
Session session = HibernateSessionFactory.getSession();
Query query = session.createQuery("from Customer cus where cus.name = 'zhou'");
List list = query.list();
for (int i = 0; i < list.size(); i++) {
    Customer cus = (Customer) list.get(i);
    System.out.println(cus.getCustomerId() + "," + cus.getPhone());
}
```

2. 取表中部分列时

(1) 单一属性查询。还是返回一个集合，只不过集合中存储的不是表的实例而是对象。

```
Session session = null;
```

```
session = HibernateSessionFactory.getSession();
List cnames = session.createQuery("select cname from Customer").list();
for (int i = 0;i < cnames.size();i++) {
    String name = (String)cnames.get(i);
    System.out.println(name);
}
```

(2) 多个属性的查询。使用对象数组。

```
Session session = null;
session = HibernateSessionFactory.getSession();
//查询多个属性,其集合元素是对象数组
//数组元素的类型,跟实体类的属性的类型相关
List students = session.createQuery("select sno, sname from Students").list();
for (int i = 0;i < students.size();i++) {
    Object[] obj = (Object[])students.get(i);
    System.out.println(obj[0] + ", " + obj[1]);
}
```

(3) 多个属性的查询。使用 List 集合装部分列。

```
Session session = HibernateSessionFactory.getSession();
Query query = session.createQuery("select new list(cus.name,cus.phone) from Customer cus");
List list = query.list();
for (int i = 0; i < list.size(); i++) {
    List temp = (List)list.get(i);
    System.out.println(temp.get(0));         //0 是索引开始
}
```

(4) 使用 Map 集合装部分列。

```
Session session = HibernateSessionFactory.getSession();
Query query = session.createQuery("select new map(cus.name,cus.phone) from Customer cus");
List list = query.list();
for (int i = 0; i < list.size(); i++) {
        Map temp = (Map)list.get(i);
        System.out.println(temp.get("1"));  //"1"是 key,"2"也是 key,以此类推
}
```

3. 内连接

```
Query query = session.createQuery("select c.name, s.name from Student s join s.classes c ").
list();
for (Iterator iter = students.iterator();iter.hasNext();) {
            Object[] obj = (Object[])iter.next();//返回对象数组
            System.out.println(obj[0] + ", " + obj[1]);
}
```

4. 外连接

```
select c.name, s.name from Classes c left join c.students s
select c.name, s.name from Classes c right join c.students s
```

5. 带参数的查询

(1) “?”作为参数，如" from Customer cus where cus. name=?";。

```
Session session = HibernateSessionFactory.getSession();
Query query = session.createQuery("from Customer cus where cus.name = ?");
query.setParameter(0, "zhou");//为第 1 个参数赋值
List list = query.list();
```

(2) 参数名称“:name”，如" from Customer cus where cus. name=:**name**";。

```
Session session = HibernateSessionFactory.getSession();
Query query = session.createQuery("from Customer cus where cus.name = :name ");
query.setParameter("name", "zhou");//为名为 name 的参数赋值
List list = query.list();
```

(3) 条件查询，使用“?”的方式传递参数。

```
Query query = session.createQuery("SELECT s.id, s.name FROM Student s WHERE s.name LIKE ?");
query.setParameter(0, "%周%");        //传递参数,参数的索引从 0 开始
```

如果是条件查询，使用“:参数”名称的方式传递参数。

```
Query query = session.createQuery("SELECT s.id, s.name FROM Student s WHERE s.name LIKE :
myname");
query.setParameter("myname", "张三"); //传递参数
```

再如条件查询，因为 setParameter 方法返回 Query 接口，所以可以用省略的方式来查询。

```
List students = session.createQuery("SELECT s.id, s.name FROM Student s WHERE s.name
                                     LIKE :myname and s.id = :myid")
setParameter("myname", "%周%").setParameter("myid", 15).list();
```

条件查询，支持 in，需要用 setParameterList()进行参数传递。

```
List students = session.createQuery("SELECT s.id, s.name FROM Student s WHERE s.id
in(:myids)").setParameterList("myids", new Object[]{1, 3, 5}).list();
//查询多个属性,其集合元素是对象数组,数组元素的类型与实体类的属性的类型相关
List students = session.createQuery("select s.id, s.name from Student s").list();
for (Iterator iter = students.iterator();iter.hasNext();) {
    Object[] obj = (Object[])iter.next();
    System.out.println(obj[0] + ", " + obj[1]);
}
```

6. 嵌入原生 SQL 测试

```
SQLQuery sqlQuery = session.createSQLQuery("select * from t_student");
List students = sqlQuery.list();
for (Iterator iter = students.iterator();iter.hasNext();) {
    Object[] obj = (Object[])iter.next();
    System.out.println(obj[0] + ", " + obj[1]);
}
```

9.3 Hibernate 多表操作

9.3.1 表之间关系

关系型数据库具有 3 种常用关系，即一对一关系、一对多关系和多对多关系。

1. 一对一关系

One-to-one 是指两个表之间的记录是一一对应的关系，例如，人员表 Person 与身份证表 ID，一个人拥有一个身份证号，一个身份证也只属于某个人。可以在两个表中选一张表创建外键引用另外一张表。这种关系用得比较少。

2. 一对多关系

One-to-many 是指 A 表中的一条记录，可以与 B 表中的多条记录相对应。例如，“部门”表中的“部门编号”与“职工”表中的“部门编号”就是一对多的关系，一个部门有多个职工。这时应该在多的这方，即职工表中创建一个外键指向部门表。

3. 多对多关系

Many-to-many 是指 A 表中的一条记录，可以与 B 表中的多条记录相对应，同时，B 表中的一条记录也可以与 A 表中的多条记录相对应。一般建立多对多关系时，需要一个中间表，通过中间表同时与两个表 A、B 之间产生一对多的关系，从而实现 A 与 B 之间的多对多关系。例如，“订单”表与“产品”表就是多对多的关系，一份订单中有多种产品，一种产品会同时出现在多种订单上，中间表就是“订单明细”表。

建立了一对多关系的表之间，一方中的表叫“主表”，多方中的表叫“子表”；两表中相关联的字段，在主表中叫“主键”，在子表中称“外键”。

9.3.2 一对多关系操作

以院系表与学生表为例。在 Hibernate 映射中，在院系表中添加一个集合属性，集合属性存放该院系下的学生。学生表中将院系编号字段映射成一个院系类对象。这样通过院系类对象的属性集合找到该院系下的所有学生。通过学生对象的院系属性也可以很快定位到院系的其他信息，不仅仅是院系编号。

例 9.4 one to many 示例。

(1) 创建院系表以及学生表。

```
create table dept(
    deptid char(4) primary key,
    deptname char(30)
);
create table student(
  sno char(4) primary key,
```

```
  sname char(20),
  deptid char(4)
);
/*定义一个外键。其实外键可以不定义。通过 Hibernate 直接维护外键关系*/
alter table student add (constraint fk_stu_deptid foreign key(deptid) references dept
(deptid));
```

(2) 创建映射文件,这是关键(Student.hbm.xml)。

```
<hibernate-mapping>
    <class name="bean.Student" table="student" catalog="support">
        <id name="sno" type="java.lang.String">
            <column name="sno" length="4" />
            <generator class="assigned"></generator>
        </id>
         <!--name 设定待映射的持久化类的属性名-->
         <!--column 设定和持久化类的属性对应的表的外键-->
         <!--class 设定持久化类的属性的类型-->
        <many-to-one name="dept" class="bean.Dept" fetch="select">
            <column name="deptid" length="4" />
        </many-to-one>
        <property name="sname" type="java.lang.String">
            <column name="sname" length="20" />
        </property>
    </class>
</hibernate-mapping>
```

Dept.hbm.xml 代码如下:

```
<hibernate-mapping>
    <class name="bean.Dept" table="dept" catalog="support">
        <id name="deptid" type="java.lang.String">
            <column name="deptid" length="4" />
            <generator class="assigned"></generator>
        </id>
        <property name="deptname" type="java.lang.String">
            <column name="deptname" length="30" />
        </property>
        <!-- name 设定待映射的持久化类的属性名-->
        <set name="students" inverse="true">
          <!--所关联的持久类对应的表的外键-->
            <key>
                <column name="deptid" length="4" />
            </key>
            <!--设定持久化所关联的类-->
            <one-to-many class="bean.Student" />
        </set>
    </class>
</hibernate-mapping>
```

（3）编写测试类。

```
package bean;
import java.util.*;
import org.hibernate.*;
import hib.HibernateSessionFactory;
public class Demo {
  public static void main(String[] args) {
      Session s = HibernateSessionFactory.getSession();
      Query q = s.createQuery("from Dept");
      List l = q.list();
      for(int i = 0;i < l.size();i++){
            Dept dept = (Dept)l.get(i);
            System.out.println(dept.getDeptid());
            Set stu = dept.getStudents();          //通过院系实例可以查询该院学生
            Iterator it = stu.iterator();
            while(it.hasNext()){
                  Student st = (Student)it.next();
                  System.out.print(st.getSno() + "   ");
            }
      }
    }
}
```

9.3.3 级联操作与延迟加载

1. cascade 级联操作

所谓 cascade，就是如果有两个表，在更新一方的时候，可以根据对象之间的关联关系，去对被关联方进行相应的更新。比如说院系表和学生表之间是一对多关系，使用 cascade 删除院系表中的一条院系记录时，该院系下的所有学生记录也自动删除。这种现象称为级联删除。当创建一个新的院系实例，该院系实例集合属性中保存有学生。当该院系实例持久化时，自动将集合学生也自动添加到数据库的学生表中去，这称为级联增加。

- all ：所有情况下均进行关联操作。
- none：所有情况下均不进行关联操作。这是默认值。
- save-update：在执行 save、update、saveOrUpdate 时进行关联操作。
- delete：在执行 delete 时进行关联操作。

例 9.5 级联示例。

删除院系表 dept 同时将该院系下所有学生 student 删除。可以在院系类映射文件中作如下定义。

```
<!-- 表示级联删除 -->
<set name = "students" inverse = "false" cascade = "delete">
        <key>
              <column name = "deptid" length = "4" />
        </key>
        <one-to-many class = "bean.Student" />
</set>
```

还可以定义级联增加、修改等。

```
<set name = "students" inverse = "false" cascade = "none|all|delete| save - update">
        <key>
            <column name = "deptid" length = "4" />
        </key>
        <one - to - many class = "bean.Student" />
</set>
```

编写测试类如下：

```
package bean;
import java.util.*;
import org.hibernate.*;
import hib.HibernateSessionFactory;
public class Demo {

public static void main(String[] args) {
        Session s = HibernateSessionFactory.getSession();
        s.getTransaction().begin();
        Dept dept = new Dept();
        dept.setDeptid("MA");
        dept.setDeptname("Math");
        /*创建学生实例*/
        Student s1 = new Student();
        s1.setSno("5001");
        Student s2 = new Student();
        s2.setSno("5002");
        /*创建一个学生集合,将上面两个学生添加到该集合中*/
        Set set = new HashSet();
        set.add(s1); set.add(s2);
        /*将该集合设置为院系集合属性*/
        dept.setStudents(set);
        /*持久化院系实例*/
        s.save(dept);
        s.getTransaction().commit();
      /*该程序中并没有直接将学生类的对象添加到数据库中,只是将学生对象添加到院系集合
        属性中,但由于设置了级联增加 save,当向数据库中添加院系记录时系统自行将学生对象
        添加到学生表中去。这就是级联增加操作*/
    }
}
```

2. inverse 属性

下面来谈一下 inverse 属性,这个属性不好理解,所以打个比方来说这个属性。一个学校有个校长,学校里有很多学生。学生表中假设有一个字段是校长编号(多方),如果我们增加一个学生,学生记录中校长编号字段如何填写呢？显然学生自己填写(即由学生方维护)要容易些,学生记住校长现实点。如果要让校长填写学生的校长编号这个字段(即由校长方维护)则比较难,因为校长如何记住那么多学生呢？

以下以班级(Team)和学生(Student)为例进行讲解。下面给出两个例子讲解。

例 9.6 inverse 属性示例。

首先给出 Team. hbm. xml 和 Student. hbm. xml 配置文件信息。

Team. hbm. xml 代码如下(省略部分):

```
<class name = "bean.Team" table = "TEAM" >
    <set name = "students" cascade = "all">
    <key>
    <column name = "TEAM_ID" length = "20" />
    </key>
    <one-to-many class = "bean.Student" />
    </set>
</class>
```

Student. hbm. xml 代码如下(省略部分):

```
<class name = " bean.Student" table = "STUDENT" >
    <many-to-one name = "team" class = "bean.Team" fetch = "select">
    <column name = "TEAM_ID" length = "20" />
    </many-to-one>
</class>
```

从上面的代码中没有出现一个 inverse 关键字,证明维护关系由班级表和学生表一起来维护。比如,现在有新的学生要进入某一个班级(班级号 t001),可以编写如下的代码来完成该功能。

```
Session session = HibernateSessionFactory.getSession();
Transaction tran = session.beginTransaction();
Query query = session.createQuery("from Student");
List list = query.list();
Team team = (Team) session.get(Team.class, "t001");
for (int i = 0; i < list.size(); i++) {
    Student stu = (Student) list.get(i);
    if (stu.getTeam() == null) {
      team.getStudents().add(stu);
    }
}
tran.commit();
```

这段代码是通过班级来添加学生信息的,也就是说添加学生信息可以由班级来维护。

例 9.7 现在只给出 Team. hbm. xml 配置文件,其中添加了 inverse 关键,学生映射文件未变。代码如下(省略部分)。

```
<class name = "bean.Team" table = "TEAM" >
  <set name = "students" inverse = "true" cascade = "all">
  <key>
  <column name = "TEAM_ID" length = "20" />
  </key>
  <one-to-many class = "bean.Student" />
  </set>
</class>
```

按照上面的配置信息，如果还是想完成新的学生要进入某一个班级（如班级号为 t001 的班级）这个功能，代码编写如下：

```
Session session = HibernateSessionFactory.getSession();
Transaction tran = session.beginTransaction();
Query query = session.createQuery("from Student");
List list = query.list();
Team team = (Team) session.get(Team.class, "t001");
for (int i = 0; i < list.size(); i++) {
    Student stu = (Student) list.get(i);
    if(stu.getTeam() == null) {
        stu.setTeam(team);//学生自己维护班级
    }
}
tran.commit();
```

这段代码是通过学生来添加班级信息的，也就是说添加学生信息可以由学生自己来维护。我们在这里还来补充说明一下 cascade 与 inverse。如果一个新职工要到某个部门入职，新职工要填一个入职表，入职表中有一项为部门编号，如果职工自己填写部门编号则说明职工自己来维护这个字段，部门类的映射 XML 文件中就可以将 inverse 属性值设为 true，即由部门的反方（即职工方）维护。如果 inverse 为 false 的话，即部门表不要求反方（即职工方）维护部门编号这个字段，只要职工将填写表格交到部门，由部门自行填写部门编号。而级联 cascade 则是如果不直接将职工实例添加到数据库中，而只是将新进职工添加到部门实例的职工集合这个属性中。当增加部门时将部门实例中职工集合属性的职工也同时添加到数据库中的职工表中，这叫级联。

3. 延迟加载

(1) 属性的延迟加载

在 Hibernate3 中引入了一种新的特性——属性的延迟加载，这个机制为获取高性能查询提供了有力的工具。如 Person 表有一个人员图片字段（对应 java.sql.Clob 类型）属于大数据对象，当加载该对象时，我们不得不每一次都要加载这个字段，而不管是否真的需要它，而这种大数据对象的读取本身也会带来很大的性能开销。我们可以按如下方式配置实体类的映射文件：

```
<hibernate-mapping>
 <class name="bean.Person" table="person">
        …
  <property name="pimage" type="java.sql.Clob" column="pimage" lazy="true"/>
 </class>
</hibernate-mapping>
```

通过对<property>元素的 lazy 属性设置 true 来开启属性的延迟加载，在 Hibernate3 中为了实现属性的延迟加载，使用了类增强器来对实体类的 Class 文件进行强化处理，通过增强器的增强，将 CGLIB 的回调机制逻辑，加入实体类，这里可以看出属性的延迟加载还是通过 CGLIB 来实现的。CGLIB 是 Apache 的一个开源工程，这个类库可以操纵 Java 类的字节码，根据字节码来动态构造符合要求的类对象。根据上面的配置我们运行下面的代码：

```
String sql = "from  Person  p  where  p.name = '张三'";
Query query = session.createQuery(sql);  ①
List< Person >  list = query.list();
for(int i = 0;i < list.size();i++){
      Person  person = list.get(i);
      System.out.println(person.getName());
      System.out.println(person.getPimage()); ②
}
```

当执行到①处时，会生成类似如下的 SQL 语句：

```
Select id,age,name from person where name = '张三';
```

这时 Hibernate 会检索 User 实体中所有非延迟加载属性对应的字段数据，当执行到②处时，会发起对 resume 字段数据真正的读取操作。

(2) 多方的延迟加载

当存在一对多时，例如，读取院系表 Dept 时在不需要立即加载该院系下的学生时，可以设置延迟加载，即读取 Dept 不立即加载院系下的学生，只有通过院系对象 getStudents()函数时才真正读取该院系下的学生。可以这样设置延迟加载在院系表中。

```
<hibernate-mapping>
  <class name = "bean.Dept" table = "Department">
        ⋮
    <set name = "students" inverse = "false" cascade = "delete" lazy = "true">
            <key>
                <column name = "deptid" length = "4" />
            </key>
            <one-to-many class = "bean.Student" />
      </set>
  </class>
</hibernate-mapping>
```

9.3.4 多对多关系操作

以学生与教师为例，一个教师可以教多个学生，一个学生也可以接受多个老师的教育，所以他们之间是多对多的关系。我们一般建立 3 个表，即学生表、教师表以及学生教师表。

例 9.8 mant to many 示例。

(1) 学生类与映射文件设计。

```
package bean;
import java.util.Set;
public class Student  {
    private int       sid;
    private String     sname;
    private Set<Teacher> teachers;
     ⋮
  }
```

学生类映射文件如下：

```
<class name = "Student">
   ⋮
  <!-- name = "teachers"表示:Student 类中有一个属性叫 teachers(是 Set 集合) -->
  <!-- table = "teacher_student"表示:中间关联表。表名叫 teacher_student -->
  <set name = "teachers" table = "teacher_student">
    <!-- column = "student_id"表示:中间表 teacher_student 的字段 -->
    <!-- Student 类的 id 与中间表 teacher_student 的字段 student_id 对应 -->
    <key column = "student_id"/>

    <!-- column = "teacher_id"表示:中间表 teacher_student 的字段 -->
    <!-- class = "Teacher"表示:中间表 teacher_student 的字段 teacher_id 与 Teacher 类的 id
      对应 -->
    <many-to-many class = "Teacher" column = "teacher_id"/>
  </set>
</class>
```

（2）教师类与映射文件设计。

```
package bean;
import java.util.Set;
public class Teacher {
    private int       tid;
    private String     tname;
    private Set<Student> students;
    /* set get 方法省略 */
}
```

教师类映射文件如下：

```
<class name = "Teacher">
     ⋮
  <set name = "students" table = "teacher_student">
    <key column = "teacher_id"/>
    <many-to-many class = "Student" column = "student_id"/>
  </set>
</class>
```

注意：把多对多关联分解为两个一对多关联，具有更好的可扩展性和操作性。以商品、订单及商品订单关联项为例，商品和订单为多对多关系可以拆分为两个一对多关系。商品对订单关联项为一个一对多，订单对商品订单关联项为一个一对多。

9.4 Hibernate 缓存技术

缓存是介于物理数据源与应用程序之间，缓存被广泛用于数据库应用领域。缓存的设计就是为了通过存储已经从数据库读取的数据来减少应用程序和数据库之间的数据流量，而数据库的访问只在检索的数据不在当前缓存的时候才需要。什么是缓存？为什么需要缓存？我们以一个比喻来说明。我们需要买个电视机，到电器城去买会很方便，如果到生产厂商那里去直接购买速度较慢。电器城好比缓存，而生产厂商好比是数据库，但电器城里的电视机也是生产厂商供货的。这好比我们读数据库中的记录，当记录在缓存中不存在时，还要查询数据库，将记录加载到缓存中，我们再从缓存中读取。

1. Hibernate 缓存范围以及分类

缓存的范围分为 3 类。

(1) 事务范围：缓存只能被当前事务访问。缓存的生命周期依赖于事务的生命周期，当事务结束时，缓存也就结束生命周期。在此范围下，缓存的介质是内存。事务可以是数据库事务或者应用事务，每个事务都有独自的缓存。

(2) 应用范围：缓存被应用范围内的所有事务共享的。这些事务有可能是并发访问缓存，因此必须对缓存采取必要的事务隔离机制。缓存的生命周期依赖于应用的生命周期，应用结束时，缓存也就结束了生命周期，二级缓存存在应用范围。

(3) 集群范围：在集群环境中，缓存被一个机器或者多个机器的进程共享。缓存中的数据被复制到集群环境中的每个进程节点，进程间通过远程通信来保证缓存中的数据的一致性，缓存中的数据通常采用对象的松散数据形式，二级缓存也存在应用范围。

Hibernate 中提供了两级 Cache，第一级别的缓存是 Session 级别的缓存，即上述事务范围以及应用范围的缓存。这一级别的缓存由 Hibernate 管理的，一般情况下无需进行干预；第一级缓存的物理介质为内存，由于内存容量有限，必须通过恰当的检索策略和检索方式来限制加载对象的数目。

第二级别的缓存是 SessionFactory 级别的缓存，它是属于进程范围或群集范围的缓存。这一级别的缓存可以进行配置和更改，并且可以动态加载和卸载。Hibernate 还为查询结果提供了一个查询缓存，它依赖于第二级缓存。第二级缓存的物理介质可以是内存和硬盘，因此第二级缓存可以存放大量的数据，数据过期策略的 maxElementsInMemory 属性值可以控制内存中的对象数目。

2. 一级缓存管理

当应用程序调用 Session 的 save()、update()、saveOrUpdate()、get()或 load()，以及调用查询接口的 list()、iterate()或 filter()方法时，如果在 Session 缓存中还不存在相应的对象，Hibernate 就会把该对象加入到第一级缓存中。当清理缓存时，Hibernate 会根据缓存中对象的状态变化来同步更新数据库。Session 为应用程序提供了两个管理缓存的方法：evict(Object obj)，从缓存中清除参数指定的持久化对象；clear()，清空缓存中所有持久化对象。

3. 二级缓存管理

管理第二级缓存主要包括两个方面：选择需要使用第二级缓存的持久类，设置合适的并发访问策略；选择缓存适配器，设置合适的数据过期策略。

注意：对大多数应用来说，应该慎重地考虑是否需要使用集群范围的缓存，因为访问它的速度不一定会比直接访问数据库数据的速度快多少，再加上集群范围还有数据同步的问题，所以应当慎用。

我们什么情况下使用二级缓存？如果满足以下条件，则可以将其纳入二级缓存：

(1) 数据不会被第三方修改；

(2) 同一数据系统经常引用；

(3) 数据大小在可接受范围之内；

(4) 非关键数据，或不会被并发的数据。

Hibernate 本身并不提供二级缓存的产品化实现，而是为众多支持 Hibernate 的第三方缓存组件提供整合接口。这里仅仅介绍现在主流的 EHCache，它更具备良好的调度性能。下面给出例子介绍二级缓存使用。

(1) 在 ehcache.xml 中添加如下配置。

```
<?xml version = "1.0" encoding = "UTF - 8"?>
  <!-- 设置默认的查询缓存的数据过期策略 defaultCache 节点为默认的缓存策略
     maxElementsInMemory 内存中最大允许存在的对象数量
     eternal 设置缓存中的对象是否永远不过期
     overflowToDisk 把溢出的对象存放到硬盘上
     timeToIdleSeconds 指定缓存对象空闲多长时间就过期，过期的对象会被清除掉
     timeToLiveSeconds 指定缓存对象总的存活时间
     diskPersistent 当 JVM 结束时是否持久化对象
     diskExpiryThreadIntervalSeconds 指定用于清除过期对象的监听线程的轮询时间 -->
  < cache name = "org.hibernate.cache.StandardQueryCache"
     maxElementsInMemory = "50"
     eternal = "false"
     timeToIdleSeconds = "3000"
     timeToLiveSeconds = "8200"
     overflowToDisk = "true"/>

   <!-- 设置时间戳缓存的数据过期策略 -->
   < cache name = "org.hibernate.cache.UpdateTimestampsCache"
     maxElementsInMemory = "5000"
     eternal = "true"
     overflowToDisk = "true"/>

   <!-- 设置自定义命名查询缓存 customerQueries 的数据过期策略 -->
   < cache name = "myCacheRegion"
     maxElementsInMemory = "1000"
     eternal = "false"
     timeToIdleSeconds = "300"
     timeToLiveSeconds = "600"
     overflowToDisk = "true"
     />
```

(2) 打开查询缓存，在 hibernate.cfg.xml 添加如下配置。

```
<!-- 启用查询缓存 -->
< property name = "cache.use_query_cache"> true </property>
```

(3) 在程序中使用。

虽然按以上设置好了查询缓存，但 Hibernate 在执行查询语句语句时仍不会启用查询缓存。对于希望启用查询缓存的查询语句，应该调用 Query 接口的 setCacheeable(true)

方法。

例 9.9 缓存示例。

```
package org.qiujy.test.cache;
import java.util.List;
import org.hibernate.*;
import org.qiujy.common.HibernateSessionFactory;
import org.qiujy.domain.cachedemo.Product;

public class TessQueryCache {
    public static void main(String[] args) {
        Session session = HibernateSessionFactory.getSession();
        Transaction tran = null;
        try{
            tran= session.beginTransaction();
            Query query = session.createQuery("from bean.Student");
            //激活查询缓存
            query.setCacheable(true);
            //使用自定义的查询缓存区域,若不设置,则使用标准查询缓存区域
            query.setCacheRegion("myCacheRegion");

            List<Student>list = query.list();
            for(int i = 0 ; i < list.size(); i++){
                Student student = list.get(i);
                System.out.println(student.getSname());
            }
            tran.commit();
        }catch(Exception e){
          e.printStackTrace();
        }
    }
}
```

例 9.10 缓存示例另一种用法。

(1) ehcache.xml 文件内容:

```
<?xml version="1.0" encoding="UTF-8"?>
<ehcache>
    <diskStore path="D:\cache"/>    <!-- 设置缓存目录 -->
    <defaultCache maxElementsInMemory="1000"
        eternal="false" overflowToDisk="true"
        timeToIdleSeconds="120"
        timeToLiveSeconds="180"
        diskPersistent="false"
        diskExpiryThreadIntervalSeconds="60"/>

    <cache name="bean.Employee" maxElementsInMemory="100" eternal="false"
      overflowToDisk="true" timeToIdleSeconds="300"
      timeToLiveSeconds="600" diskPersistent="false"/>
</ehcache>
```

（2）Employee.hbm.xml 文件内容：

```
<?xml version = "1.0" encoding = "UTF - 8"?>
<!DOCTYPE hibernate - mapping PUBLIC
        " - //Hibernate/Hibernate Mapping DTD 3.0//EN"
        "http://hibernate.sourceforge.net/hibernate - mapping - 3.0.dtd">
< hibernate - mapping >
    < class name = "bean.Employee" table = "employees">
        < cache usage = "read - write" region = "bean.Employee" />
        < id name = "empId" type = "java.lang.String">
            < column name = "employeeID" length = "8" />
            < generator class = "assigned"></generator >
        </id >
        < property name = "name" type = "java.lang.String">
            < column name = "name" length = "40" />
        </property >
    </class >
</hibernate - mapping >
```

9.5 本章小结

这一章介绍了开源框架 Hibernate 基础知识。要彻底理解 Hibernate 原理以及架构，Hibernate 使用面向对象的思想处理关系型数据库。所以在 Hibernate SQL 语句中都是类名以及属性名，如果涉及属性名一定要在类名后加上类的别名。Hibernate 需要访问数据库，访问数据库需要知道数据库基本信息，即 url、driver 等。所以 Hibernate 需要一个配置文件 hibermate.cfg.xml。Hibernate 需要 HibernateSessionFactory 工厂类打开与数据库之间的会话 Session，所有对数据库的操作都是在 Session 中进行的。另外由于使用面向对象思想所以要创建映射类（即 POJO）以及映射文件（即 Mapping XML），POJO 类映射数据表，而映射文件描述了映射的详细信息。如果这些知识都能很好地理解，学习 Hibernate 就不会太难。

第10章 Struts2编程

10.1 B/S设计模式

10.1.1 MVC模式

MVC(Model-View-Controller),把一个Java应用的输入、输出、处理流程按照Model、View、Controller的方式进行分离,这样一个应用被分成3个层,即模型层、视图层、控制层。

(1) 视图(View):代表用户交互界面,对于Web应用来说,可以概括为HTML、JSP界面。一个应用可能有很多不同的视图,MVC设计模式对于视图的处理仅限于视图上数据的采集和处理,以及用户的请求,并不包括在视图上的业务流程的处理。业务流程的处理交予模型(Model)处理。比如一个订单的视图只接受来自模型的数据并显示给用户,以及将用户界面的输入数据和请求传递给控制和模型。

(2) 模型(Model):就是业务流程/状态的处理以及业务规则的制定。业务流程的处理过程对其他层来说是黑箱操作,模型接受视图请求的数据,并返回最终的处理结果。业务模型的设计可以说是MVC最主要的核心。做具体业务时,将应用的模型按一定的规则抽取出来。抽取的层次很重要,这也是判断开发人员是否优秀的设计依据。业务模型还有一个很重要的模型那就是数据模型。数据模型主要指实体对象的数据保存(持续化)。比如将一张订单保存到数据库,从数据库获取订单。我们可以将这个模型单独列出,所有与订单相关数据库的操作(查询、删除、增加、修改订单)只限制在该模型中。

(3) 控制(Controller)可以理解为从用户接收请求,将模型与视图匹配在一起,共同完成用户的请求。划分控制层的作用也很明显,它清楚地告诉你,它就是一个分发器,选择什么样的模型,选择什么样的视图,就可以完成什么样的用户请求。控制层并不做任何的数据处理。例如,用户单击一个链接,控制层接受请求后,并不处理业务信息,它只把用户的信息传递给模型,告诉模型做什么,选择符合要求的视图返回给用户。因此一个模型可能对应多个视图,一个视图可能对应多个模型。

举个例子来说明MVC架构。如果要做个用户注册业务,View就是HTML注册界面,该界面有个表单让用户输入注册信息。按提交按钮,这些注册信息被提交给一个Servlet。该Servlet就是控制层,接收用户的输入,但Servlet并不将用户信息保存到数据库中。保存用户信息这属于业务逻辑,该业务逻辑可以通过JavaBean实现,JavaBean就是Model层。

MVC 运行流程如图 10.1 所示。

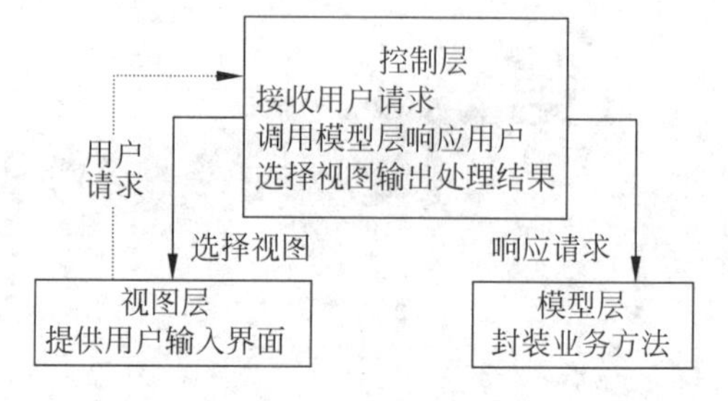

图 10.1 MVC 运行流程

10.1.2 基于纯 JSP 一层架构

这种模式代码(脚本)都在网页中编写,但会导致页面代码冗余臃肿,所以不推荐这种做法。

例 10.1 JSP 一层示例,验证用户名与密码是否正确。

```
<%@ page language="java"  pageEncoding="gb2312" %>
<html>
  <body>
    <form action="login_jsp.jsp" method="get">
        user<input type=text name="user"><br>
        pwd<input type=text name="pwd"><br>
        <input type=submit value="提交">
    </form>
    <%
      String user=request.getParameter("user");
      String pwd=request.getParameter("pwd");
       /* 以下是业务层代码 */
      if(user!=null && pwd!=null){
          if(user.equals("admin")&&pwd.equals("123"))
              out.println("validate success!");
          else
              out.println("validate failure!");
      }
     %>
  </body>
</html>
```

10.1.3 基于 JSP 和 Servlet 两层架构

这种方法在前面也已经讲过,将控制层与业务逻辑层的代码给 Servlet。比上述纯 JSP 模式有所改进,但会导致 Servlet 层代码臃肿。

例 10.2 两层架构示例

(1) 定义 JSP。

```
<%@ page language="java" import="java.util.*" pageEncoding="gb2312" %>
<html>
  <body>
    <form action="validate" method="post">
        user<input type=text name="user"><br>
        pwd<input type=text name="pwd"><br>
        <input type=submit value="提交">
```

```
    </form>
  </body>
</html>
```

(2) 定义 Servlet。

```
import java.io.IOException;
import java.io.PrintWriter;
import javax.servlet.ServletException;
import javax.servlet.http.HttpServlet;
import javax.servlet.http.HttpServletRequest;
import javax.servlet.http.HttpServletResponse;

public class validateservlet extends HttpServlet {
 public void doGet(HttpServletRequest request,
HttpServletResponse response)  throws ServletException, IOException {
      response.setContentType("text/html");
      PrintWriter out = response.getWriter();
      /* 以下是控制层代码 */
      String user = request.getParameter("user");
      String pwd = request.getParameter("pwd");
      /* 以下是业务层代码 */
      if (user != null && pwd != null) {
           if (user.equals("admin") && pwd.equals("123"))
                out.println("validate success!");
           else
                out.println("validate failure!");
      }
 }
 public void doPost(HttpServletRequest request, HttpServletResponse response)
           throws ServletException, IOException {
      doGet(request, response);
 }
}
```

(3) 配置 web.xml 文件,使 JSP 能够调用 Servlet。

```
<?xml version="1.0" encoding="UTF-8"?>
<web-app version="2.5"
 xmlns="http://java.sun.com/xml/ns/javaee"
 xmlns:xsi="http://www.w3.org/2001/XMLSchema-instance"
 xsi:schemaLocation="http://java.sun.com/xml/ns/javaee
 http://java.sun.com/xml/ns/javaee/web-app_2_5.xsd">
  <servlet>
    <servlet-name>validate</servlet-name>
    <servlet-class>serv.validateservlet</servlet-class>
  </servlet>

  <servlet-mapping>
    <servlet-name>validate</servlet-name>
    <url-pattern>/validate</url-pattern>
```

```
    </servlet-mapping>
</web-app>
```

10.1.4 基于 JSP、JavaBean 及 Servlet 三层架构

JSP实现用户界面层 View，Servlet 实现控制层 Control，JavaBean 实现业务逻辑层 Model。

例 10.3 三层架构示例。

(1) 创建 JSP，编写界面供用户输入。

```
<%@ page language="java" import="java.util.*" pageEncoding="gb2312"%>
<html>
  <body>
    <form action="validate" method="post">
         user<input type=text name="user"><br>
         pwd<input type=text name="pwd"><br>
         <input type=submit value="提交">
    </form>
  </body>
</html>
```

(2) 定义 Servlet。接收从 JSP 页面用户的输入，调用 JavaBean。

```
import java.io.IOException;
import java.io.PrintWriter;
import javax.servlet.ServletException;
import javax.servlet.http.HttpServlet;
import javax.servlet.http.HttpServletRequest;
import javax.servlet.http.HttpServletResponse;
public class validateservlet extends HttpServlet {
    public void doGet(HttpServletRequest request, HttpServletResponse response)
                  throws ServletException, IOException {
        response.setContentType("text/html");
        PrintWriter out = response.getWriter();
        /*接收从页面中传过来的值。控制层代码*/
        String user = request.getParameter("user");
        String pwd = request.getParameter("pwd");
        response.setContentType("text/html");
        PrintWriter out = response.getWriter();
        String user = request.getParameter("user");
        String pwd = request.getParameter("pwd");
        /*调用 JavaBean 实现业务逻辑,这里是验证用户合法性。
        可以在 JavaBean 中访问数据库*/
        UserDao dao = new UserDao();
        if(dao.validate(user, pwd))
             out.println("validate success");
        else
             out.println("validate failure");
    }
```

```
    public void doPost(HttpServletRequest request, HttpServletResponse response)
            throws ServletException, IOException {
        doGet(request, response);
    }
}
```

(3) 配置 web.xml 文件,使 JSP 能够调用 Servlet。

```
<?xml version = "1.0" encoding = "UTF - 8"?>
< web - app version = "2.5"
  xmlns = "http://java.sun.com/xml/ns/javaee"
  xmlns: xsi = "http://www.w3.org/2001/XMLSchema - instance"
  xsi: schemaLocation = "http://java.sun.com/xml/ns/javaee
  http://java.sun.com/xml/ns/javaee/web - app_2_5.xsd">
 < servlet >
   < servlet - name > validate </servlet - name >
   < servlet - class > serv.validateservlet </servlet - class >
 </servlet >
 < servlet - mapping >
   < servlet - name > validate </servlet - name >
   < url - pattern >/validate </url - pattern >
 </servlet - mapping >
</web - app >
```

(4) 创建 JavaBean。实现业务逻辑即验证用户名与密码是否合法。

```
package bean;
public class UserDao {
    /* 以下是业务层代码 */
    public boolean validate(String user,String pwd){
      if (user.equals("admin") && pwd.equals("123"))
                return true;
      else
                return false;
    }
}
```

10.2 Struts2 概念

10.2.1 Struts2 体系结构

Struts2 是 Struts 的下一代产品。Struts2 对 Struts1 和 WebWork 的技术进行了整合,推出了全新的 Struts2 框架。Struts2 的体系结构与 Struts1 的体系结构的差别巨大。Struts2 以 WebWork 为核心,采用拦截器的机制来处理用户的请求,这样的设计也使得业务逻辑控制器能够与 Servlet API 完全脱离开。Struts1 采用 Servlet 的机制来处理用户的请求。

Struts2 框架中有很多新的特性。Struts2 的所有类都基于接口,核心接口独立于

HTTP。Struts2 配置文件中的大多数配置元素都会有默认值，所以不需要设定值，除非需要不同的值。这有助于减少在 XML 文件中需要进行的配置。

Struts2 为拦截器(interceptor)提供了全面支持，拦截器可在 Action 类执行前后执行。拦截器经配置后，可以把工作流程或者验证等常见功能派发到请求上。所有请求通过一组拦截器传送，之后再发送到 Action 类。Action 类被执行后，请求按照相反顺序再次通过拦截器传送。

Struts2 框架主要由 3 部分组成，即核心控制器(StrutsPrepareAndExecuteFilter)、业务控制器和用户定义的业务逻辑组件。注意，也有核心控制器使用 FilterDispatcher。

1. 核心控制器

FilterDispatcher 是早期 Struts2 的过滤器，可以对客户端 URL 请求进行过滤，即将 request 请求转发给对应的 action 去处理。作为核心控制器，该 filter 将负责处理用户所有以.action 结尾的请求。从 2.1.3 版本以后官方推荐使用 StrutsPrepareAndExecuteFilter。

2. 业务控制器

业务控制器组件就是用户实现的 Action 类实例。Action 类通常包含一个 execute 方法，返回一个字符串作为逻辑视图名。在创建了 Action 类之后我们还需要在 struts.xml 文件中配置此 Action 的相关信息。

一个 Action 的配置信息分 3 部分：

(1) Action 所处理的 URL；

(2) Action 组件对应的实现类；

(3) Action 所包含的逻辑视图与物理资源之间的对应关系。

3. 业务逻辑组件

业务逻辑组件通常是指用户自己针对系统功能开发的功能模块组件，是被业务控制器组件所调用来处理业务逻辑的。Struts2 体系结构如图 10.2所示。

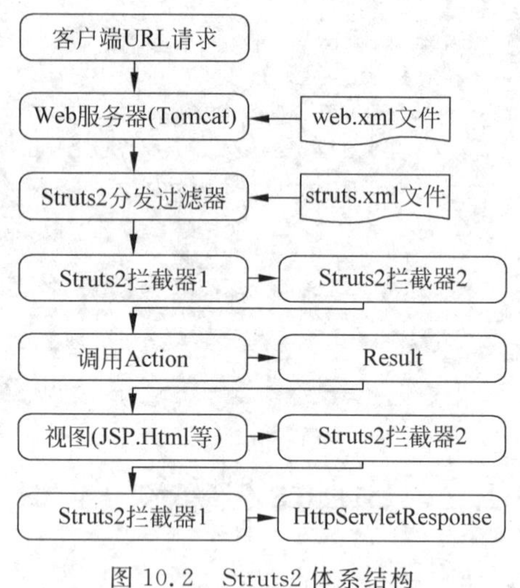

图 10.2 Struts2 体系结构
(来源于 Struts2 网站)

Struts2 框架的处理流程如下：

(1) 客户端浏览器发送一个请求。

(2) Web 服务器如 Tomcat 收到该请求，读取配置文件，将该请求导向 Struts2 的核心控制器 StrutsPrepareAndExecuteFilter，StrutsPrepareAndExecuteFilter 根据请求决定调用合适的 Action。

(3) StrutsPrepareAndExecuteFilter 在调用 Action 之前被 Struts2 的拦截器拦截，拦截器自动对请求应用通用功能，如数据转换、校验等。

(4) 调用 Action 的 execute 方法，该方法根据请求的参数来执行一定的操作。

(5) 依据 Action 的 execute 方法处理结果，导向不同的 URL。例如，在 execute 中验证用户，验证成功可以导向成功的页面，否则重新登录。

上述流程如图 10.3 所示。

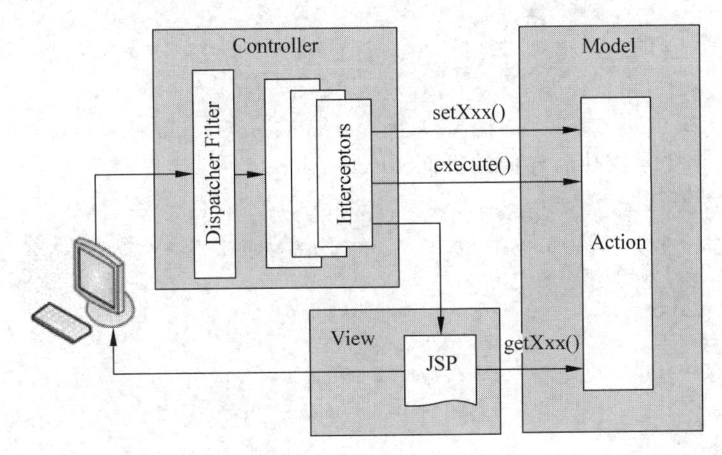

图 10.3 Struts2 框架的处理流程

10.2.2 Struts2 入门

开发前首先要下载 Struts2 的类库文件，可以到 Apache 网站中下载，网址为 http://struts.apache.org。

例 10.4 Struts2 入门示例。

(1) 新建一个 Web 工程，向工程中导入 struts 核心包。

提示：可以将包复制到 WEB-INF\lib 目录中，MyEclipse 直接将包导入工程了。

- commons-logging-1.0.4.jar
- freemarker-2.3.8.jar
- ognl-2.6.11.jar
- Struts2-core-2.0.11.jar
- xwork-2.0.4.jar

(2) 编写一个登录界面 login.jsp。注意使用 Struts2 的标签。

```
<%@ page language="java" pageEncoding="gb2312"%>
<!DOCTYPE HTML PUBLIC "-//W3C//DTD HTML 4.01 Transitional//EN">
<!-- Struts2 标签库调用声明 -->
<%@taglib prefix="s" uri="/struts-tags"%>
<html>
<head>
  <title>登录页面</title>
</head>
<body>
   <!-- form 标签库定义,以及调用哪个 Action 声明 -->
   <s:form action="login">
        <table width="60%" height="76" border="0">
                <!-- 各标签定义 -->
```

```
                <s:textfield name="username" label="用户名"/>
                <s:password name="password" label="密  码" />
                <s:submit value="登录" align="center"/>
        </table>
    </s:form>
</body>
</html>
```

(3) 编写一个登录成功后导向的页面 success.jsp。

```
<%@ page language="java" pageEncoding="gb2312" %>
<!DOCTYPE HTML PUBLIC "-//W3C//DTD HTML 4.01 Transitional//EN">
<!-- Struts2 标签库调用声明 -->
<%@taglib prefix="s" uri="/struts-tags" %>
<html>
<head><title>登录成功页面</title></head>
<body>
      login success
</body>
</html>
```

(4) 在 src 目录中添加一个配置文件 struts.xml。在 Web 服务器启动时读取该文件。

```
<?xml version="1.0" encoding="gb2312"?>
<!DOCTYPE struts PUBLIC
"-//Apache Software Foundation//DTD Struts Configuration 2.0//EN"
"http://struts.apache.org/dtds/struts-2.0.dtd">
<struts>
    <!-- Action 所在包定义 -->
    <package name="chapter10web" extends="struts-default">
        <!-- 通过 Action 类处理才导航的 Action 定义 -->
        <action name="Login" class="com.action.LoginAction">
            <result name="input">/login.jsp</result>
            <result name="success">/success.jsp</result>
        </action>
    </package>
</struts>
```

(5) 改写网站配置文件 web.xml,添加 Struts2 过滤器。有了过滤器 Web 服务器就可以将 Struts2 的控制器请求交给 struts 组件进行处理。

```
<?xml version="1.0" encoding="UTF-8"?>
<web-app version="2.5" xmlns="http://java.sun.com/xml/ns/javaee"
  xmlns:xsi="http://www.w3.org/2001/XMLSchema-instance"
  xsi:schemaLocation="http://java.sun.com/xml/ns/javaee
  http://java.sun.com/xml/ns/javaee/web-app_2_5.xsd">
  <filter>
        <filter-name>Struts2</filter-name>
        <filter-class>
          org.apache.Struts2.dispatcher.ng.filter.StrutsPrepareAndExecuteFilter
        </filter-class>
```

```
  </filter>
  <filter-mapping>
      <filter-name>Struts2</filter-name>
      <url-pattern>/*</url-pattern>
  </filter-mapping>
  <welcome-file-list>
      <welcome-file>index.jsp</welcome-file>
  </welcome-file-list>
</web-app>
```

(6) 建立控制器类 LoginAction，页面输入后导向该 Action，文件名为 LoginAction.java。在 Struts2 中，控制器类和普通类没有太大的区别，Action 如果继承 ActionSupport 类可以使用该父类中的一些功能，如用户验证等。

```
package com.action;
import com.opensymphony.xwork2.ActionSupport;
public class LoginAction extends ActionSupport{
 //Action类公用私有变量,用来做页面导航标志
 private static String FORWARD = null;
 private String username;
 private String password;
 public String getUsername() {
     return username;
 }
 public void setUsername(String username) {
     this.username = username;
 }
 public String getPassword() {
     return password;
 }
 public void setPassword(String password) {
     this.password = password;
 }
 public void validate() {
     if (getUsername() == null || getUsername().trim().equals("")) {
        //返回错误信息键值,user.required包含具体内容见 messageResource.properties
          addFieldError("username", getText("user.required"));
     }
     if (getPassword() == null || getPassword().trim().equals("")) {
          addFieldError("password", getText("pass.required"));
     }
 }
 /* execute方法为继承过来的方法,为控制器的核心方法,负责处理用户的请求操作。用到了
  username、password,在这里 username、password 为外部传入数据,具体如何传入,看下面。execute
  方法的返回类型为字符串,根据返回值的结果可以到 struts.xml 配置文件中查找转向路径 */
 public String execute() throws Exception {
     username = getUsername();                          //属性值即JSP页面上输入的值
     password = getPassword();                          //属性值即JSP页面上输入的值
```

```
        try {
                //判断输入值是否是空对象或没有输入
                if (username.equals("admin")&& password.equals("1234")) {
                    //根据标志内容导航到操作成功页面
                     FORWARD = "success";
                } else {
                    //根据标志内容导航到操作失败页面
                     FORWARD = "input";
                }
        } catch (Exception ex) {
            ex.printStackTrace();
        }
        return FORWARD;
    }
}
```

(7) 在src目录创建一个属性文件。属性文件中描述了资源文件名,文件名为struts.properties,内容为struts.custom.i18n.resources=messageResource。

(8) 在src目录添加一个资源属性文件。该资源文件描述了页面验证错误、错误提示信息。这里是unicode编码,所以中文使用unicode编码。文件名为messageResource.properties。

```
user.required=用户名必填
pass.required=密码必填
```

注意,应该把上述"用户名必填"、"密码必填"转为unicode编码,MyEclipse可以自动转码。

(9) 最后完成的项目结构图如图10.4所示。

(10) 将项目部署到Web服务器中,就该示例再次讨论Struts2运行流程。

首先客户端输入URL: http://localhost:8080/chapter10web/login.jsp,提交按钮按下后向服务器端发出请求,请求/login.action了,该URL被struts过滤器拦截,过滤器根据URL中的路径名login.action读取配置文件,该action对应Action类是LoginAction,则Struts2控制器创建一个LoginAction实例,调用该实例的setUsername以及setPassword函数,实际参数值来源于客户端页面用户输入的username、password两个变量。然后调用LoginAction中的execute函数,根据该函数返回值导向不同的页面。如果是success,导向成功页面success.jsp。如果是input,导向输入页面login.jsp。

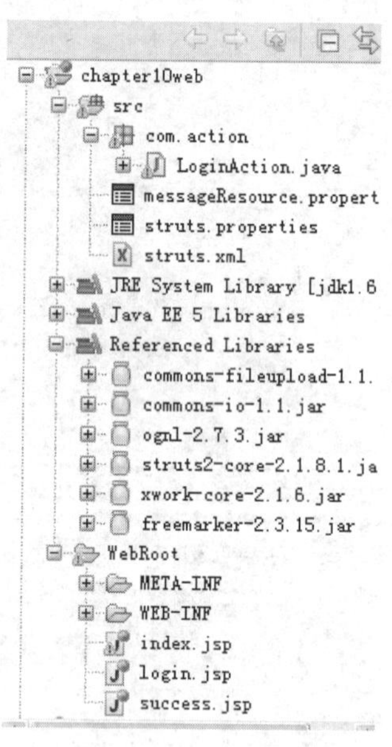

图10.4 项目结构图

10.3 深入理解Struts2的配置文件

Struts2的配置文件很重要,是Struts2的根本。读懂其配置文件就基本了解了Struts2。

1. package 包配置

Struts2 框架配置文件中的包就是由多个 Action、多个拦截器、多个拦截器引用构成。包的作用和 Java 中的类包是非常类似的，它主要用于管理一组业务功能相关的 action，在实际应用中，我们应该把一组业务功能相关的 action 放在同一个包下。

配置包时必须指定 name 属性，该 name 属性值可以任意取名，但必须唯一。如果其他包要继承该包，必须通过该属性进行引用，包的 namespace 属性用于定义该包的命名空间，命名空间作用为访问该包下的 action 路径的一部分。

在 struts. xml 文件中 package 元素用于定义包配置，每个 package 元素定义了一个包配置。它的常用属性有：

- name：必填属性，用来指定包的名字。
- extends：可选属性，用来指定该包继承其他包。继承其他包，可以继承其他包中的 Action 定义、拦截器定义等。
- namespace：可选属性，用来指定该包的命名空间。

通常每个包都应该继承 struts-default 包，因为 Struts2 很多核心功能都是拦截器来实现的，例如，从请求中把请求参数传到 action，文件上传和数据验证等都是通过拦截器实现的，struts-default 定义了这些拦截器和 Result 类型。可以这么说，当包继承了 struts-default 才能使用 Struts2 提供的核心功能，struts-default 包是在 Struts2-core-2. xx. jar 文件中的 struts-default. xml 中定义，struts-default. xml 也是 Struts2 默认配置文件，Struts2 每次都会自动加载 struts-default. xml 文件。

package 还有一个 abstract="true"属性，指定此包为抽象包，和抽象类的概念差不多。说明此包只能被其他包继承，则它里面不允许包含 action 元素。

```
<struts>
    <!-- Struts2 的 action 必须放在一个指定的包空间下定义 -->
    <package name = "default" extends = "struts - default">
      <!-- 定义处理请求 URL 为 login.action 的 Action -->
      <action name = "login" class = "action.LoginAction">
         <!-- 定义处理结果字符串和 URL 之间的映射关系 -->
         <result name = "success">/success.jsp</result>
         <result name = "input">/login.jsp</result>
      </action>
    </package>
</struts>
```

以上示例中配置了一个名为 default 的包，该包定义了一个 Action。

2. namespace 命名空间配置

同一个 Web 应用中可以存在同名的 Action，同名的 Action 不能存在于同一命名空间中。Struts2 以命名空间的方式来管理 Action，不同命名空间可以有同名的 Action。

Struts2 通过为包指定 namespace 属性来为包下面的所有 Action 指定共同的命名空间。把以上示例的配置改为如下形式：

```
<struts>
    <package name="student" extends="struts-default">
        <!-- 定义处理请求 URL 为 login.action 的 Action -->
        <action name="login" class="action.LoginAction">
            <!-- 定义处理结果字符串和 URL 之间的映射关系 -->
            <result name="success">/success.jsp</result>
            <result name="input">/login.jsp</result>
        </action>
    </package>

        <package name="admin" extends="struts-default"
          namespace="/admin">
        <!-- 定义处理请求 URL 为 login.action 的 Action -->
        <action name="adminLogin" class="adminaction.LoginAction">
            <!-- 定义处理结果字符串和 URL 之间的映射关系 -->
         <result name="success">/admin/success.jsp</result>
         <result name="input">/admin/login.jsp</result>
    </action>
  </package>
</struts>
```

如上配置了两个包，即 student 和 admin，配置 admin 包时指定了该包的命名空间为/admin。

- student 包：没有指定 namespace 属性。如果某个包没有指定 namespace 属性，即该包使用默认的命名空间，默认的命名空间总是""""。
- admin 包：指定了命名空间/admin，则该包下所有的 Action 处理的 URL 应该是"命名空间/admin 名"。如上名为 adminaction.LoginAction 的 Action，它处理的 URL 为：

  http://localhost:8080/chapter10web/admin/**adminLogin.action**

3. include 包含配置

在 Struts2 中可以将一个配置文件分解成多个配置文件，这样需要在 struts.xml 中包含其他配置文件。

```
<struts>
  <include file="struts-default.xml"/>
  <include file="struts-student.xml"/>
  <include file="struts-admin.xml"/>
  <include file="struts-user.xml"/>
   ⋮
</struts>
```

10.4 Action 类文件

10.4.1 Action 类形式

在 Struts2 中，Action 不同于 struts1.x 中的 Action。在 Struts2 中 Action 并不需要继

承任何控制器类型或实现相应接口。比如 struts1.x 中的 Action 需要继承 Action 或者 DispatcherAction。

同时 Struts2 中的 Action 并不需要借助于像 struts1.x 中的 ActionForm 获取表单的数据。可以直接通过与表单元素相同名称的数据成员(setter-getter 函数)获取页面表单数据。

虽然 Struts2 中的 Action 原则上不用继承任何类,但是一般需要实现 Action 接口或者继承 ActionSupport 类,重写 execute 方法。如果继承 ActionSupport 类,可以在控制器中增加更多的功能。因为 ActionSupport 本身不但实现了 Action 接口,而且实现了其他的几个接口,让控制器的功能更加强大,例如:

- 提供了 validate 方法,可以对 action 中的数据进行校验;
- 提供了 addFieldError 方法,可以存取 Action 级别或者字段级别的错误消息;
- 提供了获取本地化信息文本的方法 getText;
- 提供了 getLocale 方法,用于获取本地信息。

从以上内容可以看到,继承 ActionSupport 可以完成更多的工作。

可以按照以下两种形式定义 Action 类。

1. 基本形式

从 ActionSupport 类继承。

```
public class LoginAction extends ActionSupport{
        private String username;
        private String password;
        /* getter - setter 代码略 */
        public void validate(){ … }
        public String execute()throws Exception { … }
}
```

2. 普通 JavaBean

```
package com.bean;
public class User {
  private String username;
  private String password;
  /* getter - setter 代码略 */
  public String execute()throws Exception {...}
}
```

10.4.2 Action 动态处理函数

1. Action 默认的 execute 函数

一般客户端请求 URL 被 Struts2 的拦截后,根据 URL 指定 action 名称,查找相应的 action,默认调用 Action 类的 execute 函数。例如:

```
<package name = "chapter10" extends = "struts - default">
    <!-- 通过 Action 类处理才导航的 Action 定义 -->
    <action name = "Login" class = "com.action.LoginAction">
        <result name = "input">/login.jsp</result>
        <result name = "success">/success.jsp</result>
    </action>
</package>
```

2. 如果不用调用默认 execute()，要求调用指定函数 fun()

第一种方法是修改配置文件，修改 action 标记的 method 属性值。

```
<action name = "userLogin" class = "com.action.LoginAction"  method = "fun">
        <result name = "input">/login.jsp</result>
        <result name = "success">/success.jsp</result>
</action>
```

第二种方法是在页面 form 标记 action 属性中指定调用处理方法名，如 Action 类编写如下：

```
public class LoginAction{
    public String fun1() throws Exception{
        ⋮
    }
    public String fun2() throws Exception{
        ⋮
    }
}
```

在页面 form 标记的 action 属性中指定调用处理方法名。

```
<form action = "/login!fun1.action" method = "post">
<form action = "/login!fun2.action" method = "post">
```

3. 使用通配符映射方式

配置文件 admin_ *：定义一系列请求 URL 是 admin_ *.action 模式的逻辑 Action。

```
<action name = "admin_ * "  class = "action.UserAction" method = "{1}">
      <result name = "input">/login.jsp</result>
      <result name = "success">/success.jsp</result>
</action>
```

如上，<action name="admin_ * ">定义一系列请求 URL 是 admin_ *.action 模式的逻辑 Action。同时 method 属性值为一个表达式{1}，表示它的值是 name 属性值中第一个 * 的值。例如，用户请求 URL 为 admin_login.action 时，将调用到 AdminAction 类的 login 方法；用户请求 URL 为 admin_regist.action 时，将调用到 AdminAction 类的 regist 方法。

10.5 Action 访问 Servlet API

在进行 Web 编程时，很多时候需要使用 Servlet 相关对象，如 HttpServletRequest、HttpServletResponse、HttpSession、ServletContext。我们可以将一些信息存放到 session 中，然后在需要的时候取出。Struts2 中提供了一个 ActionContext 类（当前 Action 的上下文对象），此类的 getContext 方法可以得到当前 Action 的上下文，也就是当前 Action 所处的容器环境，进而得到相关对象。下面是该类中提供的几个常用方法：

- public static ActionContext getContext()：获得当前 Action 的 ActionContext 实例。
- public Object get(Object key)：此方法类似于调用 HttpServletRequest 的 getAttribute(String name)方法。
- public void put(Object key,Object value)：此方法类似于调用 HttpServletRequest 的 setAttribute(String name,Object o)。
- public Map getParameters()：获取所有的请求参数。类似于调用 HttpServletRequest 对象的 getParameterMap() 方法。
- public Map getSession()：返回一个 Map 对象，该 Map 对象模拟了 HttpSession 实例。
- public void setSession(Map session)：直接传入一个 Map 实例，将该 Map 实例里的 key-value 对转换成 session 的"属性名－属性值"对。
- public Map getApplication()：返回一个 Map 对象，该对象模拟了该应用的 ServletContext 实例。
- public void setApplication(Map application)：直接传入一个 Map 实例，将该 Map 实例里的 key-value 对转换成 application 的"属性名－属性值"对。

例 10.5　在 Action 类中访问 web context 示例。

```
public class LoginAction extends ActionSupport {
  public String execute() throws Exception{
   if("admin".equals(this.userName) &&"123".equals(this.password)){
      //获取 ActionContext 实例,通过它来访问 Servlet API
      ActionContext context = ActionContext.getContext();
      if(null != context.getSession().get("uName")){
         msg = this.userName + ": 你已经登录过了!";
      }else{
         context.getSession().put("uName", this.userName);
      }
      return  SUCCESS;
    }else{
       msg = "登录失败,用户名或密码错";
       return ERROR;
  }
}
```

Struts2 中通过 ActionContext 来访问 Servlet API，让 Action 彻底从 Servlet API 中分离出来，这种方法最大的好处就是可以脱离 Web 容器测试 Action。

10.6 Struts2 校验框架

输入校验几乎是任何一个系统都需要开发的功能模块，我们无法预料用户如何输入，但是必须全面考虑用户输入的各种情况，尤其需要注意那些非正常输入。Struts2 提供了功能强大的输入校验机制，通过 Struts2 内建的输入校验器，在应用程序中无需书写任何代码，即可完成大部分的校验功能，并可以同时完成客户端和服务器端的校验。如果应用的输入校验规则特别，Struts2 也允许通过重写 validate 方法来完成自定义校验，另外 Struts2 的开放性还允许开发者提供自定义的校验器。

客户端的校验最基础的方法就是在页面写 JavaScript 代码手工校验，服务器端的校验最基础的方法就是在处理请求的 Servlet 的 service()方法中添加校验代码。

Struts2 中可以通过重写 validate 方法来完成输入校验。如果我们重写了 validate 方法，则该方法会应用于此 Action 中的所有提供服务的业务方法。

Struts2 的输入校验流程如下：

(1) 类型转换器负责对字符串的请求参数执行类型转换，并将这此值设置成 Action 的属性值。

(2) 在执行类型转换过程中可能出现异常，如果出现异常，将异常信息保存到 ActionContext 中，conversionError 拦截器负责将其封装到 fieldError 里，然后执行第(3)步；如果转换过程没有异常信息，则直接进入第(3)步。

(3) 通过反射调用 validateXxx()方法，其中 Xxx 是即将处理用户请求的处理逻辑所对应的方法名。

(4) 调用 Action 类里的 validate()方法。

(5) 如果经过上面 4 步都没有出现 fieldError，将调用 Action 里处理用户请求的处理方法；如果出现了 fieldError，系统将转入 input 逻辑视图所指定的视图资源。类型转换流程如图 10.5 所示。

10.6.1 校验示例

例 10.6 校验示例。

(1) 编写一个 Action 类，该 Action 接受页面提交过来的参数。

```
package com.action;
import com.opensymphony.xwork2.ActionSupport;
public class LoginValidateAction extends ActionSupport {
    private String username;
    private String password;
    public String getPassword() {
        return password;
    }
    public void setPassword(String password) {
```

```
            this.password = password;
        }
        public String getUsername() {
            return username;
        }
        public void setUsername(String username) {
            this.username = username;
        }
        public String execute() {
            return SUCCESS;
        }
    }
```

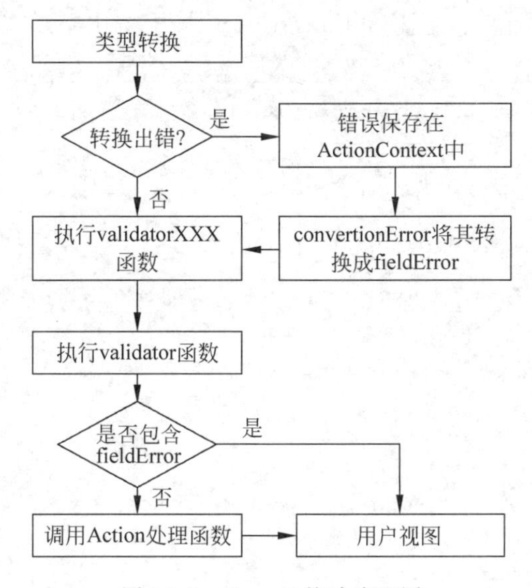

图 10.5 Struts2 校验流程图

(2) 在该 Action 相同的目录下建一个 XML 文件,该文件命名为 ActionNamevalidation.xml,其中 ActionName 为该 Action 的类名,例如,LoginValidateActionvalidation.xml。然后在 XML 配置文件中配置需要验证的字段。

```
<?xml version = "1.0" encoding = "UTF - 8"?>
<!DOCTYPE validators PUBLIC
        " - //OpenSymphony Group//XWork Validator 1.0.3//EN"
        "http://www.opensymphony.com/xwork/xwork - validator - 1.0.3.dtd">
<validators>
    <field name = "username">
        <field - validator type = "requiredstring">
            <message>用户名不能为空</message>
        </field - validator>
    </field>
    <field name = "password">
```

```
            <field-validator type="requiredstring">
                <message>密码不能为空</message>
            </field-validator>
            <field-validator type="stringlength">
            <param name="minLength">6</param>
            <param name="maxLength">16</param>
            <message>密码长度应在6～16个字符之间</message>
            </field-validator>
        </field>
</validators>
```

其中 type 为验证类型，其取值可以在 com/opensymphony/xwork2/validator/validators/default.xml 文件中找到。

(3) 在 struts.xml 文件中配置 Action，在 Action 配置中必须有 input 视图。

```
<action name="validate" class="com.action.LoginValidateAction">
        <result name="input">/login.jsp</result>
          <result>/index.jsp</result>
</action>
```

(4) 添加一个 JSP 页面 loginvalidate.jsp，放入一个 struts 标签<s：fielderror/>。

```
<%@ page language="java" import="java.util.*" pageEncoding="UTF-8"%>
<%@ taglib prefix="s" uri="/struts-tags" %>
<!DOCTYPE HTML PUBLIC "-//W3C//DTD HTML 4.01 Transitional//EN">
<html><body>
<form action="validate" method="post">
     <s:fielderror/><!--用来显示错误-->
     用户名：<input type="text" name="username"><br>
     密码：  <input type="text" name="password"><br>
     <input type="submit" value="提交">
   </form>
</body>
</html>
```

运行结果如图10.6所示。

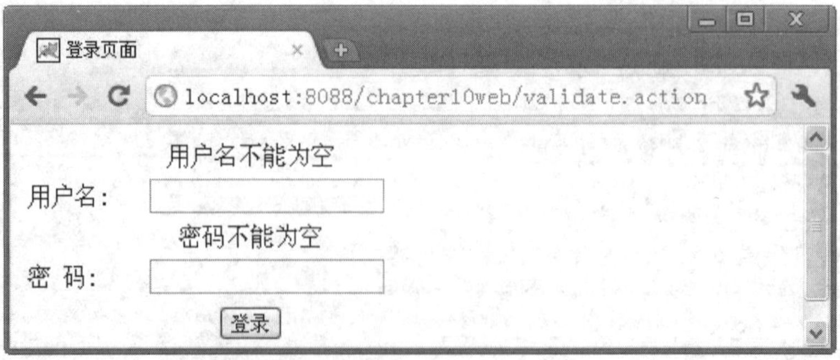

图10.6 loginvalidate.jsp 页面输出结果

10.6.2 常见校验规则

1. 基础的 Struts2 输入校验规则

```
<validators>
<!-- 对必填校验 -->
  <field name="requiredValidatorField">
      <field-validator type="required">
          <message>必填内容</message>
      </field-validator>
  </field>
<!-- 必填字符串校验 -->
  <field name="requiredStringValidatorField">
      <field-validator type="requiredstring">
          <param name="trim">true</param>
          <message>字符串必填校验</message>
      </field-validator>
  </field>
<!-- 对 int 类型的校验 -->
  <field name="integerValidatorField">
      <field-validator type="int">
          <param name="min">1</param>
          <param name="max">10</param>
          <message key="validate.integerValidatorField" />
      </field-validator>
  </field>
<!-- 对日期的校验 -->
  <field name="dateValidatorField">
      <field-validator type="date">
          <param name="min">01/01/1990</param>
          <param name="max">01/01/2000</param>
          <message key="validate.dateValidatorField" />
      </field-validator>
  </field>
<!-- 对 email 的校验 -->
  <field name="emailValidatorField">
      <field-validator type="email">
          <message key="validate.emailValidatorField" />
      </field-validator>
  </field>
<!-- 对 URL 的校验 -->
  <field name="urlValidatorField">
      <field-validator type="url">
          <message key="validate.urlValidatorField" />
      </field-validator>
  </field>
<!-- 对字符串长度的校验 -->
  <field name="stringLengthValidatorField">
```

```
            <field-validator type="stringlength">
                <param name="maxLength">4</param>
                <param name="minLength">2</param>
                <param name="trim">true</param>
                <message key="validate.stringLengthValidatorField" />
            </field-validator>
        </field>
    <!-- 对正则表达式的校验 -->
        <field name="regexValidatorField">
            <field-validator type="regex">
                <param name="expression">.*\.txt</param>
                <message key="validate.regexValidatorField" />
            </field-validator>
        </field>
    <!-- 对字段表达式的校验 -->
        <field name="fieldExpressionValidatorField">
            <field-validator type="fieldexpression">
                <param name="expression">
                    (fieldExpressionValidatorField ==
                    requiredValidatorField)
                </param>
                <message key="validate.fieldExpressionValidatorField" />
            </field-validator>
        </field>
</validators>
```

2. Struts2 中输入校验提示信息的国际化

在 Struts2 的校验中应用国际化也非常简单，看如下 XML 配置代码。

```
<field-validator type="requiredstring">
    <param name="trim">true</param>
    <message key="name.requried"/>
  </field-validator>
  <field-validator type="regex">
   <param name="expression"><![CDATA[(\w{4,25})]]></param>
     <message key="name.regex"/>
  </field-validator>
</field>
```

message 元素指定 key 属性指定的是国际化资源中对应的 key。还可以使用以下配置获取国际化资源中的信息：**<message> ${getText("name.requried")}</message>**。这种方式是通过调用 ActionSupport 类的 getText()方法来获取国际化资源的。

10.6.3 Struts2 中应用客户端输入校验

使用客户端输入校验可以减轻服务器的负担。Struts2 对客户端的输入校验进行了封装，使得我们开发时特别容易。

例 10.7 客户端校验示例。

(1) 编写 JSP 页面。

```
<%@ page language="java" pageEncoding="UTF-8"%>
<%@taglib prefix="s" uri="/struts-tags" %>
<html>
   <head>
    <title>注册页面</title>
   </head>
   <body>
     <s:form action="regist" validate="true">
       <s:textfield label="用户名" name="name"/>
       <s:password label="密码" name="pass"/>
       <s:textfield label="年龄" name="age"/>
       <s:textfield label="生日" name="birth"/>
       <s:submit/>
     </s:form>
   </body>
</html>
```

注意，这里要用 Struts2 的标签，form 的 validate 属性要设置为 true，并且不要将 theme 属性指定为 simple(simple 表示 Struts2 将把这个解析成普通的 HTML 标签)。

(2) 编写校验配置文件。

这里的校验配置文件同原先的配置文件并没有不同，但是这里使用<message key="name.requried"/>无法从全局国际化资源中获取信息，只能使用<message>${getText("name.requried")}</message>方式获取国际化资源。

(3) 部署并运行 JSP 页面。

部署运行后可以查看页面源代码，可以发现自动生成了我们在校验配置文件中对应的 JavaScript 代码。从上面 Struts2 自动生成的 JavaScript 代码可以看到。

注意，Struts2 中并不是所有的服务器端校验都可以转换成客户端校验，客户端校验仅仅支持如下几种校验器。

- required validator：必填校验器；
- requiredstring validator：必填字符串校验器；
- stringlength validator：字符串长度校验器；
- regex validator：表达式校验器；
- email validator：邮件校验器；
- url validator：网址校验器；
- int validator：整数校验器；
- double validator：双精度数校验器。

注意：为指定的方法配置特殊的校验规则。当一个 Action 中有多个业务方法时，我们可能需要对其中的某个方法配置单独的校验规则，比如注册时的要求用户两次输入的密码必须相同等，这时我们可以配置一个单独的校验文件，命名规则为<actionName>-<methodName>-validation.xml，可以看到这里多了一个方法名，这个方法名就是要校验的业务逻辑在 struts.xml 配置文件中配置的 name，这个文件也要同 Action 放在同一个目录下。

10.7 Struts2 拦截器

10.7.1 什么是拦截器

拦截器，在 AOP(Aspect-Oriented Programming)中用于在某个方法或字段被访问之前，进行拦截然后在之前或之后加入某些操作，拦截是 AOP 的一种实现策略。

Struts2 拦截器是动态拦截 Action 调用的对象。它提供了一种机制，使开发者可以定义一个特定的功能模块，这个模块可以在 Action 执行之前或者之后运行，也可以在一个 Action 执行之前阻止 Action 执行，同时也提供了一种可以提取 Action 中可重用的部分的方式。拦截器(Interceptor)是 Struts2 的核心组成部分。很多功能都是构建在拦截器基础之上的，例如，文件的上传和下载、国际化、转换器和数据校验等，Struts2 利用内建的拦截器，完成了框架内的大部分操作。

Struts2 的拦截器和 Servlet 过滤器类似。在执行 Action 的 execute 方法之前，Struts2 会首先执行在 struts. xml 中引用的拦截器，在执行完所有引用的拦截器的 intercept 方法后，会执行 Action 的 execute 方法。

Struts2 拦截器类必须实现 Interceptor 接口或继承 AbstractInterceptor 类。

在 Struts2 中称为拦截器栈(Interceptor Stack)。拦截器栈就是将拦截器按一定的顺序联结成一条链。在访问被拦截的方法或字段时，拦截器链中的拦截器就会按其之前定义的顺序依次被调用。

我们通过 Java 代理实现一个拦截器。可以通过实现 java. lang. reflect. InvocationHandler 接口提供一个拦截处理器，然后通过 java. lang. reflect. Proxy 得到一个代理对象，通过这个代理对象来执行业务方法，在业务方法被调用的同时，执行处理器会被自动调用。

Java 动态代理只能对实现了接口的类生成代理，不能针对类。其实现主要是通过 java. lang. reflect. Proxy 类和 java. lang. reflect. InvocationHandler 接口。Proxy 类主要用来获取动态代理对象，InvocationHandler 接口用来约束调用者实现。

例 10.8 Java 拦截器示例。

(1) 建立一个拦截器的类 MyInterceptor，这里的 before()和 after()方法是以后拦截器会执行的方法。

```
package com.proxy;
public class MyInterceptor {
    public void before() {
        System.out.println("拦截器 MyInterceptor 方法调用: before()!");
    }
    public void after() {
        System.out.println("拦截器 MyInterceptor 方法调用: after()!");
    }
}
```

(2) 模拟一个业务组件接口 ModelInterface 和一个业务组件实现类 ModelImpl。

```
package com.proxy;
public interface ModelInterface {
        public void myfunction();
}
package com.proxy;
public class ModelImpl implements ModelInterface {
    public void myfunction() {
        System.out.println("业务方法调用: myfunction()");
    }
}
```

(3) 创建一个动态代理类 DynamicProxy，这个类是实现 InvocationHandler 接口。InvocationHandler 是代理实例的调用处理程序实现的接口，每个代码实例都具有一个关联的调用处理程序。对代理实例调用方法时，将对方法调用进行编码并将其指派到它的调用处理程序的 invoke 方法。也就是说，调用一个功能，不直接调用原类而去调用它的代理，代理通过反射机制找到它的这个功能的方法。然后代理自己去执行，所以 invoke()会自动执行。

动态代理类的原理实际上是使得当执行一个动态方法的时候，它可以把这个动态方法分配到这个动态类上来，这样就可以在这个方法的前后嵌入自己的一些方法。

```
package com.proxy;
import java.lang.reflect.InvocationHandler;
import java.lang.reflect.Method;
import java.lang.reflect.Proxy;
public class DynamicProxy implements InvocationHandler {
    private Object model;                                      // 被代理对象
    private MyInterceptor inceptor = new MyInterceptor();     // 拦截器
    /* 动态生成一个代理类对象,并绑定被代理类和代理处理器 */
    public Object bind(Object business) {
        this.model = business;
        return Proxy.newProxyInstance(
                //被代理类的 ClassLoader
                model.getClass().getClassLoader(),
                //要被代理的接口,本方法返回对象会自动声称实现了这些接口
                model.getClass().getInterfaces(),
                //代理处理器对象
                this);
    }
    /* 代理要调用的方法,并在方法调用前后调用连接器的方法
     * proxy 代理类对象、method 被代理的接口方法、args 被代理接口方法的参数 */
    public Object invoke(Object proxy, Method method, Object[ ]args)
            throws Throwable {
        Object result = null;
        inceptor.before();
        result = method.invoke(model, args);
        inceptor.after();
```

```
            return result;
        }
    }
```

(4) 下面来写个类测试一下。

```
package com.proxy;
public class TestProxy {
    public static void main(String[ ]args) {
        //生成动态代理类实例
        DynamicProxy proxy = new DynamicProxy();
        //生成待测试的业务组件对象
        ModelInterface obj = new ModelImpl();
        //将业务组件对象和动态代理类实例绑定
        ModelInterface businessProxy = (ModelInterface) proxy.bind(obj);
        //用动态代理类调用方法
        businessProxy.myfunction();
    }
}
```

输出结果如图 10.7 所示。

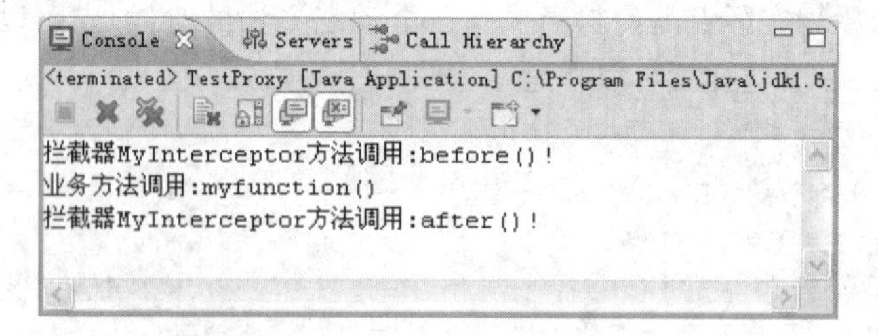

图 10.7 Java 拦截器输出结果

10.7.2 Struts2 拦截器入门

下面建立第一个拦截器示例,来体验 Struts2 框架中的拦截器。

例 10.9 拦截器示例。

(1) 创建一个拦截器的触发页面(test_interceptor.jsp)。

```
<%@ page language = "java" pageEncoding = "UTF-8" %>
<%@ taglib prefix = "s" uri = "/struts-tags" %>
<html>
    <head></head>
    <body>
        <s:form action = "test_interceptor">
            <s:textfield name = "username" label = "username"></s:textfield>
            <s:submit name = "submit"></s:submit>
        </s:form>
    </body>
</html>
```

(2) 定义拦截器类(MyInterceptor1.java)。

```
package com.interceptor;
import com.opensymphony.xwork2.ActionInvocation;
import com.opensymphony.xwork2.interceptor.Interceptor;
public class MyInterceptor1 implements Interceptor {
    public void init() {                        //覆盖 Interceptor 接口中的 init 函数
        System.out.println("拦截器已经被加载");
    }
    public void destroy() {                     //覆盖 Interceptor 接口中的 destroy 函数
        System.out.println("destroy");
    }
    /* 覆盖 Interceptor 接口中的 intercept 函数 */
    public String intercept(ActionInvocation invocation)throws Exception {
        System.out.println("调用 intercept 方法");
    /* invocation.invoke()方法检查是否还有拦截器,有的话继续调用余下的拦截器。没有则
    执行 action 的业务逻辑 */
        String result = invocation.invoke();
        return result;
    }
}
```

(3) Struts2 配置文件,拦截器的映射。

```
<struts>
  <package name="myinterceptor" extends="struts-default">
      <!-- 定义拦截器 -->
      <interceptors>
        <interceptor name="myInterceptor"
              class="com. interceptor.MyInterceptor1"/>
      </interceptors>
      <!-- 配置 action -->
      <action name="test_interceptor" class="com.action.InterceptorTest">
            <result name="success">/interceptorsuccess.jsp</result>
            <result name="input">/test.jsp</result>
            <!-- 将声明好的拦截器插入 action 中 -->
            <interceptor-ref name="myInterceptor" />
            <interceptor-ref name="defaultStack" />
      </action>
  </package>
</struts>
```

(4) 通过拦截器后进入 Action。

```
package com.action;
import com.opensymphony.xwork2.ActionSupport;
public class  InterceptorTest extends ActionSupport {
    private String username;
    public String getUsername() {
```

```
            return username;
        }
        public void setUsername(String username) {
            this.username = username;
        }
        public String execute() throws Exception {
            System.out.println("所有拦截器完毕,调用 action 中的 execute 方法");
            return SUCCESS;
        }
}
```

(5) 通过 Action 处理后的视图页面(interceptorsuccess.jsp)。

```
<%@ page language="java"  pageEncoding="UTF-8"%>
<!DOCTYPE HTML PUBLIC "-//W3C//DTD HTML 4.01 Transitional//EN">
<html>
    <body>通过 Interceptor 处理后的视图页面</body>
</html>
```

运行结果如图 10.8 和图 10.9 所示。

图 10.8 拦截器输出结果 1

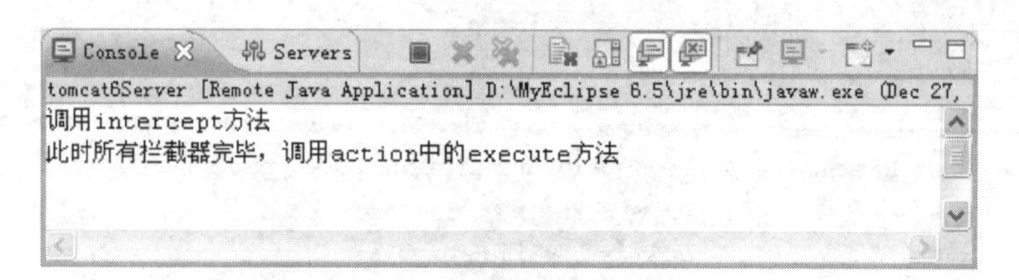

图 10.9 拦截器输出结果 2

针对 struts-default.xml 文件中各个拦截器配置。因为如果使用 Struts2 在 Web 项目开发中,这些拦截器都是默认会被执行的。因此了解一下 Struts2 底层的拦截器到底实现什么功能对开发人员来说是很有帮助的。这里罗列以下部分拦截器。

- chain：在 Web 项目开发中,以前使用 Struts 开发时经常碰到两个 Action 互相传递参数的情况。该拦截器就是让前一 Action 的参数可以在现有 Action 中使用。
- conversionError：从 ActionContext 中将转化类型时发生的错误添加到 Action 的值域错误中,在校验时经常被使用来显示类型转化错误的信息。
- cookie：从 Struts2.0.7 版本开始,可以把 cookie 注入 Action 中可设置的名字或值中。
- createSession：自动创建一个 HTTP 的 Session,尤其是对需要 HTTP 的 Session 的

拦截器特别有用。

- debugging：用来对在视图间传递的数据进行调试。
- exception：将异常和 Action 返回的 result 相映射。
- fileUpload：支持文件上传功能的拦截器。
- i18n：支持国际化的拦截器。
- logger：拥有日志功能的拦截器。
- servletConfig：该拦截器提供访问包含 HttpServletResquest 和 HttpServletResponse 对象的 Map 的方法。
- timer：输出 Action 的执行时间。
- validation：运行在 action-validation. xml（校验章节将介绍）文件中定义的校验规则。

10.7.3 在 Struts2 中配置自定义的拦截器

例 10.10 自定义拦截器示例。

1. 扩展拦截器接口的自定义拦截器配置

```
import com.opensymphony.xwork2.ActionInvocation;
import com.opensymphony.xwork2.interceptor.Interceptor;
 public class Myintercepor2 implements Interceptor  {
    //拦截方法
    public String intercept(ActionInvocation arg) throws Exception {
        Reg reg = (Reg) arg.getAction();
        System.out.println("拦截器信息：HelloWorld拦截器!");
        //执行 Action 或者执行下一个拦截器
        String result = arg.invoke();
        //提示 Action 执行完毕
        System.out.println("拦截器信息：Action执行完毕!");
        return result;
    }
    public void destroy() {
    }
    public void init() {
    }
 }
```

拦截器映射配置如下：

```
<struts>
<!-- Action 所在包定义 -->
<package name="myinterceptor" extends="struts-default">
    <!--  定义拦截器 -->
    <interceptors>
         <interceptor name="Myinterceptor2"
              class="com.zhou.Myintercepor2">
```

```
            </interceptor>
        </interceptors>
        <action name="Reg" class="com.zhou.Reg">
            <result name="success">/success.jsp</result>
            <result name="input">/reg.jsp</result>
            <!-- 引用默认拦截器 -->
            <interceptor-ref name="defaultStack"></interceptor-ref>
            <!-- 引用自定义默认拦截器 -->
            <interceptor-ref name="Myinterceptor2"></interceptor-ref>
        </action>
</package>
</struts>
```

2. 继承抽象拦截器的自定义拦截器配置

```
import com.opensymphony.xwork2.ActionInvocation;
import com.opensymphony.xwork2.interceptor.AbstractInterceptor;
public class MyInterceptor3 extends AbstractInterceptor {
    public String intercept(ActionInvocation arg) throws Exception {
        System.out.println("start invoking...");
        String result = arg.invoke();
        System.out.println("end invoking...");
        return result;
    }
}
```

拦截器映射配置如下：

```
<struts>
    <!-- Action所在包定义 -->
    <package name="myinterceptor" extends="struts-default">
      <!-- 拦截器配置定义 -->
      <interceptors>
        <interceptor name="myInterceptor3" class="com.MyInterceptor3">
        </interceptor>
      </interceptors>
        <action name="Login"
              class="com.zhou.action.LoginAction">
            <result name="input">/login.jsp</result>
            <result name="success">/success.jsp</result>
            <!-- Action拦截器配置定义 -->
            <interceptor-ref name="myInterceptor3"></interceptor-ref>
            <!-- Action拦截器栈配置定义 -->
            <interceptor-ref name="defaultStack"></interceptor-ref>
        </action>
    </package>
</struts>
```

注意：struts.xml 配置文件中默认拦截器栈<default-interceptor-ref >定义。如果定义则所有 Action 都会执行默认拦截器栈的拦截器，并按照顺序从上到下执行。如果哪个拦截器没有通过，则下面的拦截器不会执行。如果没有定义默认拦截器栈，则默认拦截器栈不起作用。

10.8 Struts2 转换器

10.8.1 在 Struts2 中配置类型转换器

在 B/S 应用中，将字符串请求参数转换为相应的数据类型，应该是 MVC 框架提供的基本功能。Struts2 也提供了类型转换功能。

Struts2 的类型转换是基于 OGNL 表达式的，只要把 HTML 输入项命名为合法的 OGNL 表达式，就可以充分利用 Struts2 的转换机制。

除此之外，Struts2 具有很好的扩展性，开发者可以非常方便地开发出自己的类型转换器，完成字符串和自定义复合类型之间的转换。总之，Struts2 的类型转换器提供了非常强大的表现层数据处理机制，开发者可以利用 Struts2 的类型转换机制来完成任意的类型转换。转换分为两种情况：一是从客户端的字符串到自定义类型的转换，二是页面输出时从自定义类型到字符串的转换。

在 Struts2 中分两种转换，一种是局部转换，另一种是全局类型转换。具体转换的实施需要一个转换类和一个自定义类。我们先来看局部类型转换。

对于 int、long、double、char、float 等基本类型，Struts2 会自动完成类型转换，像 age 年龄，在输入页面是 String 型的，到 Action 后会自动转换成 int 型。而如果是转换成其他类型的话，就需要自定义类型转换。这样就需要一个自定义类。要定义一个转换类，需要继承 ognl.DefaultTypeConverter 这个类，这是个类型转换的类。

例 10.11 类型转换示例。

(1) 编写转换类(PointConverter.java)。

```
package com.converter;
import java.util.Map;
import ognl.DefaultTypeConverter;
import com.bean.Point;
public class PointConverter extends DefaultTypeConverter {
public Object convertValue(Map context,Object value,Class toType) {
    /* Map context 页面上下文,Object value 是要进行类型转换的值。如果是从客户端到自定义
    的类,那么 value 是个字符串。注意:它是一个字符串的数组。因为在表单中可以有多个文本
    域,而所有文本域可以是同一个名字,这时是考虑通用性而作为数组处理的。如果只有一个文
    本域,则数组只有一个元素,下标为 0。class toType:来指定向哪一种类型转换,即是向类转换
    还是向客户端转换 */
        if (Point.class == toType) {                              //说明由客户端向类转换
            Point point = new Point();                            //实例化这个类
            String[] str = (String[]) value;
```

```
                String[] values = str[0].split(",");
                //下面部分代码就是进行转换处理
                point.setX(Integer.parseInt(values[0]));
                point.setY(Integer.parseInt(values[1]));
                return point;
            }
            if (String.class == toType) {//说明由类转换成 String
                Point point = (Point) value;//将类转成 String 的代码处理
                return point.toString();
            }
            return null;
        }
    }
```

（2）编写 Point 类。

```
package com.bean;
public class Point {
    private int x, y;
    public String toString() {
        return "(" + x + "," + y + ")";
    }
    public int getX() {
        return x;
    }
    public void setX(int x) {
        this.x = x;
    }
    public int getY() {
        return y;
    }
    public void setY(int y) {
        this.y = y;
    }
}
```

（3）编写 Action 类（TypeConverterAction.java）。

```
package com.action;
import com.bean.Point;
import com.opensymphony.xwork2.ActionSupport;
public class TypeConverterAction extends ActionSupport{
    Point point;
    public String execute() throws Exception {
        System.out.println(point.toString());
        return SUCCESS;
    }
    public Point getPoint() {
        return point;
    }
    public void setPoint(Point point) {
```

```
        this.point = point;
    }
}
```

（4）编写转换属性文件（TypeConverterAction-conversion. properties）。内容为 point＝com. converter. PointConverter。

自定义类、转换类、action 都创建好之后，要创建一个属性文件放置在与 action 在同一包下。该属性文件名为“action 文件名-conversion. properties”。文件中的内容如下：

```
point = 转换类名
```

即

```
point = com.PointConverter
```

注意：

① point 是 Action 的一个属性，转换类指明所使用哪个转换类对此属性进行转换。

② 有两种类型的转换器：一是局部类型转换器。仅仅对某个 Action 的属性起作用。需提供属性文件，文件名：ActionName-conversion. properties；内容：属性名＝类型转换器类，如 date＝com. DateConverter。存放位置与 ActionName 类相同路径。二是全局类型转换器，对所有 Action 的特定类型的属性都会生效。需提供属性文件，文件名：xwork-conversion. properties；内容：java. util. Date＝ com. DateConverter；存放位置在 WEB-INF|classes 目录下。

（5）编写 JSP 页面。

```
<%@ page language = "java" pageEncoding = "UTF - 8" %>
<%@ taglib prefix = "s" uri = "/struts - tags" %>
<html>
  <body>
        <s: form action = "converter">
              <s: textfield name = "point" label = "point"></s: textfield>
              <s: submit name = "submit"></s: submit>
        </s: form>
  </body>
</html>
```

运行结果如图 10.10 所示。

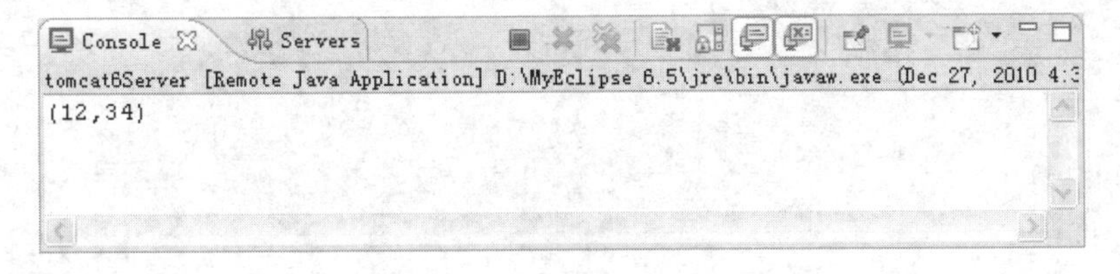

图 10.10 转换器输出结果

类型转换的流程如下：

（1）用户进行请求，根据请求名在 struts. xml 中寻找 Action。

（2）在 Action 中，根据请求域中的名字去寻找对应的 set 方法。找到后在赋值之前会检查这个属性有没有自定义的类型转换。没有的话，按照默认进行转换；如果某个属性已经定义好了类型转换，则会去检查在 Action 同一目录下的 action 文件名——conversion.properties 文件。

(3) 从文件中找到要转换的属性及其转换类。

(4) 然后进入转换类中，在此类中判断转换的方向。我们是先从用户请求开始的，所以这时先进入从字符串到类的转换，返回转换后的对象，流程返回 Action。

(5) 将返回的对象赋值给 Action 中的属性，执行 Action 中的 execute()。

(6) 执行完 execute()方法，根据 struts.xml 的配置转向页面。

(7) 在 JSP 中显示内容时，根据页面中的属性名去调用相应的 get 方法，以便输出。

(8) 在调用 get 方法之前，会检查有没有此属性的自定义类型转换。如果有，再次跳转到转换类当中。

(9) 在转换类中再次判断转换方向，进入由类到字符串的转换，完成转换后返回字符串。

(10) 将返回的值直接带出到要展示的页面当中去显示。

10.8.2 类型转换器应用示例

由于 Struts2 对日期转换显示时，会显示日期和时间，现在项目只需要显示日期，所以采用自定义的类型转换器来实现日期显示。类型转换类如下：

```
public class DateConverter extends StrutsTypeConverter {
private static String DATE_TIME_FOMART_IE = "yyyy-MM-dd HH: mm: ss";
private static String DATE_TIME_FOMART_FF = "yy/MM/dd hh: mm: ss";
public Object convertFromString(Map context, String[] values, Class toClass) {
      Date date = null;
      String dateString = null;
      if (values != null && values.length > 0) {
            dateString = values[0];
            if (dateString != null) {
                  //匹配 IE 浏览器
                  SimpleDateFormat format = new SimpleDateFormat(DATE_FOMART_IE);
                  try {
                      date = format.parse(dateString);
                  } catch (ParseException e) {
                      date = null;
                  }
                  //匹配 Firefox 浏览器
                  if (date == null) {
                      format = new SimpleDateFormat(DATE_FOMART_FF);
                      try {
                         date = format.parse(dateString);
                      } catch (ParseException e) {
                         date = null;
                      }
                  }
            }
      }
      return date;
}
public String convertToString(Map context, Object obj) {
```

```
        //格式化为 date 格式的字符串
        Date date  =  (Date)obj;
        String dateTimeString = DateUtils.formatDate(date);
    }
    }
```

注意：DateUtils.formatDate(date)；是调用该项目一个基础包的公用方法，如果单独使用，直接用日期格式化代码代替。

编写 xwork-conversion.properties 配置文件，其内容设置如下：

```
java.util.Date = com.converter.DateConverter
```

10.9 Struts2 国际化

所谓国际化是指自己的 Web 系统在不同国家或地区被访问。其中的一些主要信息，如注册信息中字段、错误信息提示等，显示结果应该与该地区或国家语言相同。这样用户可以很好地理解网页。Web 系统国际化通过两步来完成，第一，通过将文字内容以特定的方式存放在特定的文件中。第二，在运行时根据当前的语言环境决定从哪个文件中读取文字内容。

Java 中国际化的概念是将不同国家的语言描述的相同的东西放在各自对应的属性文件中，如果这个文件的名字叫做 Message，那么对应语言的文件分别为：

- 中文中国 message_zh_CN._zh_CN.properties；
- 日文日本 message_ja_JP.properties；
- 英文美国 message_en_US.properties。

特殊的方式使用替换 ASCII 的方式，Java 中提供了一个 native2ascii.exe 的工具（在 ${JAVA_HOME}|bin 目录下），这个工具专门用来把某种特定的文字内容转变为特殊的格式。

例如，Message_zh_CN.properties 中的内容为“welcome ＝ 欢迎”。

经过命令 native2ascii Message_zh_CN.properties 之后输出“welcome ＝ \u6b22\u8fce”。这里\u6b22 等的数字是对应汉字的 unicode 表示。

Struts2 的国际化分 3 种情况：前台页面的国际化、Action 类中的国际化、配置文件的国际化。首先指定全局的国际化资源文件，它在配置文件 struts.xml 中引入：

```
<constant name = "struts.custom.i18n.resources" value = "message"></constant>
```

或在 struts.properties 文件中指定一行 struts.custom.i18n.resources＝message。

可以根据语系与国家或地区常见多个资源文件名，当网页在哪个国家或地区被访问，则系统自动读取相应的资源文件。资源文件命名规则为“xxx_语系_地区.properties”。

1. JSP 页面上的国际化

```
<s: i18n name = "message">
 <?! -- key = "hello"依据读取资源文件中的 hello 关键字对应的内容,{0}表示第一个参
数输出位置即 ${username}在这里输出 -->
```

```
  <s: text key = "hello">
  <s: param > $ {username}</s: param >
  </s: text >
</s: i18n >
```

中英文资源如下：

message_en_US. properties 文件配置：

```
hello = hello world,{0}
```

message_zh_CN. properties 文件配置：

```
hello = 你好,{0}
```

2. 表单元素的 Label 国际化

未国际化：

```
< s: textfield name = "username" label = "username"></s: textfield>
< s: textfield name = "password" label = "password"></s: textfield>
```

国际化后：

```
< s: textfield name = "username" key = "uname"></s: textfield>
< s: textfield name = "password" key = "pword"></s: textfield>
```

这里 uname 与 pword 对应资源文件中的 key。

中英文资源如下：

message_en_US. properties 文件配置：

```
uname = username
pword = password
```

message_zh_CN. properties 文件配置：

```
uname = 用户名
pword = 密码
```

3. Action 中的国际化

未国际化：

```
this.addFieldError("username", "the username error!");
this.addFieldError("password", "the password error!");
```

国际化后：

```
this.addFieldError("username", "username.error");
this.addFieldError("password", "password.error");
```

这里 username. error 与 password. error 对应资源文件中的 key。

中英文资源如下：

message_en_US. properties 文件配置：

```
username.error = the username error !
```

```
password.error = the password error!
```

message_zh_CN.properties 文件配置：

```
username.error = 用户名错误!
username.error = 密码错误!
```

4. 配置文件中的国际化

以输入校验的 LoginAction-validation.xml 为例：

```
<field name = "username">
    <field - validator type = "requiredstring">
     <param name = "trim"> true </param>
     <message key = "username.empty"></message>
    </field - validator>
    <field - validator type = "stringlength">
     <param name = "minLength"> 6 </param>
     <param name = "maxLength"> 12 </param>
     <message key = "username.size"></message>
    </field - validator>
</field>
```

这里 username.empty 与 username.siza 对应资源文件的 key。

中英文资源如下：

message_en_US.properties 文件配置：

```
username.empty = the username should not be empty !
username.size = the size of username shoule be between 6 and 12 !
```

message_zh_CN.properties 文件配置：

```
username.empty = 用户名不能为空 !
username.size = 用户名长度在 6 到 12!
```

10.10 Struts2 上传下载

10.10.1 上传文件

在 Java 领域中，有两个常用的文件上传项目：一个是 Apache 组织 Jakarta 的 Common-FileUpload 组件(http://commons.apache.org/fileupload/)，另一个是 Oreilly 组织的 COS 框架(http://www.servlets.com/cos/)。利用这两个框架都能很方便地实现文件的上传。

上传文件主要是通过读写二进制流进行操作的。Form 表单元素的 enctype 属性指定的是表单数据的编码方式，即 multipart/form-data。这种编码方式的表单会以二进制流的方式来处理表单数据，这种编码方式会把文件域指定文件的内容也封装到请求参数里。

1. Struts2 的文件上传

Struts2 并未提供自己的请求解析器，也就是 Struts2 不会自己去处理 multipart/form-data 的请求，它需要调用其他请求解析器将 HTTP 请求中的表单域解析出来。但 Struts2

在原有的上传解析器基础上做了进一步封装，更进一步简化了文件上传。

Struts2 默认使用的是 Jakarta 的 Common-FileUpload 框架来上传文件，因此要在 Web 应用中增加两个 JAR 文件：commons- fileupload-1.2.jar 和 commons-io-1.3.1.jar。

例 10.12 文件上传示例。

(1) 创建带上传表单域的页面(uploadfile.jsp)。

```
<%@ page language="java" contentType="text/html; charset=UTF-8"%>
<html>
<head>
    <title>Struts2 File Upload</title>
</head>
<body>
    <form action="fileUpload" method="POST" enctype="multipart/form-data">
        文件标题: <input type="text" name="title" size="50"/><br/>
        选择文件: <input type="file" name="upload" size="50"/><br/>
       <input type="submit" value=" 上传 "/>
    </form>
</body>
</html>
```

此页面特殊之处只是把表单的 enctype 属性设置为 multipart/form-data。

(2) 创建处理上传请求的 Action 类(FileUploadAction.java)。

```
package com.action;

import java.io.*;
import org.apache.Struts2.ServletActionContext;
import com.opensymphony.xwork2.ActionSupport;

public class FileUploadAction extends ActionSupport {
 private static final int BUFFER_SIZE = 16 * 1024;
 private String title;                          //文件标题
 private File upload;                           //上传文件域对象
 private String uploadFileName;                 //上传文件名
 private String uploadContentType;              //上传文件类型
 private String savePath;                       //保存文件的目录路径(通过依赖注入)

 private static void copy(File src, File dst) {
     InputStream in = null;
     OutputStream out = null;
     try {
         in = new BufferedInputStream(new FileInputStream(src), BUFFER_SIZE);
         out = new BufferedOutputStream(new FileOutputStream(dst),
                 BUFFER_SIZE);
         byte[] buffer = new byte[BUFFER_SIZE];
         int len = 0;
         while ((len = in.read(buffer)) > 0) {
             out.write(buffer, 0, len);
         }
```

```
            in.close();
            out.close();
        } catch (Exception e) {
            e.printStackTrace();
        }
    }

    public String execute() throws Exception {
        //根据服务器的文件保存地址和原文件名创建目录文件全路径
        String dstPath = ServletActionContext.getServletContext()
                .getRealPath(this.getSavePath()) + " " + this.getUploadFileName();
        System.out.println("上传的文件的类型：" + getUploadContentType());
        File dstFile = new File(dstPath);
        copy(this.upload, dstFile);
        return SUCCESS;
    }
    public String getTitle() {
        return title;
    }
    public void setTitle(String title) {
        this.title = title;
    }
    public File getUpload() {
        return upload;
    }
    public void setUpload(File upload) {
        this.upload = upload;
    }
    public String getUploadFileName() {
        return uploadFileName;
    }
    public void setUploadFileName(String uploadFileName) {
        this.uploadFileName = uploadFileName;
    }
    public String getUploadContentType() {
        return uploadContentType;
    }
    public void setUploadContentType(String uploadContentType) {
        this.uploadContentType = uploadContentType;
    }
    public String getSavePath() {
        return savePath;
    }
    public void setSavePath(String savePath) {
        this.savePath = savePath;
    }
}
```

上面这个 Action 类中，提供了 title 和 upload 两个属性来分别对应页面的两个表单域属性，用来封装表单域的请求参数。

但值得注意的是，此 Action 中还有两个属性，即 uploadFileName 和 uploadContentType。这两个属性分别用于封装上传文件的文件名、文件类型，这是 Struts2 设计的独到之处。Struts2 的 Action 类直接通过 File 类型属性直接封装了上传文件的文件内容，但这个 File 属性无法获取上传文件的文件名和文件类型，所以 Struts2 就直接将文件域中包含的上传文件名和文件类型的信息封装到 uploadFileName 和 uploadContentType 属性中，也就是说 Struts2 针对表单中名为 xxx 的文件域，在对应的 Action 类中使用 3 个属性来封装该文件域信息。

- 类型为 File 的 xxx 属性：用来封装页面文件域对应的文件内容；
- 类型为 String 的 xxxFileName 属性：用来封装该文件域对应的文件的文件名；
- 类型为 String 的 xxxContentType 属性：用来封装该文件域应用的文件的文件类型。

另外，在这个 Action 类中还有一个 savePath 属性，它的值是通过配置文件来动态设置的，这也是 Struts2 设计中的一个依赖注入特性的使用。

(3) 配置 struts. xml 文件。

```
<struts>
    <package name = "fileUploadDemo" extends = "struts - default">
        <action name = "fileUpload" class = " com.action.FileUploadAction">
            <!-- 动态设置 Action 中的 savePath 属性的值 -->
            <param name = "savePath">/upload</param>
            <result name = "success">/showupload.jsp</result>
        </action>
    </package>
</struts>
```

在这个文件中跟以前配置唯一不同的是给 Action 配置了一个<param…/>元素，用来为该 Action 的 savePath 属性动态注入值。

(4) 运行调试。运行前要在根目录下创建一个名为 upload 的文件夹，用来存放上传后的文件。

2. 文件上传设置

Struts2 提供了一个文件上传的拦截器(名为 fileUpload)，通过配置这个拦截器，可以轻松地实现文件类型的过滤。在上例中，若要配置上传的文件只能是一些普通的图片文件格式，如 image/bmp、image/png、image/gif、image/jpeg、image/jpg 等，则可在 struts. xml 文件中按如下方式配置：

```
<struts>
    <constant name = "struts.custom.i18n.resources" value = "messages"/>
    <package name = "fileUploadDemo" extends = "struts - default">
        <action name = "fileUpload"
                class = "org.qiujy.web.Struts2.FileUploadAction">
                <interceptor - ref name = "fileUpload">
                  <!-- 配置允许上传的文件类型,多个用","分隔 -->
                  <param name = "allowedTypes">
                  application/octet - stream,application/x - zip - compressed,image/bmp,
```

```
                image/png,image/gif,image/jpeg,image/jpg,image/x-png, image/pjpeg
                </param>
                <!-- 配置允许上传的文件大小,单位字节 -->
                <param name="maximumSize">102400</param>
            </interceptor-ref>
            <interceptor-ref name="defaultStack" />
            <!-- 动态设置 Action 中的 savePath 属性的值 -->
            <param name="savePath">/upload</param>
            <result name="input">/index.jsp</result>
            <result name="success">/showupload.jsp</result>
        </action>
    </package>
</struts>
```

还要注意一些问题：

(1) 如果上传过程中出现错误,Struts2 首先将错误信息放在 request 对象中。然后导向 inputinput 指定的页面,而不是上传文件的页面。可以通过 String error = this.getFieldErrors().get("file").toString();(file 指 Struts2 file 标签里 name 的名字)把错误信息读取出来。最后在 input 指定的页面显示错误信息。

(2) 要注意 Struts2 默认文件上传最大为 2MB,即便设置了<param name="maximumSize">5242880</param>,当上传的文件大于 2MB 时也会出错的。这时要设置另外一个常量<constant name="struts.multipart.maxSize" value="1000000000"/>,要让 value 设置得比限定的上传最大值要大一点。

10.10.2 文件下载

下载文件是开发环节中不可缺少的一环,那么下面就来看一下如何在 Struts2 中实现文件的下载功能。

例 10.13 文件下载示例。

(1) 编写一个下载页面(download.jsp)。

```
<%@ page contentType="text/html; charset=gb2312" %>
<%@ taglib uri="/struts-tags" prefix="s" %>
<html>
  <a href="download.action">下载文件</a>
</html>
```

(2) 编写一个 Action(DownloadAction.java)。

```
import java.io.*;
import com.opensymphony.xwork2.ActionSupport;
public class DownloadAction extends ActionSupport {

   public InputStream getDownloadFile() {
     File file = new File("c:\\userlist.xls");
     FileInputStream fis = null;
     try {
```

```
            fis = new FileInputStream(file);
        } catch (FileNotFoundException e) {
            e.printStackTrace();
        }
        return fis;
    }
    public String execute() throws Exception {
        return super.execute();
    }
}
```

(3) 改写 struts. xml 配置文件。

```
<package name = "default" extends = "struts - default">
  <action name = "download" class = "DownloadAction">
    <result name = "success" type = "stream">
        <param name = "contentType"> application/vnd.ms - excel
          </param>
        <param name = "contentDisposition">
          attachment;filename = "AllUsers.xls"
          </param>
        <param name = "inputName"> downloadFile </param>
    </result>
  </action>
</package>
```

注意：因为这里待下载的是一个 Excel 类型的文件，配置设置属性：

- 参数 contentType 的地方指定为 application/vnd. ms-excel；
- 并且指定以附件下载的方式，而不是在浏览器中打开的方式 attachment；
- 在下载提示框中指定的下载文件名字为 AllUser. xls；
- 最后参数 inputName 指定为 downloadFile，这个参数值对应要在 Action 定义的下载使用的方法名。

10.11 Struts2 标签使用

Struts2 的标签分为两大类，即非 UI 标签和 UI 标签。UI 标签又可以分为表单 UI 和非表单 UI 两部分。

10.11.1 Struts2 常用 UI 标签使用

Struts2 加了几个我们经常在项目中用到的控件，如 datepicker、doubleselect、timepicker、optiontransferselect 等。其使用都比较简单，我们先介绍几个标签作为入门，标签的使用只要需要时查找标签示例就可以。最后通过一个综合例子说明其使用。请仔细研究该示例。

1. 单行文本框

Textfield 标签输出一个 HTML 单行文本输入控件，等价于 HTML 代码＜input type＝"text"＞，其属性如表 10.1 所示。

表 10.1 Textfield 标签属性

名称	必需	类型	描述
maxlength	否	Integer	文本输入控件可以输入字符的最大长度
readonly	否	Boolean	当该属性为 true 时，不能输入
size	否	Integer	指定可视尺寸
id	否	Object/String	用来标识元素的 ID。在 UI 和表单中为 HTML 的 ID 属性

以下是示例：

```
<s: form action = "login" method = "post">
  <s: textfield name = "userid" label = "用户名"></s: textfield>
</s: form>
```

2. 下拉列表

s：select 标签输出一个下拉列表框，相当于 HTML 代码中的＜select/＞。其属性如表 10.2 所示。

表 10.2 s：select 标签属性

名称	必需	类型	描述
list	是	Cellection Map Enumeration Iterator array	要迭代的集合，使用集合中的元素来设置各个选项，如果 list 的属性为 Map，则 Map 的 key 成为选项的 value，Map 的 value 会成为选项的内容
listKey	否	String	指定集合对象中的哪个属性作为选项的 value
listValue	否	String	指定集合对象中的哪个属性作为选项的内容
headerKey	否	String	设置当用户选择了 header 选项时，提交的 value，如果使用该属性，不能为该属性设置空值

以下是示例：

```
<s: form>
  <s: select label = "城市" name = "city" list = "{'北京','上海','天津','南京'}"/>
</s: form>
<h3>使用 name 和 list 属性，list 属性的值是一个 Map</h3>
<s: form>
  <s: select label = "城市" name = "city"  list = "#{1: '北京',2: '上海',3: '天津',4: '南京'}"/>
</s: form>
<h3>使用 headerKey 和 headerValue 属性设置 header 选项</h3>
<s: form>
  <s: select label = "城市" name = "city" list = "{'北京','上海','天津','南京'}"
      headerKey = "-1" headerValue = "请选择您所在的城市"/>
</s: form>
```

```
<h3>使用emptyOption属性在header选项后添加一个空的选项</h3>
<s:form>
  <s:select label="城市" name="city" list="{'北京','上海','天津','南京'}"
      headerKey="-1" headerValue="请选择您所在的城市"
      emptyOption="true"/>
</s:form>
```

3. 复选框组

s：checkboxlist 对应 Action 中的集合，其属性如表 10.3 所示。

表 10.3 复选框组标签属性

名　称	必需	类　型	描　述
list	是	Cellection Map Enumeration Iterator array	要迭代的集合，使用集合中的元素来设置各个选项，如果 list 的属性为 Map，则 Map 的 key 成为选项的 value，Map 的 value 会成为选项的内容
listKey	否	String	指定集合对象中的哪个属性作为选项的 value
listValue	否	String	指定集合对象中的哪个属性作为选项的内容

以下是示例：

```
<s:form>
  <s:checkboxlist name="interest" list="{'足球','篮球','排球','游泳'}" label="兴趣爱好"/>
</s:form>
```

4. 日期控件

要使用日期控件需要添加 Struts2-dojo-plugin.2.1.8.1.jar。

```
<%@ page language="java" pageEncoding="ISO-8859-1"%>
<%@ taglib prefix="s" uri="/struts-tags"%>
<%@ taglib prefix="sd" uri="/struts-dojo-tags"%>
<html>
<body>
  <s:form method="post" theme="simple">
    <sd:datetimepicker name="startDate" toggleType="explode"
      toggleDuration="400" displayFormat="yyyy-MM-dd" id="start"
      value="today" label="date">
    </sd:datetimepicker>
    <s:submit value="submit"></s:submit>
  </s:form>
</body>
```

5. 综合示例

例 10.14 综合示例(uitagtest.jsp)。

```
<%@ page language="java" pageEncoding="UTF-8"%>
<%@ taglib prefix="s" uri="/struts-tags"%>
```

```
<html>
<body>
   <s: form action="userreg" method="post">
      <b>Textfield 标签 -- 单行文本输入控件</b>
       <s: textfield name="uname" label="用户名" value="admin" size="20" />
       <b>Textarea 标签 -- 多行文本输入控件</b>
       <s: textarea name="note" label="备注" rows="4" cols="10" />
       <b>Radio 标签 -- 单选按钮</b>
       <s: radio label="性别" name="sex" list="#{'male': '男','female': '女'}" />
       <b>checkboxlist -- 标签复选框</b>
       <s: checkboxlist name="hobby" label="爱好"list="{'体育','音乐','读书'}"/>
       <b>Select 标签 -- 下拉列表框</b>
       <i>使用 name 和 list 属性,list 属性的值是一个列表: </i>
       <s: select label="最终学历" name="education" multiple="true"
                    list="{'初中','高中','本科','硕士','博士'}" size="3"/>
       <b>doubleselect 标签 -- 关联 HTML 列表框,产生联动效果</b>
        <s: doubleselect label="请选择所在的省市"
                name="province"  list="{'安徽省','上海市'}"
                doubleName="city"
                doubleList="top=='安徽省'?{'合肥市','马鞍山市','芜湖市'}:
                {'杨浦区','浦东新区','静安区','闸北区'}" />
        <hr>
        <b>updownselect 标签 -- 带有上下移动的按钮的列表框</b>
        <s: updownselect name="books" label="请选择您想选择的书籍"
              labelposition="top" moveUpLabel="up" moveDownLabel="down"
              selectAllLabel="all" list="#{1: 'Java EE 编程技术',
                2: 'AOP 编程技术', 3: 'C++',4: '开源编程技术'}"
              listKey="key" listValue="value" size="2" />
        <b>optiontransferselect 标签</b>
        <s: optiontransferselect label="最喜欢的节日" name="likejr"
               list="{'五一劳动节', '国庆节', '春节'}"
               doubleName="cBook"
               doubleList="{'元旦', '圣诞节', '万圣节'}" />
    </s: form>
 </body>
</html>
```

10.11.2 Struts2 常用非 UI 标签使用

1. 执行基本的条件流转 if、elseif 和 else

在 Struts2 if 标签里,可以直接使用 test="xxx==value"的方式进行值的比较,和 Java 的 if 语义一样,但是要注意这里的"=="和 Java 里的"=="是不一样的。在 Struts2 if 标签里会智能判断 xxx 的类型,无论是 int、double 还是 String 类型,都可以直接把 value 写成想要比较的值。请看如下代码。

```
<s: if test="strValue== 'value'"> String 比较</s: if>
<s: if test="intValue==3"> int 比较</s: if>
<s: if test="doubleValue==1.23"> double 比较</s: if>
```

2. 用于遍历集合标签

如果指定了 status，每次的迭代数据都有 IteratorStatus 的实例，它有以下几个方法：

- int getCount()返回当前迭代了几个元素；
- int getIndex()返回当前元素索引；
- boolean isEven()判断当前的索引是否偶数；
- boolean isFirst()判断当前是否第一个元素；
- boolean isLast()判断是否到达最后一条记录；
- boolean isOdd()判断当前元素索引是否奇数。

如以下示例：

```
<s: iterator value = "{'a','b','c'}"  var = 'curchar' status = 'statusvar'>
    <s: if test = "#statusvar.Even">
          现在的索引是奇数为：<s: property value = '#statusvar.index'/>
    </s: if>
     当前元素值：<s: property value = 'curchar' />
</s: iterator>
```

Struts2 的 s：iterator 标签用以遍历集合或数组中所有元素。s：iterator 标签有 3 个属性："value"为被迭代的集合、"var"指定集合里面的元素、status 为迭代元素的状态。

例 10.15 Struts2 迭代标记示例。

```
<%@ page language = "java" import = "java.util.*" pageEncoding = "utf-8" %>
<%@ taglib prefix = "s" uri = "/struts-tags" %>
<%
        List list = new ArrayList();
        list.add("Max");
        list.add("Scott");
        list.add("Jeffry");
        list.add("Joe");
        list.add("Kelvin");
        request.setAttribute("names", list);
%>
<html>
        <body>
            <h3>Names: </h3>
            <ol>
                <s: iterator value = "#request.names" var = "name" status = "stuts">
                    <s: if test = "#stuts.odd == true">
                        <li><font color = gray>${name}</font></li>
                    </s: if>
                    <s: else><li><s: property /></li></s: else>
                </s: iterator>
            </ol>
        </body>
</html>
```

运行结果如图 10.11 所示。

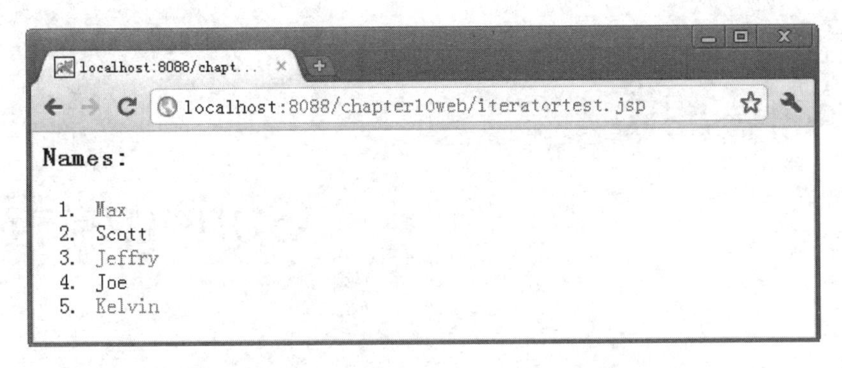

图 10.11 迭代标记输出结果

3. 加载资源 i18n

如源代码目录已经建立文件 src\ ApplicationMessages. properties 内容为：

```
HelloWorld = Hello Wrold!
```

例 10.16 加载资源文件示例。

```
<%@ page language = "java" import = "java.util.*" pageEncoding = "utf - 8" %>
  <%@ taglib prefix = "s" uri = "/struts - tags" %>
  <!DOCTYPE HTML PUBLIC " - //W3C//DTD HTML 4.01 Transitional//EN">
  <html>
      <head> <title> Internationization </title> </head>
      <body>
          <h3>
                <s: i18n name = "ApplicationMessages">
                  <s: text name = "HelloWorld" />
                </s: i18n>
          </h3>
      </body>
  </html>
```

10.12 本章小结

这一章介绍了第二个框架 Struts2，它实现了 View 以及 Controller 层。Struts2 基于 MVC 架构，框架结构清晰。使用 Struts2 进行开发，关注点绝大部分是在如何实现业务逻辑上，开发过程十分清晰明了。学习 Struts2 首先要理解 Struts2 的框架以及运行流程，读懂其配置文件，然后是理解 Struts2 的校验框架以及拦截器。拦截器这个概念有点难，其实和 Filter 有点类似。最后才是 Struts2 的常见技巧，如标签的使用等。

第11章 Spring编程

11.1 Spring开源框架

Spring在英语中含义是春天，对于Java EE开发者来说，Spring框架的出现确实带来了一股全新的春天的气息。早在2002年，Rod Johson在其编著的*Expert one to one J2EE design and development*一书中，对Java EE框架臃肿、低效、脱离现实的种种现状提出了很多质疑，并积极寻求探索革新之道，而且主导编写了interface21框架。interface21是从实际需求出发，着眼于轻便、灵巧，易于开发、测试和部署的轻量级开发框架。以interface21框架为基础，集成了其他许多开源成果，并于2004年3月24日，发布了1.0正式版，取名为Spring。Spring是为了解决企业应用程序开发复杂性而创建的，其最大特色就是将Spring分成了几个大的模块，可以选择使用其中一个模块或多个模块为应用程序服务。Spring的核心是个轻量级容器，实现了IoC(控制翻转)模式的容器，基于此核心容器所建立的应用程序，可以达到程序组件的松散耦合(Loose coupling)。这些特性都使得整个应用程序维护简化。Spring框架核心由图11.1所示的7个模块组成。

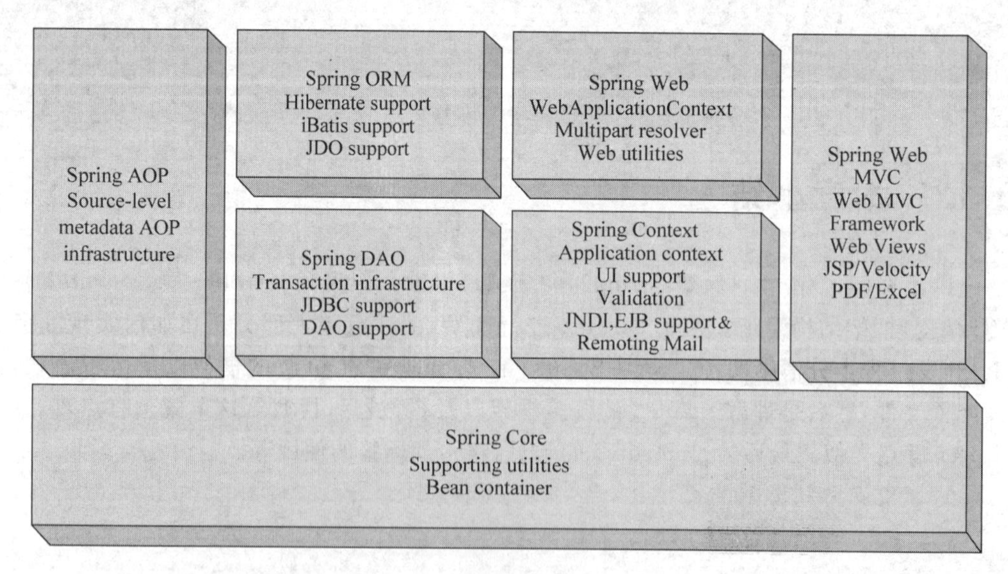

图11.1 Spring模块架构图(来源于Spring官网)

下面解释图中的各个模块：

1．核心容器(Core)

这是Spring框架最基础的部分，它提供了依赖注入(Dependency Injection)特征来实现容器对Bean的管理。这里最基本的概念是BeanFactory，它是任何Spring应用的核心。BeanFactory是工厂模式的一个实现，它使用IoC将应用配置和依赖说明从实际的应用代码中分离出来。核心容器提供Spring框架的基本功能。核心容器的主要组件是BeanFactory，它是工厂模式的实现。BeanFactory使用控制反转(IOC)模式将应用程序的配置和依赖性规范与实际的应用程序代码分开。

2．AOP模块

AOP即面向切面编程技术，Spring在它的AOP模块中提供了对面向切面编程的丰富支持。AOP允许通过分离应用的业务逻辑与系统级服务(如安全和事务管理)进行内聚性的开发。应用对象只实现它们应该做的——完成业务逻辑，仅此而已。它们并不负责其他的系统级关注点，如日志或事务支持。

Spring的AOP模块也将元数据编程引入了Spring。使用Spring的元数据支持，可以为源代码增加注释，指示Spring在何处以及如何应用切面函数。

3．对象/关系映射集成模块ORM

我们已经学习了Hibernate，这是成熟的ORM产品，Spring并没有自己实现ORM框架，而是集成了几个流行的ORM产品，如Hibernate、JDO和iBATIS等。可以利用Spring对这些模块提供事务支持等。

4．JDBC抽象和DAO模块

很有意思的是Spring不仅是集成了几个ORM产品，也可以不选择这几款产品，因为Spring提供了JDBC和DAO模块。该模块对现有的JDBC技术进行了优化，可以保持数据库访问代码干净简洁，并且可以防止因关闭数据库资源失败而引起的问题。

5．Spring的Web模块

Web上下文模块建立于应用上下文模块之上，提供了一个适合于Web应用的上下文。另外，这个模块还提供了一些面向服务的支持。例如，实现文件上传的multipart请求。它也提供了Spring和其他Web框架的集成，如Struts、WebWork。

6．应用上下文(Context)模块

核心模块的BeanFactory使Spring成为一个容器，而上下文模块使它成为一个框架。Web上下文模块建立于应用上下文模块之上，提供了一个适合于Web应用的上下文。另外，这个模块还提供了一些面向服务支持这个模块扩展了BeanFactory的概念，增加了对国际化(I18N)消息、事件传播以及验证的支持。

另外，这个模块提供了许多企业服务，如电子邮件、JNDI访问、EJB集成、远程以及时序

调度(scheduling)服务等。也包括对模版框架,如 Velocity 和 FreeMarker 集成的支持。

7. Spring 的 MVC 框架

Spring 为构建 Web 应用提供了一个功能全面的 MVC 框架。虽然 Spring 可以很容易地与其他 MVC 框架集成,如 Struts2,但 Spring 的 MVC 框架使用 IoC 对控制逻辑和业务对象提供了完全的分离。

为什么使用 Spring?

- 方便耦合,简化开发。通过 Spring 提供的 IoC 容器,我们可以将对象之间的依赖关系交由 Spring 进行控制,避免硬编码所造成的过度程序耦合。有了 Spring,用户不必再为单实例模式类、属性文件解析等这些很底层的需求编写代码,可以更专注于上层的应用。
- AOP 编程的支持。通过 Spring 提供的 AOP 功能,方便进行面向切面的编程,许多不容易用传统 OOP 实现的功能可以通过 AOP 轻松应付。
- 声明式事务的支持。在 Spring 中,我们可以从单调烦闷的事务管理代码中解脱出来,通过声明式方式灵活地进行事务的管理,提高开发效率和质量。
- Spring 很好地集成了其他较成熟的开源产品,如 Struts、Hibernate 等。几乎在 J2EE 每个编程领域都有 Spring 的优化。
- Spring 可以消除规定多样的定制属性文件的需要,用一致的配置操作贯穿整个应用和项目。多样的属性键或者系统属性寻找使用户不得不去读 Javadoc 或者甚至是源代码。然而,Spring 可以使用户非常简单地看到这些 class 的 JavaBean 的属性。倒置控制的用法可以帮助完成简化。
- Spring 可以更容易培养良好的编程习惯,利用接口代替类 classe 减弱编程成本,降至最小。Spring 的设计使依靠很少的 APIs 建立应用成为可能。在 Spring 应用中的许多业务对象根本不要依靠 Spring,利用 Spring 建立的应用可以使单元测试变得非常简单。
- Spring 提供了一致的数据访问框架,无论是用 JDBC,还是用像 Hibernate 一样的 O/Rmapping 产品。

11.2 Spring 入门示例

下面通过一个示例来说明在项目中如何使用 Spring。建立好 Web 工程或 Java 工程后在 MyEclipse 中可以加入 Spring 的支持,导入 Spring 的核心包。如果是 Eclipse 则在 Spring 网站上下载 Spring 的核心包并加入到工程中。

例 11.1 Spring 入门示例。

(1) 编写一个普通的 Java 类(JavaBean)。

```
package com.zhou;
public class Hello {
    public void sayHello(String name){
```

```
        System.out.println("Hello " + name);
    }
}
```

(2) 在 Spring 配置文件 applicationContext.xml

将 JavaBean 由 Spring 容器来管理。

```
<?xml version = "1.0" encoding = "UTF - 8"?>
< beans xmlns = "http://www.springframework.org/schema/beans"
        xmlns: xsi = "http://www.w3.org/2001/XMLSchema - instance"
        xsi: schemaLocation = "http://www.springframework.org/schema/beans
       http://www.springframework.org/schema/beans/spring - beans - 2.5.xsd">
        <! -- 在 Spring 中配置 bean 的 id 以及所对应的类 -- >
        < bean  id = "hello" class = "com.zhou.Hello"></bean >
</beans >
```

(3) 如何使用 Spring 容器配置的 Bean。

```
public class Test {
 public static void main(String[]args) {
  /* 读取 Spring 配置文件,创建一个 Bean 工厂 */
  BeanFactory factory = new  ClassPathXmlApplicationContext(
          "applicationContext.xml");
  /* 读取 Spring 容器一个称为 hello 的 bean,Spring 容器自动创建对象实例 */
  Hello h = (Hello)factory.getBean("hello");
  h.sayHello("zhou");
 }
}
```

例 11.2 Spring 入门示例 2。

该例中将使用面向接口编程技术,请仔细体会其中的好处。

(1) 创建一个接口。

```
package com.dao;
public interface UserDao {
       public void save(String uname,String pwd);
}
```

(2) 创建一个实现类将用户信息保存到 MySQL 数据库中。

```
package com.dao;
public class UserDaoMysqlImpl implements UserDao {
       public void save(String uname, String pwd) {
        System.out.println(" --- UserDaoMysqlImpl --- ");
       }
}
```

(3) 创建一个实现类将用户信息保存到 Oracle 数据库中。

```
package com.dao;
public class UserDaoOracleImpl implements UserDao {
```

```
        public void save(String uname, String pwd) {
          System.out.println(" --- UserDaoOracleImpl --- ");
        }
}
```

(4) 创建一个管理类并将接口对象作为其属性。

```
package com.manager;
import   com.dao.*;
public class UserManager {
    private   UserDao dao;                             //将接口对象作为其属性
    public void save(String uname,String upwd){
      dao.save(uname, upwd);
    }
    public UserDao getDao() {
      return dao;
    }
    public void setDao(UserDao dao) {
    this.dao = dao;
    }
}
```

(5) 在 Spring 配置文件 applicationContext.xml。

将 JavaBean 由 Spring 容器来管理。

```
<?xml version="1.0" encoding="UTF-8"?>
<beans
    xmlns="http://www.springframework.org/schema/beans"
    xmlns:xsi="http://www.w3.org/2001/XMLSchema-instance"
  xsi:schemaLocation="http://www.springframework.org/schema/beans
  http://www.springframework.org/schema/beans/spring-beans-2.5.xsd">
    <!-- 配置 Bean 使 Bean 可以由 Spring 容器管理 -->
  <bean id="oracleimpl" class="com.dao.UserDaoOracleImpl"></bean>
  <bean id="mysqlimpl" class="com.dao.UserDaoMysqlImpl"></bean>
  <!-- manager 的 dao 这个属性值依赖 Spring 来注入,可以在程序中无需代码改变,就可以注入不
    同实例,本例中向 oracle 保存数据就注入 oracleimpl,如果后来向 MySQL 中保存数据只需要修改
    注入实例,即注入 mysqlimpl 即可,代码并没有改变 -->
  <bean id="manager" class="com.manager.UserManager">
    <property name="dao" ref="oracleimpl"></property>
  </bean>
</beans>
```

(6) 编写测试类。

```
public class Test {
    public static void main(String[]args) {
      /*读取 Spring 配置文件,创建一个 Bean 工厂*/
      BeanFactory factory = new   ClassPathXmlApplicationContext(
                                            "applicationContext.xml");
```

```
        /* 读取 Spring 容器一个称为 hello 的 bean,Spring 容器自动创建对象 */
        UserManager  manager = (Hello)factory.getBean("manager ");
        manager. save ("admin","1234");
        /* 因为注入的是 oracleimpl,所以将信息保存到 Oracle 数据库中 */
    }
}
```

11.3 Spring IOC 控制反转

IoC(Inversion of Control),中文译为控制反转,也可以叫做 DI(Dependency Injection,依赖注入)。控制反转模式的基本概念是:不直接创建对象,但是描述创建它们的方式。在工程中使用该 Bean 时,由 Spring 容器创建 Bean 的实例。在代码中不直接与对象和服务连接,但要在配置文件中描述哪一个组件需要哪一项服务。

11.3.1 Spring 依赖注入

Spring 注入(又称依赖注入 DI)的目的是为其中 bean 的属性赋值。

例 11.3 通过 Setter 方法(一般属性赋值,即基本类型赋值示例)。

(1) 编写 JavaBean。

```
package com;
public class User {
     private String uname, ubirth;
     private int id;
    public String getUname() {
        return uname;
    }
    public void setUname(String uname) {
        this.uname = uname;
    }
    public String getUbirth() {
          return ubirth;
    }
    public void setUbirth(String ubirth) {
        this.ubirth = ubirth;
    }
    public int getId() {
        return id;
    }
    public void setId(int id) {
        this.id = id;
    }
}
```

(2) 在配置文件中注入属性的初始值。

```
<bean  id="user" class="com.User">
   <property name="uname" value="zhou"></property>
   <property name="ubirth" value="2000-12-12"></property>
   <property name="id" value="123"></property>
</bean>
```

例 11.4 一般对象注入。

(1) 编写 JavaBean。

```
package com;
public class UserManager {
 private User user;
 public User getUser() {
     return user;
 }
 public void setUser(User user) {
     this.user = user;
 }
 public void show(){
     System.out.println(user.getId() + "," + user.getUbirth());
 }
}
```

(2) 在配置文件中注入属性的初始值。

```
<bean  id="user" class="com.User">
   <property name="uname" value="zhou"></property>
   <property name="ubirth" value="2000-12-12"></property>
   <property name="id" value="123"></property>
</bean>
<bean id="usermanager" class="com.UserManager">
   <property name="user"  ref="user"></property>
</bean>
```

例 11.5 通过构造函数注入示例。

(1) 编写 JavaBean。

```
package com;
public class User {
      private String uname,ubirth;
      private int id;
      /* set-get 代码略 */
     public User(String uname, String ubirth, int id) {
       super();
       this.uname = uname;
       this.ubirth = ubirth;
       this.id = id;
     }
    public User() {
```

```
    }
}
```

(2) constructor-arg 没有指定 index 属性,则按照写的顺序一次给构造函数赋值。

```
<bean  id = "user" class = "com.User">
  <constructor - arg value = "zhang san"></constructor - arg>
  <constructor - arg value = "1990 - 12 - 12"></constructor - arg>
  <constructor - arg value = "1001"></constructor - arg>
</bean>
<bean id = "usermanager" class = "com.UserManager">
  <property name = "user"  ref = "user"></property>
</bean>
```

或者指定参数的顺序。

```
<bean id = "user" class = "com.User">
    <constructor - arg index = "1" value = "1990 - 12 - 12"></constructor - arg>
    <constructor - arg index = "2" value = "1001"></constructor - arg>
    <constructor - arg index = "0" value = "zhang san"></constructor - arg>
</bean>
<bean id = "usermanager" class = "com.UserManager">
  <property name = "user" ref = "user"></property>
</bean>
```

例 11.6 集合与数组类型注入示例。

(1) 编写 JavaBean。

```
package com;
import java.util. * ;
public class Bean {
      private String arr[];
      private List list;
      private Map map;
      private Set set;
      public String[]getArr() {
         return arr;
      }
      public void setArr(String[]arr) {
         this.arr = arr;
      }
      public List getList() {
         return list;
      }
      public void setList(List list) {
         this.list = list;
      }
      public Map getMap() {
         return map;
      }
      public void setMap(Map map) {
```

```
            this.map = map;
        }
        public Set getSet() {
            return set;
        }
        public void setSet(Set set) {
            this.set = set;
        }
}
```

(2) 在配置文件中注入属性的初始值。

```
<bean id="bean" class="com.Bean">
        <!-- 数组属性注入值 -->
        <property name="arr">
            <value>c++,java,vb.net</value>
        </property>
        <!-- list 集合属性注入值 -->
        <property name="list">
         <list>
           <value>zhou</value>
           <value>zhang</value>
           <value>wang</value>
         </list>
        </property>
        <!-- set 集合属性注入值 -->
        <property name="set">
         <set>
           <value>zhou--set</value>
           <value>zhang--set</value>
           <value>wang--set</value>
         </set>
        </property>
        <!-- map 集合属性注入值 -->
        <property name="map">
            <map>
                <entry key="key1" value="value1"></entry>
                <entry key="key2" value="value2"></entry>
                <entry key="key3" value="value3"></entry>
            </map>
        </property>
    </bean>
```

(3) 测试函数代码。

```
public static void main(String[]args) {
    BeanFactory factory = new  ClassPathXmlApplicationContext(
                                "applicationContext.xml");
    Bean bean = (Bean)factory.getBean("bean");
    Set set = bean.getSet();
    Iterator it = set.iterator();
```

```
    while(it.hasNext()){
        String s = (String)it.next();
        System.out.println(s);
    }
    Map map = bean.getMap();
    Set set1 = map.keySet();
    Iterator it1 = set1.iterator();
    while(it1.hasNext()){
        String key = (String)it1.next();
        String value = (String)map.get(key);
        System.out.println("key = " + key + " value = " + value);
    }
}
```

11.3.2 Spring Bean 的作用域

在 Spring 2.0 之前 Bean 只有两种作用域，即 singleton（单例）、non-singleton（也称 prototype），Spring 2.0 以后，增加了 session、request、global session 这 3 种专用于 Web 应用程序上下文的 Bean。因此默认情况下的 Spring 2.0 现在有 5 种类型的 Bean。当然，Spring 2.0 对 Bean 的类型的设计进行了重构，并设计出灵活的 Bean 类型支持，理论上可以有无数多种类型的 Bean。用户可以根据自己的需要，增加新的 Bean 类型，以满足实际应用需求。

1. singleton 单实例

当一个 bean 的作用域设置为 singleton，那么 Spring IOC 容器中只会存在一个共享的 Bean 实例，并且所有对 Bean 的请求只要 ID 与该 Bean 定义相匹配，则只会返回 Bean 的同一实例。换言之，当把一个 Bean 定义设置为 singleton 作用域时，Spring IOC 容器只会创建该 Bean 定义的唯一实例。这个单一实例会被存储到单例缓存（singleton cache）中，并且所有针对该 Bean 的后续请求和引用都将返回被缓存的对象实例。

```
<bean id = "userdao" class = "com.bean.UserDao" scope = "singleton"/>
```

或

```
<bean id = " userdao " class = " com.bean.UserDao " singleton = "true"/>
UserDao bean1 = ( UserDao)factory.getBean("userdao");
UserDao bean2 = ( UserDao)factory.getBean("userdao");
```

bean1 与 bean2 的引用相同，每次使用 getBean()不会重新产生一个实例。

2. prototype 多实例

每个 Spring 容器中，一个 Bean 都对应多个实例。prototype 作用域部署的 Bean，每一次请求（将其注入到另一个 Bean 中，或者以程序的方式调用 Spring 容器的 getBean()方法）都会产生一个新的 Bean 实例。

```
<bean id = "userdao" class = "com.bean.UserDao" scope = "prototype"/>
```

或

```
<bean id = " userdao " class = " com.bean.UserDao " singleton = "false"/>
UserDao bean1 = ( UserDao)factory.getBean("userdao");
UserDao bean2 = ( UserDao)factory.getBean("userdao");
```

bean1 与 bean2 的引用不相同，每次使用 getBean()都会重新产生一个实例。

3. request

request 表示该针对每一次 HTTP 请求都会产生一个新的 Bean，同时该 Bean 仅在当前 HTTP request 内有效。

```
<bean id = "userdao" class = "com.bean.UserDao" scope = "request"/>
```

4. session

session 作用域表示该针对每一次 HTTP 请求都会产生一个新的 Bean，同时该 Bean 仅在当前 HTTP session 内有效。

```
<bean id = "userdao" class = "com.bean.UserDao" scope = "session"/>
```

11.3.3 Spring 自动装配

Spring 的 IOC 容器通过 Java 反射机制获取了容器中所存在 Bean 的配置信息，这包括构造函数方法的结构、属性的信息，正是由于这个原因，Spring 容器才能够通过某种规则来对 Bean 进行自动装配，而无须通过显式的方法来进行配制。

1. byName

通过属性名字的方式查找 JavaBean 依赖的对象并为其注入。比如说类 Computer 有个属性 printer，指定其 autowire 属性为 byName 后，Spring IoC 容器会在配置文件中查找 id/name 属性为 printer 的 bean，然后使用 Setter 方法为其注入。

例 11.7 byName 装配示例。

(1) 编写 JavaBean。

```
package com;
public class User {
   private String name, pwd;
   …
}
```

(2) 编写 JavaBean。

```
package com;
public class UserManager {
    private User user;
```

```
    public User getUser() {
        return user;
    }
    public void setUser(User user) {
        this.user = user;
    }
}
```

(3) 改写 Spring 配置文件。

```
<?xml version = "1.0" encoding = "UTF - 8"?>
< beans … default - autowire = "byName">
  < bean id = "user" class = "com.User">
    < property name = "name" value = "admin"></property >
    < property name = "pwd" value = "1234"></property >
  </bean >
  < bean id = "manage" class = "com.UserManager"></bean >
</beans >
```

2. byType

通过属性的类型查找 JavaBean 依赖的对象并为其注入。比如类 Computer 有个属性 printer,类型为 Printer,那么指定其 autowire 属性为 byType 后,Spring IoC 容器会查找 Class 属性为 Printer 的 Bean,使用 Setter 方法为其注入。

例 11.8 byType 装配示例。

(1) 编写 JavaBean。

```
package com;
public class User {
    private String name, pwd;
    …
}
```

(2) 编写 JavaBean。

```
package com;
public class UserManager {
    private User user;
    public User getUser() {
        return user;
    }
    public void setUser(User user) {
        this.user = user;
    }
}
```

(3) 改写 Spring 配置文件。

```
<?xml version = "1.0" encoding = "UTF - 8"?>
< beans ...default - autowire = "byType">
```

```
<bean id = "bean1" class = "com.User">
    <property name = "name" value = "admin"></property>
    <property name = "pwd" value = "1234"></property>
 </bean>
 <bean id = "manager" class = "com.UserManager"></bean>
</beans>
```

注意：<bean id="manager" class="com. UserManager" autowire="byName"></bean>是对某个具体Bean(如manager)设置装配属性。

11.4 Spring AOP编程

11.4.1 AOP概念

面向切面编程(Aspect Oriented Programming)可以通过预编译方式和运行期动态代理实现在不修改源代码的情况下给程序动态统一添加功能的一种技术。可以说是OOP(Object-Oriented Programing,面向对象编程)的补充和完善。在OOP设计中有可能导致代码的重复,不利于模块的重用性,如日志功能。日志代码往往水平地散布在所有对象层次中,而与它所散布到的对象的核心功能关系不大。但是在OOP中这些业务要和核心业务代码在代码这一级集成,还有些如安全性、事务等也是如此。能不能把这些与核心业务无关但系统中需要使用的业务(称为切面)单独编写成一个模块,在主要核心业务代码中不调用,而是在配置文件中做些配置,配置核心业务需要使用到的切面部分,在系统编译时才织入到业务模块中。以下是几个AOP基本概念。

- 切面(Aspect):简单的理解就是把那些与核心业务无关的代码提取出来,进行封装成一个或几个模块用来处理那些附加的功能代码,如日志、事务、安全验证。我们把这个模块的作用理解为一个切面,其实切面就是我们写的一个类,这个类中的代码原来是在业务模块中完成的,现在单独成一个或几个类。在业务模块需要的时候才织入。
- 连接点(Joinpoint):在程序执行过程中某个特定的点,比如某方法调用的时候或者处理异常的时候。在Spring AOP中,一个连接点总是代表一个方法的执行。通过声明一个JoinPoint类型的参数可以使通知(Advice)的主体部分获得连接点信息。
- 切入点(Pointcut):本质上是一个捕获连接点的结构。在AOP中,可以定义一个PointCut来捕获相关方法的调用。
- 织入(Weaving):把切面(aspect)连接到其他的应用程序类型或者对象上,并创建一个被通知(advised)的对象。这些可以在编译时(如使用AspectJ编译器)、类加载时和运行时完成。Spring和其他纯Java AOP框架一样,在运行时完成织入。
- 通知(Advice):在切面的某个特定的连接点(Joinpoint)上执行的动作。通知有各种类型,其中包括around、before和after等通知。通知的类型将在后面部分进行讨论。许多AOP框架,包括Spring,都是以拦截器做通知模型,并维护一个以连接点为中心的拦截器链。

通知的类型：

- 前置通知(Before advice)：在某连接点(join point)之前执行的通知，但这个通知不能阻止连接点前的执行(除非它抛出一个异常)；
- 返回后通知(After returning advice)：在某连接点(join point)正常完成后执行的通知，例如，一个方法没有抛出任何异常，正常返回；
- 抛出异常后通知(After throwing advice)：在方法抛出异常退出时执行的通知；
- 后置通知(After (finally) advice)：当某连接点退出的时候执行的通知(不论是正常返回还是异常退出)；
- 环绕通知(Around Advice)：包围一个连接点(join point)的通知，如方法调用。这是最强大的一种通知类型。环绕通知可以在方法调用前后完成自定义的行为。它也会选择是否继续执行连接点或直接返回它们自己的返回值或抛出异常来结束执行。

11.4.2 AOP Spring 示例

1. 通过配置文件实现 AOP

例 11.9 AOP 示例。

(1) 编写一个类封装用户的常见操作(UserDao.java)。

```
package com.aop;
public class UserDao {
    public void save(String name){
      System.out.println(" ---- save user ---- ");
    }
    public void delete(){
      System.out.println(" ---- delete user ---- ");
    }
    public void update(){
      System.out.println(" ---- update user ---- ");
    }
}
```

(2) 编写一个检查用户是否合法的类。

```
package com.aop;
public class CheckSecurity {
        public void check(){
          System.out.println(" ----- check admin ---- ");
        }
}
```

(3) 改写 Spring 配置文件实现 AOP(applicationContext.xml)。

```
<?xml version = "1.0" encoding = "UTF - 8"?>
< beans
    xmlns = "http://www.springframework.org/schema/beans"
```

```
    xmlns: xsi = "http://www.w3.org/2001/XMLSchema-instance"
    xmlns: aop = "http://www.springframework.org/schema/aop"
    xsi: schemaLocation = "http://www.springframework.org/schema/beans
    http://www.springframework.org/schema/beans/spring-beans-2.5.xsd
    http://www.springframework.org/schema/aop
    http://www.springframework.org/schema/aop/spring-aop-2.5.xsd
    http://www.springframework.org/schema/tx
    http://www.springframework.org/schema/tx/spring-tx-2.5.xsd" >
<bean id = "checkbean" class = "com.aop.CheckSecurity"></bean>
<bean id = "userDao" class = "com.aop.UserDao"/>
<aop: config>
    <!-- 创建一个切面 Aspect 引用了 bean "checkbean" -->
    <aop: aspect id = "security" ref = "checkbean">
            <!-- 声明一个切入点 当调用com.aop.UserDao.*(..)中的所有函数时 -->
            <aop: pointcut id = "allAddMethod" expression = "execution( *
            com.aop.UserDao.*(..))"/>
            <!-- 当执行到切入点时,会在执行切入点之前调用 bean "checkbean"中"check"
            函数 -->
            <aop: before method = "check" pointcut-ref = "allAddMethod"/>
    </aop: aspect>
</aop: config>
</beans>
```

(4) 编写测试类(Test.java)。

```
package com.aop;
import org.springframework.beans.factory.BeanFactory;
import org.springframework.context.support.*;
public class Test {
  public static void main(String[] args) {
      /* 读取 Spring 配置文件,创建一个 Bean 工厂 */
      BeanFactory factory = new ClassPathXmlApplicationContext(
                                        "applicationContext.xml");
      UserDao dao = (UserDao) factory.getBean("userDao");
      dao.save("zhou");
  }
}
```

运行结果如图 11.2 所示。

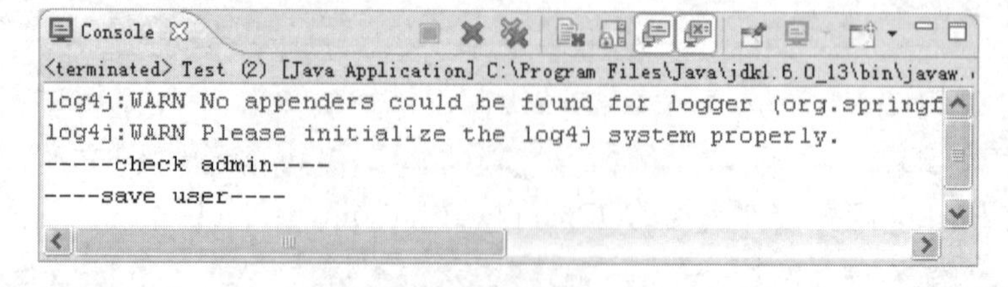

图 11.2 AOP 示例

2. 通过程序代码实现 AOP

例 11.10 AOP 示例。

(1) 编写用户操作类。

```
package dao;
public class UserDao {
    public void addUser(String uname,String upwd){
        System.out.println("addUser()");
    }
    public void deleteUser(String uname){
        System.out.println("deleteUser()");
    }
}
```

(2) 编写检查用户安全的类,注意几个注释。

```
package sec;
import org.aspectj.lang.annotation.*;
@Aspect
public class CheckSecurity {
    /* 声明一个切入点 当调用以 add 以及 delete 串开始的函数时 */
    @Pointcut("execution(* add*(..)) || execution(* delete*(..))")
    private void allAddMethod(){};

    @After("allAddMethod()")
    private void check(){
        System.out.println("check()");
    }
}
```

(3) 改写 Spring 的配置文件。

```
<?xml version="1.0" encoding="UTF-8"?>
<beans xmlns="http://www.springframework.org/schema/beans"
        xmlns:xsi="http://www.w3.org/2001/XMLSchema-instance"
        xmlns:aop="http://www.springframework.org/schema/aop"
        xmlns:tx="http://www.springframework.org/schema/tx"
        xsi:schemaLocation="http://www.springframework.org/schema/beans
         http://www.springframework.org/schema/beans/spring-beans-2.0.xsd
         http://www.springframework.org/schema/aop
          http://www.springframework.org/schema/aop/spring-aop-2.0.xsd
          http://www.springframework.org/schema/tx
          http://www.springframework.org/schema/tx/spring-tx-2.0.xsd">
    <!-- 设置自动 AOP,即通过程序设置 AOP -->
    <aop:aspectj-autoproxy/>
    <bean name="check" class="sec.CheckSecurity"/>
  <bean name="dao" class="dao.UserDao"/>
</beans>
```

(4) 编写测试类。

```
import dao.UserDao;
import org.springframework.beans.factory.BeanFactory;
import org.springframework.context.support.ClassPathXmlApplicationContext;
public class Demo {
  public static void main(String[ ]args) {
      BeanFactory factory = new ClassPathXmlApplicationContext(
                                   "applicationContext.xml");
      UserDao dao = (UserDao)factory.getBean("dao");
      dao.addUser("zhou", "1234");
  }
}
```

3. 获取切面函数实际参数

通过在 Advice 中添加一个 JoinPoint 参数,这个值会由 Spring 自动传入,从 JoinPoint 中可以取得参数值、方法名等。

例 11.11 获取切面函数实际参数。

```
package sec;
import org.aspectj.lang.JoinPoint;
public class CheckSecurity {
    public void check(JoinPoint point){
        Object obj[ ] = point.getArgs();
        for(int i = 0;i < obj.length;i++)
          System.out.println(obj[i]);
        System.out.println("check()");
    }
}
```

11.5 本章小结

本章介绍了第三个框架 Spring。Spring 本身是一个轻量级容器,其组件就是普通的 Java Bean。Spring 的核心思想是 IoC 和 AOP,我们只需要编写好 Java Bean 组件,然后将它们“装配”起来就可以了。组件的初始化和管理均由 Spring 完成,只需在配置文件中声明即可。这种方式最大的优点是各组件的耦合极为松散,并且无须我们自己实现 Singleton 模式。Spring 支持 JDBC 和 O/R Mapping 产品(Hibernate)。Spring 能使用 AOP 提供声明性事务管理。学习本章知识,可能会有点不适应,因为以前的类实例化是在程序中自己完成的,现在类实例化过程是通过容器完成,我们只需要到 Spring 容器中获取 Java Bean 即可。为什么要这样做呢?这样做有什么好处?还有 AOP 的思想。这些在第 12 章还会介绍。先练习并体会这些新的编程思想吧。

第12章 Spring、Struts2、Hibernate整合

12.1 Spring 与 Hibernate 整合

Spring 与 Hibernate 整合，到底整合什么呢？Spring 主要是管理 Hibernate 的 Session Factory 以及事务支持等。我们在 Hibernate 中需要自己创建 SessionFactory 实例，这显然不是很好的方法。在 Spring 中可以通过配置文件，向 DAO 中注入 SessionFactory，Spring 的 IoC 容器则提供了更好的管理方式，它不仅以声明式的方式配置了 SessionFactory 实例，也可以充分利用 IoC 容器的作用为 SessionFactory 注入数据源。还有事务处理，我们业务代码不需要考虑事务，只需要在配置文件配置事务即可。这样业务代码就变得简洁很多。

Spring 提供了对多种数据库访问 DAO 技术支持，包括 Hibernate、JDO、TopLink、iBatis 等。对于不同的数据库访问 Spring 采用了相同的访问模式。Spring 提供了 HibernateDaoSupport 类来实现 Hibernate 的持久层访问技术。

下面是 Spring 配置文件中配置 Hibernate SessionFactory 的示例代码。

一旦在 Spring 的 IoC 容器中配置了 SessionFactory Bean，它将随应用的启动而加载，可以充分利用 IoC 容器的功能将 SessionFactory Bean 注入任何 Bean，比如 DAO 组件，以声明式的方式管理 SessionFactory 实例，可以让应用在不同数据源之间切换。如果应用更换数据库等持久层资源，只需对配置文件进行简单修改即可。

```
<?xml version = "1.0" encoding = "UTF - 8"?>
< beans...>
    < bean id = "sessionFactory"
        class = "org.springframework.orm.hibernate3.LocalSessionFactoryBean">
    < property name = "configLocation"
        value = "classpath: hibernate.cfg.xml">
    </property >
</bean >
< bean id = "userdao" class = "com.spr.CustomerDao">
    < property name = "sessionFactory" ref = "sessionFactory"/>
</bean >
</beans >
```

例 12.1 通过 Spring 的 HibernateDaoSuppert 查询数据库示例。

(1) 数据库表。

```
create table customers (
```

```
    customerid  varchar(8) primary key,
    name         varchar(15),
    phone        varchar(16)
);
```

(2) 在项目中加 Hibernate 支持。

```
<?xml version='1.0' encoding='UTF-8'?>
<!DOCTYPE hibernate-configuration PUBLIC
        "-//Hibernate/Hibernate Configuration DTD 3.0//EN"
        "http://hibernate.sourceforge.net/hibernate-configuration-3.0.dtd">
<hibernate-configuration>
<session-factory>
    <property name="connection.username"> root </property>
    <property name="connection.url">
        jdbc:mysql://127.0.0.1:3306/support
    </property>
    <property name="dialect">
        org.hibernate.dialect.MySQLDialect
    </property>
    <property name="myeclipse.connection.profile"> mysql </property>
    <property name="connection.password"> 5460 </property>
    <property name="connection.driver_class">
        com.mysql.jdbc.Driver
    </property>
    <property name="show_sql"> true </property>
    <mapping resource="com/hib/Customer.hbm.xml" />
 </session-factory>
</hibernate-configuration>
```

(3) 编写 Bean 文件与 Dao 操作类。

```
package dao;
import bean.Customer;
import java.util.*;
import org.hibernate.Session;
import org.springframework.orm.hibernate3.support.HibernateDaoSupport;

public class CustomerDao extends HibernateDaoSupport{
    /*返回单个对象*/
    public Customer queryCustomerByID(String cid){
        Customer cus = (Customer)(getHibernateTemplate().get(Customer.class, cid));
        return cus;
    }
    /*返回所有对象*/
    public List<Customer> allCustomers(){
        return (List<Customer>)this.getHibernateTemplate().find("from Customer");
    }
}
```

(4) 改写 Spring 的配置文件。

```
<?xml version="1.0" encoding="UTF-8"?>
<!DOCTYPE beans PUBLIC "-//SPRING//DTD BEAN//EN"
    "http://www.springframework.org/dtd/spring-beans.dtd">
<beans>
 <!-- 配置 sessionFactory -->
<bean id="sessionFactory"
      class="org.springframework.orm.hibernate3.LocalSessionFactoryBean">
    <property name="configLocation" value="WEB-INF/hibernate.cfg.xml">
    </property>
</bean>
 <!-- CustomerDao 操作中使用 sessionFactory -->
<bean id="cusdao" class="dao.CustomerDao">
    <property name="sessionFactory" ref="sessionFactory"/>
</bean>
</beans>
```

(5) 改写 Web 配置文件。

```
<?xml version="1.0" encoding="UTF-8"?>
<web-app version="2.5" xmlns="http://java.sun.com/xml/ns/javaee"
     xmlns:xsi="http://www.w3.org/2001/XMLSchema-instance"
     xsi:schemaLocation="http://java.sun.com/xml/ns/javaee
     http://java.sun.com/xml/ns/javaee/web-app_2_5.xsd">
    <!-- 加载 spring 配置文件  -->
    <context-param>
        <param-name>contextConfigLocation</param-name>
        <param-value>/WEB-INF/applicationContext.xml;</param-value>
    </context-param>
    <!-- 用于初始化 Spring 容器的 Listener -->
    <listener>
          <listener-class>
              org.springframework.web.context.ContextLoaderListener
          </listener-class>
    </listener>

    <filter>
          <filter-name>HibernateSpringFilter</filter-name>
          <filter-class>
              org.springframework.orm.hibernate3.support.OpenSessionInViewFilter
          </filter-class>
          <init-param>
                 <param-name>singleSession</param-name>
                 <param-value>true</param-value>
          </init-param>
    </filter>
</web-app>
```

(6) 编写JSP页面测试(showcustomer.jsp)。

```
<%@ page language="java"
     import=" dao.*,java.util.*,org.springframework.context.*,
     org.springframework.web.context.support.WebApplicationContextUtils"
     pageEncoding="utf-8"%>
 <%@taglib prefix="c" uri="http://java.sun.com/jsp/jstl/core"%>
 <!DOCTYPE HTML PUBLIC "-//W3C//DTD HTML 4.01 Transitional//EN">
 <html>
    <head></head>
    <body>
       <%
       ApplicationContext  ctx  =  WebApplicationContextUtils.
              getWebApplicationContext(getServletContext());
       CustomerDao dao = (CustomerDao) ctx.getBean("cusdao");
       session.setAttribute("cuslist",dao.allCustomers());
       %>
      <table>
          <tr><td>编号</td> <td>姓名</td><td>电话</td></tr>
          <c:forEach items="${cuslist}" var="cus">
          <tr>
           <td>${cus.customerId}</td><td>${cus.name}</td><td>${cus.phone}</td>
          </tr>
          </c:forEach>
      </table>
    </body>
</html>
```

运行结果如图12.1所示。

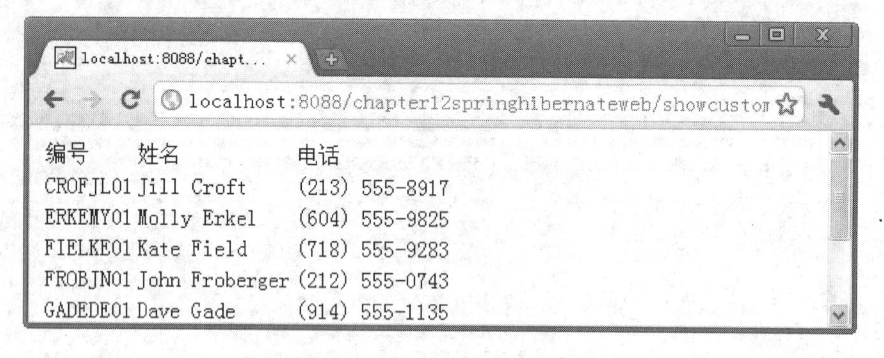

图12.1 整合示例运行结果

12.2 HibernateTemplate类使用

12.2.1 HibernateTemplate主要方法

HibernateTemplate提供持久层访问模板，使用HibernateTemplate无须实现特定接口，它只需要提供一个SessionFactory的引用就可以执行持久化操作。

1. 构造函数

SessionFactory 对象既可通过构造函数传入，也可以通过设值传入。

- HibernateTemplate()
- HibernateTemplate(org. hibernates. SessionFactory sessionFactory)
- HibernateTemplate (org. hibernates. SessionFactory sessionFactory, boolean allowCreate)

2. HibernateTemplate 的常用方法简介

- void delete(Object entity)：删除指定持久化实例；
- deleteAll(Collection entities)：删除集合内全部持久化类实例；
- find(String queryString)：根据 HQL 查询字符串来返回实例集合；
- findByNamedQuery(String queryName)：根据命名查询返回实例集合；
- get(Class entityClass, Serializable id)：根据主键加载特定持久化类的实例；
- save(Object entity)：保存新的实例；
- saveOrUpdate(Object entity)：根据实例状态，选择保存或者更新；
- update(Object entity)：更新实例的状态，要求 entity 是持久状态；
- setMaxResults(int maxResults)：设置分页的大小。

12.2.2 基于 HibernateTemplate 通用 Dao 类实现

例 12.2 通用 Dao 类示例。

```
@SuppressWarnings("unchecked")
public class BaseHibernateDAO<T, ID extends Serializable> extends
      HibernateDaoSupport {
  /*获取所有实体集合*/
  public List<T> findAll(Class<T> entityClass) {
      try {
          return getHibernateTemplate().find("from " + entityClass.getName());
      } catch (RuntimeException e) {
          throw e;
      }
  }
  /*查找指定 ID 实体类对象 */
  public T findById(Class<T> entityClass, ID id) {
      try {
          return (T) getHibernateTemplate().get(entityClass, id);
      } catch (RuntimeException e) {
          throw e;
      }
  }
  /*查询指定 HQL,并返回集合*/
  public List<Object> find(String hql, Object... values) {
      try {
          return getHibernateTemplate().find(hql, values);
```

```
        } catch (RuntimeException e) {
            throw e;
        }
    }
    /* 保存指定实体类 */
    public void save(T entity) {
        try {
            getHibernateTemplate().save(entity);
        } catch (RuntimeException e) {
            throw e;
        }
    }
    /* 删除指定实体 */
    public void delete(T entity) {
        try {
            getHibernateTemplate().delete(entity);
            } catch (RuntimeException e) {
            throw e;
        }
    }
    /* 更新或保存指定实体 */
    public void saveOrUpdate(T entity) {
        try {
            getHibernateTemplate().saveOrUpdate(entity);
        } catch (RuntimeException e) {
            throw e;
        }
    }
    /* 按照 HQL 语句查询唯一对象  */
    public Object findUnique(final String hql, final Object... values) {
        try {
            return getHibernateTemplate().execute(new HibernateCallback() {
                public Object doInHibernate(Session s)
                        throws HibernateException, SQLException {
                    Query query = createQuery(s, hql, values);
                    return query.uniqueResult();
                }
            });
        } catch (RuntimeException e) {
            throw e;
        }
    }
    /* 获取指定实体 Class 指定条件的记录总数 */
    public int findTotalCount(Class<T> entityClass, final String where,
            final Object... values) {
        String hql = "select count(e) from " + entityClass.getName() + " as e ";
        return findInt(hql, values);
    }
    /* 获取指定实体 Class 的记录总数 */
```

```
    public int findTotalCount(Class<T> entityClass) {
        return findTotalCount(entityClass, "");
    }
    /* 查找指定属性的实体集合 */
    public List<T> findByProperty(Class<T> entityClass, String propertyName,
            Object value) {
        try {
            String queryStr = "from " + entityClass.getName()
                    + " as model where model." + propertyName + " = ?";
            return getHibernateTemplate().find(queryStr, value);
        } catch (RuntimeException e) {
            throw e;
        }
    }
    /* 模糊查询指定条件对象集合 */
    public List<T> findByExample(T entity) {
        try {
            List<T> results = getHibernateTemplate().findByExample(entity);
            return results;
        } catch (RuntimeException re) {
            throw re;
        }
    }
}
```

12.3 事务处理

12.3.1 通过注释实现事务

例 12.3 事务示例。

(1) 编写 Hibernate 配置文件。

```
<?xml version='1.0' encoding='UTF-8'?>
<hibernate-configuration>
  <session-factory>
      <property name="connection.username">root</property>
      <property name="connection.url">jdbc:mysql://127.0.0.1:3306/support</property>
      <property name="dialect">org.hibernate.dialect.MySQLDialect</property>
      <property name="myeclipse.connection.profile">mysql</property>
      <property name="connection.password">5460</property>
      <property name="connection.driver_class">om.mysql.jdbc.Driver</property>
      <property name="show_sql">true</property>
      <mapping resource="com/hib/Customer.hbm.xml" />
  </session-factory>
</hibernate-configuration>
```

（2）编写 Spring 配置文件。

```
<?xml version = "1.0" encoding = "UTF-8"?>
<beans ...>
  <bean id = "sessionFactory"
          class = "org.springframework.orm.hibernate3.LocalSessionFactoryBean">
          <property name = "configLocation"
              value = "classpath: hibernate.cfg.xml">
          </property>
  </bean>
  <bean id = "userdao" class = "com.spr.CustomerDao">
      <property name = "sessionFactory" ref = "sessionFactory"/>
  </bean>
  <!-- 配置事务管理器 -->
  <bean id = "transactionManager"
   class = "org.springframework.orm.hibernate3.HibernateTransactionManager">
      <property name = "sessionFactory">
          <ref bean = "sessionFactory"/>
      </property>
  </bean>
  <tx: annotation-driven transaction-manager = "transactionManager"
 proxy-target-class = "true"/>
</beans>
```

（3）编写操作类，使用@Transactional 表明哪些函数需要事务处理。

```
package com.spr;
import org.springframework.orm.hibernate3.support.HibernateDaoSupport;
import org.springframework.transaction.annotation.Transactional;
import com.hib.*;
public class CustomerDao extends HibernateDaoSupport {
    @Transactional
    public void addCustomer(Customer cus){
      this.getHibernateTemplate().save(cus);
    }
}
```

当使用@Transactional 风格进行声明式事务定义时，可以通过 <tx: annotation-driven/> 元素的 proxy-target-class 属性值来控制是基于接口的还是基于类的代理被创建。如果 proxy-target-class 属值被设置为 true，那么基于类的代理将起作用。如果 proxy-target-class 属值被设置为 false 或者这个属性被省略，那么标准的 JDK 基于接口的代理将起作用。

（4）编写测试类。

```
package com.spr;
import org.springframework.beans.factory.BeanFactory;
import org.springframework.context.support.ClassPathXmlApplicationContext;
import com.hib.Customer;
public class Demo {
 public static void main(String[] args) {
```

```
        BeanFactory factory = new ClassPathXmlApplicationContext(
                                    "applicationContext.xml");
        CustomerDao dao = (CustomerDao)factory.getBean("userdao");
        Customer cus = new Customer("1004","zhou","12323");
        dao.addCustomer(cus);
    }
}
```

12.3.2 声明式事务

声明式事务的优点就是不需要通过编程的方式管理事务，这样就不需要在业务逻辑代码中掺杂事务管理的代码，只需在配置文件中做相关的事务规则声明，便可以将事务规则应用到业务逻辑中。因为事务管理本身就是一个典型的横切逻辑，正是 AOP 的用武之地。Spring 为声明式事务提供了简单而强大的支持。

1. Spring 中可以通过配置文件实现声明式事务

其主要工作有：

- 配置 SessionFactory；
- 配置事务管理器；
- 确定事务的传播特性；
- 确定哪些类哪些方法使用事务。

2. 了解事务的几种传播特性

所谓事务的传播特性是指：如果在开始当前事务之前，一个事务上下文已经存在，此时有若干选项可以指定一个事务性方法的执行行为。在 TransactionDefinition 定义中包括了如下几个表示传播行为的常量。

- TransactionDefinition.PROPAGATION_REQUIRED：如果当前存在事务，则加入该事务；如果当前没有事务，则创建一个新的事务。
- TransactionDefinition.PROPAGATION_REQUIRES_NEW：创建一个新的事务，如果当前存在事务，则把当前事务挂起。
- TransactionDefinition.PROPAGATION_SUPPORTS：如果当前存在事务，则加入该事务；如果当前没有事务，则以非事务的方式继续运行。
- TransactionDefinition.PROPAGATION_NOT_SUPPORTED：以非事务方式运行，如果当前存在事务，则把当前事务挂起。
- TransactionDefinition.PROPAGATION_NEVER：以非事务方式运行，如果当前存在事务，则抛出异常。
- TransactionDefinition.PROPAGATION_MANDATORY：如果当前存在事务，则加入该事务；如果当前没有事务，则抛出异常。
- TransactionDefinition.PROPAGATION_NESTED：如果当前存在事务，则创建一个事务作为当前事务的嵌套事务来运行；如果当前没有事务，则该取值等价于

TransactionDefinition.PROPAGATION_REQUIRED。

例 12.4 声明式事务示例。

(1) 表的脚本。

```
use support;
create table users(
   uid      varchar(20)  not null  primary key,
   uname     varchar(30),
   ubirth     varchar(30)
);
```

(2) 生成 bean 文件以及映射文件。

```
package bean;
public class User   implements java.io.Serializable {
       private String uid;
       private String uname;
       private String ubirth;
       …
}
```

(3) 编写 Dao 类接口以及实现类,注意使用 Spring 事务代理是基于接口的,所以一定要编写接口,否则会产生异常。

```
/* 业务接口代码 */
package manager;
import bean.User;
public interface UserDao {
   public void saveUser(User user) throws Exception;
}
/* 业务类代码实现业务接口 */
package manager;
import org.springframework.orm.hibernate3.support.HibernateDaoSupport;
import bean.User;
public class UserDaoImpl extends HibernateDaoSupport implements UserDao {

 public void saveUser(User user) throws Exception{
      this.getHibernateTemplate().save(user);
      throw new java.lang.RuntimeException("RuntimeException");
 }
}
```

(4) 改写 Spring 配置文件。

```
<?xml version = "1.0" encoding = "UTF-8"?>
<beans …>
 <!-- 配置 SessionFactory -->
<bean id = "sessionFactory" class =
          "org.springframework.orm.hibernate3.LocalSessionFactoryBean">
      <property name = "configLocation" value = "file: src/hibernate.cfg.xml"/>
</bean>
```

```
<bean id = "userdao" class = "manager.UserDaoImpl">
    <property name = "sessionFactory">
      <ref bean = "sessionFactory"/>
</property>
</bean>
 <!-- 配置事务管理器 -->
<bean id = "tranManager"
      class = "org.springframework.orm.hibernate3.HibernateTransactionManager">
  <property name = "sessionFactory">
          <ref bean = "sessionFactory"/>
  </property>
</bean>
 <!-- 配置事务传播特性 -->
<tx:advice id = "txAdvice" transaction-manager = "tranManager">
      <tx:attributes>
            <tx:method name = "save*" propagation = "REQUIRED"/>
            <tx:method name = "*" read-only = "true"/>
      </tx:attributes>
</tx:advice>
 <!--哪些类使用事务 -->
<aop:config>
   <aop:pointcut id = "allmethod" expression = "execution(* manager.*.*(..))"/>
   <aop:advisor advice-ref = "txAdvice" pointcut-ref = "allmethod"/>
</aop:config>
</beans>
```

(5)编写测试类。

```
package test;
import bean.*;
import manager.*;
import org.springframework.beans.factory.BeanFactory;
import org.springframework.context.support.*;

public class Demo {
    public static void main(String[]args) {
      BeanFactory factory = new ClassPathXmlApplicationContext(
          "applicationContext.xml");
      UserDao dao = (UserDao)factory.getBean("userdao");
      User user = new User("1005","zhou","2000-12-12");
      try {
          dao.saveUser(user);
      }catch (Exception e) {
          System.out.println(e);
      }
    }
}
```

12.4 Spring 与 Struts 整合

对于一个基于 B/S 架构的 Java EE 应用而言，用户请求总是向 MVC 框架的控制器请求，而当控制器拦截到用户请求后，必须调用业务逻辑组件来处理用户请求。控制器应该如何获得业务逻辑组件?

我们常见的策略是自己在程序中创建业务逻辑组件(即使用 new 关键字创建)，然后调用业务逻辑组件的方法，根据业务逻辑方法的返回值确定结果。但在实际的应用中，很少采用上面的访问策略。基于以下 3 个理由：

(1) 控制器直接创建业务逻辑组件，导致控制器和业务逻辑组件的耦合降低到代码层次，不利于高层次解耦。

(2) 控制器不应该负责业务逻辑组件的创建，控制器只是业务逻辑组件的使用者。无须关心业务逻辑组件的实现。

(3) 每次创建新的业务逻辑组件导致性能下降。

为了避免这种情况，实际开发中采用工厂模式来取得业务逻辑组件；或者采用服务定位器模式，对于采用服务定位器的模式，是远程访问的场景，在这种场景下，业务逻辑组件已经在某个容器中运行，并对外提供某种服务。控制器无需理会该业务逻辑组件的创建，直接调用即可，但在调用之前，必须先找到该服务。以上就是服务定位器的概念，传统以 EJB 为基础的 Java EE 应用通常采用这种结构。

对于轻量级的 Java EE 应用，工厂模式则是更实际的策略。因为在轻量级的 Java EE 应用中业务逻辑组件不是 EJB，通常是一个 POJO(即一个普通的 JavaBean)，业务逻辑组件的生成通常由工厂负责，而且工厂可以保证该组件的实例只需一个就够了，可以避免重复实例化造成的系统开销浪费。

采用工厂模式将控制器与业务逻辑组件的实现分离。在采用工厂模式的访问策略中，所有的业务逻辑组件的创建由工厂负责，业务逻辑组件的运行也由工厂负责，而控制器只需定位工厂实例即可。

如果系统采用 Spring 框架。Spring 负责业务逻辑组件的创建和生成，并可管理业务逻辑组件的生命周期。可以如此理解：Spring 是个性能非常优秀的工厂，可以生产出所有的实例，从业务逻辑组件，到持久层组件，甚至控制器。

控制器如何访问到 Spring 容器中的业务逻辑组件? 为了让 Action 访问 Spring 的业务逻辑组件，有两种策略：

(1) Spring 管理控制器，并利用依赖注入为控制器注入业务逻辑组件。

(2) 控制器定位 Spring 工厂，也就是 Spring 的容器，从 Spring 容器中取得所需的业务逻辑组件。

对于这两种策略，Spring 与 Struts2 都提供了对应的整合实现。

Struts2 框架整合 Spring 很简单，下面是整合的步骤。

(1) 复制相关的包文件。

复制 Struts2-spring-plugin-2.1.6.jar、spring.jar 以及 commons-logging.jar 等到工程中目录下。Spring 插件包 Struts2-spring-plugin-x-x-x.jar，这个包是同 Struts2 一起发布

的。Spring 插件是通过覆盖 Struts2 的 ObjectFactory 来增强核心框架对象的创建。当创建一个对象的时候，它会用 Struts2 配置文件中的 class 属性去和 Spring 配置文件中的 ID 属性进行关联，如果能找到，则由 Spring 创建，否则由 Struts2 框架自身创建，然后由 Spring 来装配。Spring 插件具体有如下 3 个作用：

- 允许 Spring 创建 Action、Interceptror 和 Result；
- 由 Struts 创建的对象能够被 Spring 装配；
- 如果没有使用 Spring ObjectFactory，提供了两个拦截器来自动装配 action。

(2) web.xml 文件配置。

```
<?xml version = "1.0" encoding = "UTF - 8"?>
<web - app version = "2.5" xmlns = "http://java.sun.com/xml/ns/javaee"
 xmlns: xsi = "http://www.w3.org/2001/XMLSchema - instance"
 xsi: schemaLocation = "http://java.sun.com/xml/ns/javaee
 http://java.sun.com/xml/ns/javaee/web - app_2_5.xsd">
 <!-- 加载 spring 配置文件   -->
 <context - param>
     <param - name>contextConfigLocation</param - name>
     <param - value>/WEB - INF/applicationContext.xml;</param - value>
 </context - param>
 <listener>
      <listener - class>
            org.springframework.web.context.ContextLoaderListener
      </listener - class>
 </listener>
 <filter>
      <filter - name>Struts2</filter - name>
      <filter - class>
            org.apache.Struts2.dispatcher.FilterDispatcher
      </filter - class>
 </filter>
 <filter - mapping>
      <filter - name>Struts2</filter - name>
      <url - pattern>/*</url - pattern>
 </filter - mapping>
 <welcome - file - list>
     <welcome - file>index.jsp</welcome - file>
 </welcome - file - list>
 </web - app>
```

(3) Struts2 部分配置。

① struts.xml 配置文件：

```
<?xml version = "1.0" encoding = "gb2312"?>
<!DOCTYPE struts PUBLIC
" - //Apache Software Foundation//DTD Struts Configuration 2.0//EN"
"http://struts.apache.org/dtds/struts - 2.0.dtd">
<struts>
  <package name = "chapter12" extends = "struts - default">
```

```
        <action name = "login" class = "loginAction">
            <result name = "success"> success.jsp </result>
            <result name = "input"> login.jsp </result>
        </action>
    </package>
</struts>
```

② Action 类：

```
package com.action;
import com.dao.LoginManager;
import com.opensymphony.xwork2.ActionSupport;
public class LoginAction extends ActionSupport{
private LoginManager loginManager;
private String username;
private String password;
public String getUsername() {
    return username;
}
public void setUsername(String username) {
    this.username = username;
}
public String getPassword() {
    return password;
}
public void setPassword(String password) {
    this.password = password;
}
public void setLoginManager(LoginManager loginManager) {
    this.loginManager = loginManager;
}
public String execute() throws Exception {
    if(loginManager.validate(username, password)){
        return SUCCESS;
    }
    return INPUT;
}
}
```

(4) Spring 部分配置。

① 配置文件：

```
<?xml version = "1.0" encoding = "UTF-8"?>
<!DOCTYPE beans PUBLIC "-//SPRING//DTD BEAN//EN
 "http://www.springframework.org/dtd/spring-beans.dtd">
<beans>
 <bean id = "loginManager" class = "com.dao.LoginManagerImpl">
 </bean>
 <bean id = "loginAction" class = "com.action.LoginAction">
    <property name = "loginManager" ref = "loginManager"></property>
 </bean>
</beans>
```

Struts2 框架整合 Spring 后，处理用户请求的 Action 并不是 Struts 框架创建的，而是由 Spring 插件创建的。创建实例时，不是利用配置 Action 时指定的 class 属性值，根据 bean 的配置 ID 属性，从 Spring 容器中获得相应的实例。

② DAO 类与接口。

接口(LoginManager.java)：

```
package com.dao;

public interface LoginManager {
 public boolean validate(String username, String password);
}
```

实现类(LoginManagerImpl.java)：

```
package com.dao;
public class LoginManagerImpl implements LoginManager {
      public boolean validate(String username, String password) {
       if (username! = null &&password! = null&& "admin".equals(username)&&
                 "1234".equals(password)) {
            return true;
       }
       return false;
      }
}
```

(5) 页面部分(login.jsp)。

```
<%@ page language = "java" pageEncoding = "utf-8" %>
<%@ taglib prefix = "s" uri = "/struts-tags" %>
<!DOCTYPE html PUBLIC "-//W3C//DTD HTML 4.01 Transitional//EN"
  "http://www.w3.org/TR/html4/loose.dtd">
<html>
   <head>
        <title>登录页面</title>
   </head>
  <body>
        <s:form action = "login" method = "post">
              <s:textfield name = "username" label = "username" />
              <s:password name = "password" label = "password" />
              <s:submit value = "submit" />
        </s:form>
  </body>
</html>
```

注意：也可以不必在 Spring 中去注册 Action，通常 Struts 框架会自动从 action mapping 中创建 Action 对象。则做以下配置：

配置 struts.objectFactory 属性值。在 struts.properties 中设置 struts.objectFactory 属性值：struts.objectFactory = spring 或者在 XML 文件中进行常量配置。

```
<struts>
    <constant name="struts.objectFactory" value="spring" />
</struts>
```

这里设置 struts. objectFactory 的值为 Spring，实际上，Spring 是 StrutsSpringObjectFactory 类的缩写，默认情况下所有由 Struts2 框架创建的对象都是由 ObjectFactory 实例化的，ObjectFactory 提供了与其他 IoC 容器，如 Spring、Pico 等集成的方法。覆盖这个 ObjectFactory 的类必须继承 ObjectFactory 类或者它的任何子类，并且要带有一个不带参数的构造方法。在这里用 ObjectFactory 代替了默认的 ObjectFactory。

12.5 SS2H 三者整合示例

SS2H 三者整合代码比较多，初学者做起来很烦，其实如果理解为什么要整合、整合所需要的包以及根据书中的配置文件模板来学习也不是很难。以后项目中就使用该配置文件模板。

整合基本步骤描述如下：

(1) 先向项目中加入 Hibernate3. 2＋Spring2. 5 支持，删除 hibernate. cfg. xml 文件，修改 applicationContext. xml 文件的内容，增加 SessionFactory 和 dataSource 的设置。

(2) 通过 MyEclipse 的向导方式，生成 POJO 类和对应的映射文件。

(3) 修改 applicationContext. xml 文件中＜property name＝"mappingResources"＞元素的内容。

(4) 编写 DAO 接口和实现类。

(5) 修改 applicationContext. xml 文件，增加对 DAO 实现类的配置。

(6) 组合 Struts2 和 Spring2. 5，修改 web. xml 文件，增加 Struts2 的所需要的过滤器配置。

(7) 增加 Struts2 相应类库，增加 Struts2 与 spring 的配置 JAR 包。

(8) 复制 struts. xml 文件到 src 根目录下，再修改 struts. xml 文件，进行常量配置。

(9) 修改 web. xml 文件，配置 Spring 监听器和上下文变量。并增加 OpenSessionInViewFilter 的设置。

(10) 编写 Action 类。

(11) 配置 struts. xml 文件。

(12) 修改 applicationContext. xml。

(13) 编写 JSP 文件。

(14) 部署运行项目。

本例中通过页面输入用户名与密码，使用 Hibernate 验证其合法性。使用 SS2H 框架实现。运行环境为：Spring2. 5＋Struts2＋Hibernate3. 2＋jdk6. 0＋MyEclipse6. 5＋tomcat6. 0＋MySQL5. 0。

(1) web. xml 配置文件。

```
<?xml version="1.0" encoding="UTF-8"?>
<web-app version="2.5" xmlns="http://java.sun.com/xml/ns/javaee"
```

```
xmlns: xsi = "http://www.w3.org/2001/XMLSchema - instance"
 xsi: schemaLocation = "http://java.sun.com/xml/ns/javaee
 http://java.sun.com/xml/ns/javaee/web - app_2_5.xsd">
 <!-- 加载 spring 配置文件   -->
 < context - param >
      < param - name > contextConfigLocation </param - name >
      < param - value >/WEB - INF/aplicationContext.xml;</param - value >
 </context - param >
 < listener >
      < listener - class >
            org.springframework.web.context.ContextLoaderListener
      </listener - class >
 </listener >
 <!-- 配置字符编码过滤器(解决乱码问题) -->
 < filter >
      < filter - name > encodingFilter </filter - name >
      < filter - class >
            org.springframework.web.filter.CharacterEncodingFilter
      </filter - class >
      < init - param >
            < param - name > encoding </param - name >
            < param - value > utf - 8 </param - value >
      </init - param >
 </filter >
 < filter - mapping >
      < filter - name > encodingFilter </filter - name >
      < url - pattern >/ * </url - pattern >
 </filter - mapping >
 <!-- 解决因 session 关闭而导致的延迟加载例外的问题 -->
 < filter >
      < filter - name > lazyLoadingFilter </filter - name >
      < filter - class >
            org.springframework.orm.hibernate3.support.OpenSessionInViewFilter
      </filter - class >
 </filter >
 < filter - mapping >
      < filter - name > lazyLoadingFilter </filter - name >
      < url - pattern > * .action </url - pattern >
 </filter - mapping >

 < filter >
      < filter - name > Struts2 </filter - name >
      < filter - class >
            org.apache.Struts2.dispatcher.FilterDispatcher
      </filter - class >
 </filter >
 < filter - mapping >
      < filter - name > Struts2 </filter - name >
      < url - pattern >/ * </url - pattern >
```

```
    </filter-mapping>

    <welcome-file-list>
        <welcome-file>index.jsp</welcome-file>
    </welcome-file-list>
  </web-app>
```

（2）Struts2 部分。

① struts.xml 文件配置：

```
<?xml version="1.0" encoding="gb2312"?>
<!DOCTYPE struts PUBLIC
"-//Apache Software Foundation//DTD Struts Configuration 2.0//EN"
"http://struts.apache.org/dtds/struts-2.0.dtd">
<struts>
 <package name="chapter12" extends="struts-default">
    <action name="cusreg" class="regAction">
        <result name="success">success.jsp</result>
        <result name="input">cusreg.jsp</result>
    </action>
 </package>
</struts>
```

② LoginAction.java 类：

```
package com.action;
import bean.Customer;
import com.dao.CustomerDao;
import com.opensymphony.xwork2.ActionSupport;
public class RegAction extends ActionSupport {
 private CustomerDao customerDao;
 private String customerId;
 private String name;
 private String phone;
 @Override
 public String execute() throws Exception {
      try {
            Customer cus = new Customer();
           cus.setCustomerId(this.getCustomerId());
           cus.setName(this.getName());
           cus.setPhone(this.getPhone());
           customerDao.addCustomer(cus);
      } catch (Exception ex) {
           ex.printStackTrace();
           return INPUT;
      }
      return SUCCESS;
 }
 public CustomerDao getCustomerDao() {
      return customerDao;
```

```
}
 public void setCustomerDao(CustomerDao customerDao) {
      this.customerDao = customerDao;
 }
 public String getCustomerId() {
      return customerId;
 }
 public void setCustomerId(String customerId) {
      this.customerId = customerId;
 }
 public String getName() {
      return name;
 }
 public void setName(String name) {
      this.name = name;
 }
 public String getPhone() {
      return phone;
 }
 public void setPhone(String phone) {
      this.phone = phone;
 }
}
```

(3) Spring 部分 aplicationContext.xml 配置。

```
<?xml version="1.0" encoding="UTF-8"?>
<beans xmlns="http://www.springframework.org/schema/beans"
      xmlns:xsi="http://www.w3.org/2001/XMLSchema-instance"
      xmlns:aop="http://www.springframework.org/schema/aop"
      xmlns:tx="http://www.springframework.org/schema/tx"
      xsi:schemaLocation="http://www.springframework.org/schema/beans
      http://www.springframework.org/schema/beans/spring-beans-2.0.xsd
      http://www.springframework.org/schema/aop
      http://www.springframework.org/schema/aop/spring-aop-2.0.xsd
      http://www.springframework.org/schema/tx
      http://www.springframework.org/schema/tx/spring-tx-2.0.xsd">

    <bean id="regAction" class="com.action.RegAction">
     <property name="customerDao" ref="customerDao"></property>
    </bean>
    <bean id="customerDao" class="com.dao.CustomerDaoImpl">
      <property name="sessionFactory" ref="sessionFactory"></property>
    </bean>
    <!-- 配置 sessionFactory -->
    <bean id="sessionFactory"
         class="org.springframework.orm.hibernate3.LocalSessionFactoryBean">
         <property name="configLocation"
              value="/WEB-INF/hibernate.cfg.xml">
         </property>
```

```
    </bean>

    <!-- 配置事务管理器 -->
    <bean id="transactionManager"
         class="org.springframework.orm.hibernate3.HibernateTransactionManager">
         <property name="sessionFactory" ref="sessionFactory" />
    </bean>
    <!-- 定义事务传播特性 -->
    <tx:advice id="txAdvice" transaction-manager="transactionManager">
         <tx:attributes>
              <tx:method name="add*" propagation="REQUIRED" />
              <tx:method name="*" read-only="true" />
         </tx:attributes>
    </tx:advice>
    <!-- 哪些类需要事务 -->
    <aop:config>
         <aop:pointcut id="alladdmethod" expression="execution(* com.dao.*.*(..))" />
         <aop:advisor advice-ref="txAdvice" pointcut-ref="alladdmethod" />
    </aop:config>
</beans>
```

(4) Hibernate部分。建立Customer.java和Customer.hbm.xml，DAO部分编写。

① 接口(CustomerDao.java)：

```
package com.dao;
import bean.Customer;
public interface CustomerDao {
     public void addCustomer(Customer cus);
}
```

② 操作类(CustomerDaoImpl.java)：

```
package com.dao;
import org.springframework.orm.hibernate3.support.HibernateDaoSupport;
import bean.Customer;
public class CustomerDaoImpl extends HibernateDaoSupport implements CustomerDao {
 public void addCustomer(Customer cus){
      try{
          this.getHibernateTemplate().save(cus);
      }catch(Exception ex){
          ex.printStackTrace();
      }
 }
}
```

(5) 编写JSP部分(cusreg.jsp)。

```
<%@ page language="java" pageEncoding="utf-8"%>
<%@ taglib prefix="s" uri="/struts-tags"%>
<!DOCTYPE html PUBLIC "-//W3C//DTD HTML 4.01 Transitional//EN"
"http://www.w3.org/TR/html4/loose.dtd">
```

```
<html>
 <head>
     <title>注册页面</title>
 </head>
<body>
    <s: form action = "cusreg" method = "post">
        <s: textfield name = "customerId" label = "客户编号" />
        <s: textfield name = "name" label = "客户姓名" />
        <s: textfield name = "phone" label = "客户电话" />
        <s: submit value = "submit" />
    </s: form>
 </body>
</html>
```

注意：项目部署到 Web 服务器中可能报错，因为 Spring 2.5 AOP Libraries 中的 ASM 的 3 个 JAR 包会和 Hibernate 3.2 Core Libraries 中的 ASM 的 JAR 包中的某些类中有冲突。所以一定要删除 Spring 中的 3 个 ASM 的 JAR 包。

12.6 本章小结

这一章介绍了 Hibernate、Struts2 以及 Spring 的整合。这一章学习起来困难、烦琐，但这也是一个必须经历的过程，如果想要从事 Java EE 编程的话。为什么要整合？我们需要 Spring 对 Hibernate 以及 Struts2 的 Action 进行管理，尤其是网站最终用户多或者某一时刻访客相对集中时，这种使用容器对 Bean 的管理就十分必要了。在整合中会遇到很多问题，主要有导入的包版本不一致、配置文件出错等。读者可以利用本书中的包和配置文件进行整合，在此基础上再加入其他功能。

第13章 基于JQuery编程技术

13.1 JQuery 介绍

JQuery 是继 prototype 之后又一个优秀的 Javascript 框架。JQuery 是一个快速的、简洁的 JavaScript 函数库，使用户能够更方便地处理 HTML 文档、事件，实现动画效果，并且方便地为网站提供 AJAX 交互。JQuery 还有一个比较大的优势是，它的文档说明很全，而且各种应用也描述得很详细，同时还有许多成熟的插件可供选择。

JQuery 包含 HTML 元素选取、HTML 元素操作、CSS 操作、HTML 事件函数、JavaScript 特效和动画、HTML DOM 遍历和修改、AJAX 特性。JQuery 具体有以下功能：

- 轻量级：只有几十千字节大，压缩后一般只有 18KB。
- 强大选择器：拥有类似于 CSS 的选择器，可以对任意 DOM 对象进行操作。
- 动画操作不再复杂：可以使用很简单的语句实现复杂的动画效果。
- Ajax 支持：$.ajax()从底层封装了 Ajax 的细节问题。
- 浏览器兼容性高：不用再担心客户端浏览器兼容性问题。
- 连式操作：同一个 JQuery 对象上的多个操作可以连写，无须分开写。
- 隐式迭代：自动对获取到的 JQuery 对象迭代操作，不需要再编写循环代码。
- 实现丰富的 UI。JQuery 可以实现比如渐变弹出，图层移动等动画效果，让我们获得更好的用户体验。如今使用 JQuery 就可以帮助我们快速完成此类应用。
- 开源：自由使用，集全世界程序员的智慧，有更广阔的发展前景。

13.2 JQuery 配置与使用

可以到 http://jquery.com 下载最新的 JQuery 库。在使用的时候需要在页面的<head>标记中导入 jquery-1.3.2.js 文件。

```
<script src="script/jquery-1.3.2.js" type="text/javascript"></script>
```

在我们使用 JQuery 对象之前要导入 JQuery 库，否则会找不到 JQuery 对象。

例 13.1 第一个 JQuery 示例(jqurey1.jsp)。

```
<%@ page language="java" import="java.util.*" pageEncoding="utf-8"%>
<!DOCTYPE HTML PUBLIC "-//W3C//DTD HTML 4.01 Transitional//EN">
```

```
<html>
  <head>
   <script src = "script/jquery-1.3.2.js" type = "text/javascript"></script>
   <script type = "text/javascript">
        $(document).ready(
             function() {
                 alert('hello world');
             });
   </script>
  </head>
   <body>
      This is my first jquery page. <br>
   </body>
</html>
```

运行结果如图 13.1 所示。

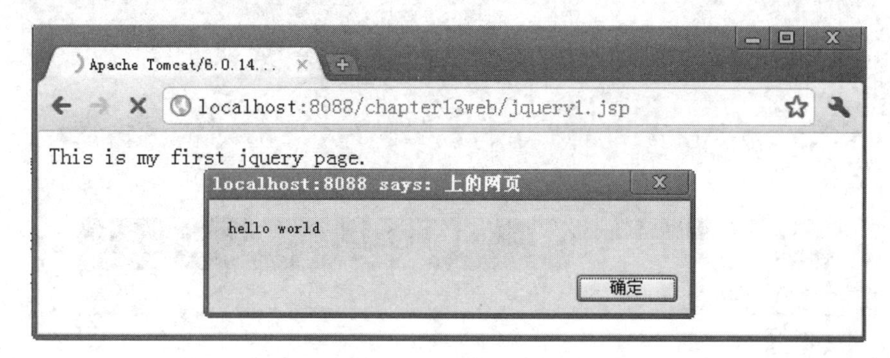

图 13.1　jquery1.jsp 运行结果

示例解释：在 JQuery 中"$"代表的是 JQuery 函数，$(document)等价于 JQuery(document)。

```
$(document).ready(function(){
   /* … */
  });
```

这段代码会在以后的 JQuery 代码中经常用到，它类似于 window.onload()；在文档加载完成后会执行 function(){}中的内容。但它们之间又有区别：window.onload()是等待页面所有内容加载完成后被触发，而$(document).ready()；是等待页面中 DOM 元素绘制完成后被触发。

如果页面中有大量图片，window.onload()是等待所有图片都显示完成后再被触发；而$(document).ready()；是页面中 HTML 生成完成后就被触发，可能此时图片还没显示出来。

例 13.2　JQuery 程序(jqurey2.jsp)。

```
<%@ page language = "java" pageEncoding = "utf-8" %>
<html>
<head>
```

```
    <title>Hello World jQuery!</title>
     <script src="script/jquery-1.3.2.js" type="text/javascript"></script>
     <script type="text/javascript">
         $(function(){
                //为 btnHide 元素绑定一个 click 事件
                $("#btnHide").bind("click",function(){
                           $("#divMsg").hide(); //隐藏 divMsg 标记
                    });
                $("#btnShow").bind("click",function(){
                           $("#divMsg").show();
                    });
         });
     </script>
</head>
 <body>
     <div id="divMsg">Hello JQuery!</div>
     <input id="btnShow" type="button" value="显示" />
     <input id="btnHide" type="button" value="隐藏" /><br />
</body>
</html>
```

运行结果如图 13.2 所示。

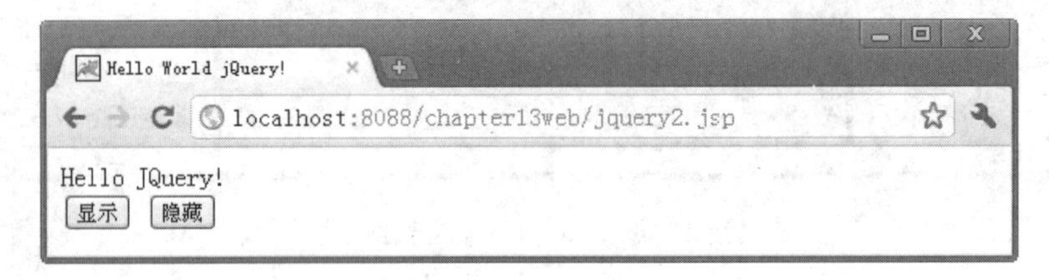

图 13.2 jquery2.jsp 运行结果

13.3 JQuery 选择器

选择器是 JQuery 的核心，对 HTML Document 进行操作。JQuery 选择器使得获得页面元素变得更加容易、更加灵活，从而大大减轻了开发人员的压力。JQuery 提供的很简洁代码就可以定位查询到 Document 中的元素。如同盖楼一样，没有砖瓦，就盖不起楼房。得不到元素谈何其他各种操作呢？首先来看看什么是选择器。

```
var obj = $("#testDiv");                    //根据 ID 获取 jQuery 包装集
```

上例中使用了 ID 选择器，选取 ID 为 testDiv 的 DOM 对象赋予变量 obj。

1. 基本选择器

$("#myELement") 选择 ID 值等于 myElement 的元素，ID 值不能重复，在文档中只能有一个 ID 值是 myElement，所以得到的是唯一的元素。$("div") 选择所有的 DIV 标签元素，返回 DIV 元素数组。基本选择器的说明如表 13.1 所示。

表 13.1　基本选择器

名　称	说　明	举　例
#id	根据元素 ID 选择	$("div1") 选择 ID 为 div1 的元素
element	根据元素的名称选择	$("h1") 选择所有<h1>元素
. class	根据元素的 CSS 类选择	$(". c1") 选择所有 CSS 类为 c1 的元素
*	选择所有元素	$(" * ")选择页面所有元素
selector1, selector2, selectorN	可以将几个选择器用“,”分隔开，然后再拼成一个选择器字符串。会同时选中这几个选择器匹配的内容	$(" #div1, h1, . c1")

例 13.3　基本选择器示例。

```
<%@ page language = "java" pageEncoding = "utf - 8" %>
<html>
 <head>
      <title></title>
      <link rel = "stylesheet" type = "text/css" href = "css/style.css">
      <script src = "script/jquery - 1.3.2.js" type = "text/javascript"></script>
      <script type = "text/javascript">
           $ (document).ready(
            function () {
              /* 设定 id 为 one 的标记背景颜色为 red */
               $ (" #one").css("background - color","red");
            });
      </script>
 </head>
  <body>
      <div class = "one" id = "one"> id 为 one,class 为 one 的 div </div>
  </body>
</html>
```

例 13.4　基本选择器示例。

$(". class1") 选择使用 class1 类的 CSS 的所有元素。

```
<%@ page language = "java" pageEncoding = "utf - 8" %>
<html>
 <head>
     <title></title>
     <link rel = "stylesheet" type = "text/css" href = "css/style.css">
     <script src = "script/jquery - 1.3.2.js" type = "text/javascript"></script>
     <script type = "text/javascript">
          $ (document).ready(
           function () {
            /* 设定 id 为 one 的标记背景颜色为 red */
             $ (" #one").css("background - color","red");
            /* 设定 class 为 mini 的标记背景颜色值为 #bbffaa */
             $ (".mini").css("background"," #bbffaa");
           });
     </script>
```

```
</head>
<body>
    <div class="one" id="one">id为one,class为one的div
        <div class="mini">class为mini</div>
    </div>
</body>
</html>
```

2. 层次选择器(如表13.2所示)

表13.2 层次选择器

名称	说明	举例
ancestor descendant	选择Ancestor(祖先)下所有的descendant(子孙)	$("#div1 h3")选择ID值为div1的所有的h3元素
parent>child	选择parent下的儿子节点	$("#div1> a")选择ID值为div1的a子元素
prev+next	prev和next是两个同级别的元素,选中在prev元素后面的next元素	$("#div1 + h3")选择ID值为div1的下一个h3元素节点
prev~siblings	选择prev后面的根据siblings过滤的元素	$("#div1~#div2")选择ID为div1的对象后面ID为div2的元素

3. 基本过滤选择器

$("元素:表达式")表达式如表13.3所示。

表13.3 层次选择器

名称	说明	举例
:first	匹配找到的第一个元素	查找表格的第一行:$("tr:first")
:last	匹配找到的最后一个元素	查找表格的最后一行:$("tr:last")
:not(selector)	去除所有与给定选择器匹配的元素	查找所有未选中的input元素:$("input:not(:checked)")
:even	匹配所有索引值为偶数的元素	查找表格的奇数行:$("tr:even")
:odd	匹配所有索引值为奇数的元素	查找表格的偶数行:$("tr:odd")
:eq(index)	匹配一个给定索引值的元素	查找第二行:$("tr:eq(1)")
:gt(index)	匹配所有大于给定索引值的元素	查找索引值大于0:$("tr:gt(0)")
:lt(index)	选择结果集中索引小于N的elements	查找第一与第二行,即索引值是0和1,也就是比2小:$("tr:lt(2)")

注意:index从0开始计数。

4. 内容过滤选择器

$("元素:函数表达式")函数表达式如表13.4所示。

表 13.4 层次选择器

名 称	说 明	举 例
:contains(text)	匹配包含给定文本的元素	查找所有包含 "John" 的 DIV 元素：$("div:contains('John')")
:empty	匹配所有不包含子元素或者文本的空元素	查找所有不包含子元素或者文本的空元素：$("td:empty")
:has(selector)	匹配含有选择器所匹配的元素的元素	给所有包含 P 元素的 DIV 元素添加一个 TEXT 类：$("div:has(p)").addClass("test");
:parent	匹配含有子元素或者文本的元素	查找所有含有子元素或者文本的 ID 元素：$("td:parent")
:hidden	选择被隐藏的元素	$("div:hidden")选择所有被 hidden 的 DIV 元素
:visible	选择被可见的元素	$("div:visible")选择所有的被可见的 DIV 元素

5. 属性过滤选择器

$("元素[属性名 操作符 '值']") 操作符可以是"="、"!="、"^="、"$"、"*"分别表示选择所有属性名等于"值"、不等于"值"、以"值"开始的、以"值"结束的、包含"值"的元素。属性过滤选择器如表 13.5 所示。

表 13.5 属性过滤选择器

名 称	说 明	举 例
[attr]	匹配包含给定属性的元素	选择所有含有 ID 属性的 h2 元素：$("h2[id]")
[attr=value]	匹配给定的属性是某个特定值的元素	$("input[name='t1']") 选择所有的 name 属性等于't1'的 input 元素
[attr!=value]	匹配给定的属性是不包含某个特定值的元素	$("input[name!='t1']") 选择所有的 name 属性不等于't1'的 input 元素
[attr^=value]	匹配给定的属性是以某些值开始的元素	$("input[name^='t1']") 选择所有的 name 属性以't1'开头的 input 元素
[attr$=value]	匹配给定的属性是以某些值结尾的元素	$("input[name$='i1']")查找所有 name 以'i1'结尾的 input 元素
[attr*=value]	匹配给定的属性是以包含某些值的元素	查找所有 name 包含 'name' 的 input 元素：$("input[name*='name']")
[attrFilter1] [attrFilter2]	复合属性选择器，需要同时满足多个条件时使用	找到所有含有 id 属性，并且它的 name 属性是以 cn 结尾的：$("input[id][name$='cn']")

6. 子元素过滤选择器

子元素过滤选择器如表 13.6 所示。

7. 表单元素选择器

表单元素选择器如表 13.7 所示。

表 13.6　子元素过滤选择器

名　称	说　明	举　例
:child(index)	匹配第几个子节点	$("div:child(4)")返回所有的DIV元素的第5个子节点的数组
:first-child	匹配给定的属性是某个特定值的元素	$("div span:first-child")返回所有的DIV元素的第3个子节点的数组
:last-child	匹配给定的属性是不包含某个特定值的元素	$("div span:last-child")返回所有的DIV元素的最后3个节点的数组
:only-child	匹配给定的属性是以某些值开始的元素	$("div:only-child")返回所有的DIV中只有唯一一个子节点的所有子节点的数组

表 13.7　表单元素选择器

名　称	说　明	解　释
:input	匹配所有 input、textarea、select 和 button 元素	$(":input")选择所有的表单输入元素，包括 input、textarea、select 和 button
:text	选择所有的 text input 元素	$(":text")查找所有文本框
:password	选择所有的 password input 元素	$(":password")查找所有密码框
:radio	匹配所有单选按钮	$(":radio")查找所有单选按钮
:checkbox	匹配所有复选框	$(":checkbox")查找所有复选框
:submit	选择所有的 submit input 元素	$(":submit")查找所有提交按钮
:image	选择所有的 image 元素	$(":image")匹配所有图像域
:reset	选择所有的 reset input 元素	$(":reset")查找所有重置按钮
:button	选择所有的 button input 元素	$(":button")查找所有按钮
:file	选择所有的 file input 元素	$(":file")查找所有文件域

8. 表单元素过滤选择器

表单元素过滤选择器如表 13.8 所示。

表 13.8　表单元素过滤选择器

名　称	说　明	解　释
:enabled	匹配所有可用元素	$(":enabled")选择所有的可操作的表单元素
:disabled	匹配所有不可用元素	查找所有不可用的 input 元素：$("input:disabled")
:checked	匹配所有选中的元素（不包括 select 中的 option）	$(":checked")选择所有的被 checked 的表单元素
:selected	匹配所有选中的 option 元素	$("select option:selected")选择所有的 select 的子元素中被 selected 的元素

13.4　JQuery 对 HTML 操作

13.4.1　节点标签操作

1. 创建节点

使用 JQuery 的工厂函数 $()实现

```
$ ("<div style=\"border: solid 1px #FF0000\">动态创建的 div</div>")
```

2. 插入节点

查询定位到某个节点，调用 $("节点")的如下几个函数：

```
$ ("节点").append("新节点");
$ ("节点").prepend("新节点");
```

例 13.5　插入节点示例。

```
<html>
 <head>
    <link rel = "stylesheet" type = "text/css" href = "css/style.css">
    <script src = "script/jquery - 1.3.2.js" type = "text/javascript"></script>
    <script type = "text/javascript">
        $ (document).ready(
          function () {
             $ (".inone").append("<b>您好</b>");
          });
    </script>
</head>
<body>
          <div id = "div1"> id 为 div1
              <div class = "inone">  class 为 inone </div>
          </div>
 </body>
</html>
```

上例中将“<b>您好</b>”增加到 class="inone"的<div>后面。

3. 实现节点移动操作

查询定位到某个节点，调用 $("节点")。

```
$ ("节点").after("新节点");
$ ("节点").before("新节点");
```

例 13.6　节点移动示例。

```
<%@ page language = "java" pageEncoding = "utf - 8" %>
<html>
```

```
<head>
    <title></title>
    <link rel = "stylesheet" type = "text/css" href = "css/style.css">
    <script src = "script/jquery - 1.3.2.js" type = "text/javascript"></script>
    <script type = "text/javascript">
          $ (document).ready(
          function () {
              $ ("ul li: eq(1)").before( $ ("ul li: eq(2)"));
          });
    </script>
</head>
<body>
    <p title = "选择你最喜欢的城市." >你最喜欢的城市是?</p>
        <ul>
            <li title = '北京'>北京</li>
            <li title = '杭州'>杭州</li>
            <li title = '南京'>南京</li>
        </ul>
    </body>
</html>
```

上例中将 UL 第二个 LI 移到 UL 第一个 LI 的前面。

4. 删除节点

查询定位到某个节点，调用$("节点")的如下函数：

- $("节点").remove();返回被移除的元素对象，把列表中的第一个元素删除掉。
- $("节点").empty();把查询到得第一个节点项内容清空，但保留节点。

```
$ ("ul li: first").remove();
$ ("ul li: first").empty();
```

5. 复制节点

查询定位到某个节点，调用$("节点")的如下函数：

- $(this).clone().appendTo("ul")；复制当前节点并追加到 UL 元素中。
- $(this).clone(true).appendTo("ul")；复制当前节点并追加到 UL 元素中。

上面第一种方式中，只把元素内容复制过去，而第二种方式 clone(true)能够把元素内容和元素行为(事件)一起复制过去。

例 13.7 复制节点示例。

```
<%@ page language = "java" pageEncoding = "utf - 8" %>
<html>
 <head>
    <title></title>
    <script src = "script/jquery - 1.3.2.js" type = "text/javascript"></script>
    <script type = "text/javascript">
        $ (document).ready(
```

```
            function () {
                $ ("div").wrap("< b ></b >");
            });
        </script >
</head >
  < body >
      < p title = "选择你最喜欢的城市." >你最喜欢的城市是?</p >
        < ul >
              < li title = '北京 '>北京</li >
              < li title = '杭州 '>杭州</li >
              < li title = '南京 '>南京</li >
        </ul >
    </body >
</html >
```

6. 属性操作

使用 attr("属性名")方法。

读取属性值

```
var $title =  $ ("p").attr("title");
```

设置属性使用 attr("属性名","属性值")方法。

```
$ ("p").attr("title","这是新设的属性");
$ ("p").attr({"title": "mytitle","name": "test"});
```

删除属性：

```
$ ("p").removeAttr("title");
```

13.4.2　CSS 样式操作

CSS 样式基本操作如表 13.9 所示。

表 13.9　CSS 样式操作

名　称	说　明	实　例
addClass(classes)	为每个匹配的元素添加指定的类名	$("p").addClass("style2")；在<p>元素原有的 class 样式的基础上再追加 style2 样式
hasClass(class)	判断元素中是否至少有一个元素应用了指定的 CSS 类	$("p").hasClass("cls1")；如果 p 中存在 cls1 样式，运行结果为 true，否则运行结果为 false
removeClass([classes])	从所有匹配的元素中删除全部或者指定的类	$("p").removeClass("bluestyle")；移除<p>元素中值为 bluestyle 的 class
toggleClass(class)	如果存在(不存在)就删除(添加)一个类	使用 toggleClass()，如果不存在此样式，就添加此样式；如果已存在此样式就删除此样式
css(name)	访问第一个匹配元素的样式属性	取得第一个段落的 select 样式属性的值：$("p").css("select")；
css(properties)	设置属性。属性由名与值构成	将所有段落的字体颜色设为红色并且背景为蓝色：$("p").css({ color: "red", background: "blue" })；
css(name,value)	在所有匹配的元素中，设置一个样式属性的值。数字将自动转化为像素值	将所有段落字体设为红色：$("p").css("color","red")；

13.4.3 读写 HTML 文本

有 3 个函数 html()、text()、val()分别获取或设置元素内部的 HTML 内容、获取或设置元素内容文本内容、获取或设置文本框、下拉列表、单选框等表单元素的 value 值。通过一个示例说明其用法。

例 13.8 读写 HTML 示例。

```
<%@ page language = "java" pageEncoding = "utf - 8" %>
<html>
 <head>
      <title></title>
      <script src = "script/jquery - 1.3.2.js" type = "text/javascript"></script>
      <script type = "text/javascript">
           $ (document).ready(function () {
                  var s1  =  $ ("p").html();
                  var s2  =  $ ("p").text();
                  var s3  =  $ ("p").val();
                  alert("s1 = " + s1 + "  s2 = " + s2 + "  s3 = " + s3);
           });
      </script>
 </head>
  <body>
 </html>
```

在 JQuery 中,val()是从最后一个向前读取,如果 value 值或 text 中的任何一项符合都会被选中。

13.5 JQuery 事件

13.5.1 绑定事件

```
$ ("节点").bind(type[,data],fn)
```

- type: 事件类型。如: blur、focus、load、resize、scroll、upload、click、dblclick、mousedown、mouseup、mousemove、mouseover、mouseout、mouseenter、mouseleave、change、select、submit、keydown、keypress、keyup、error 等。
- data: 可选,作为 event.data 属性传递给事件对象的额外数据对象。
- fn: 用来绑定的函数。

```
$ ("#div1").bind("click",function(){
          $ ("#div1").hide();
     })
```

也可以简写绑定事件,像 click、mouseover、mouseout 之类的事件,程序中经常会用到,JQuery 提供了简单的写法,可以有效减少代码量。像上面的代码可以作如下修改。

首先，我们尝试鼠标单击超链接时触发某些行为。在 ready 函数里加入以下代码：

```
$("p").click(function(){
    alert("hello world");
});
```

例 13.9　以下示例单击标题，显示与隐藏内容。

```
<%@ page language="java" pageEncoding="utf-8"%>
<html>
  <head>
      <script src="script/jquery-1.3.2.js"type="text/javascript"/>
      <script type="text/javascript">
         $(function(){
             /* 为#div1 绑定 click 事件，事件触发时调用 function 函数中的代码 */
             $("#div1").bind("click",function(){
                   $("#div1").hide();
             })});
   </script>
  </head>
  <body>
      <div id="div1">单击隐藏</div>
  </body>
</html>
```

13.5.2　事件冒泡

如果页面 DOM 树底层的元素某事件被触发，它会沿 DOM 树依次向上调用父辈元素对应的某事件。例如，页面 DIV 中的 SPAN 标记被单击，那它会依次触发 SPAN 的 click 事件、DIV 的 click 事件、BODY 的 click 事件。

在 JQuery 中使用事件对象非常简单，只需要在事件绑定函数中传入一个参数即可。

例 13.10　事件冒泡示例。

```
<%@ page language="java" pageEncoding="utf-8"%>
<html>
 <head>
    <script src="script/jquery-1.3.2.js" type="text/javascript"></script>
    <script type="text/javascript">
        function fun1(){
          alert('div1 点击');
        }
        function fun2(){
          alert('span1 点击');
        }
        $(function(){
             /* 为#span1 绑定 click 事件，事件触发时调用 fun2 函数中的代码 */
```

```
            $("#span1").bind("click",fun2);
            $("#div1 ").bind("click",fun1);
        });
    </script>
</head>
<body>
    <div id="div1">
            <span id="span1">冒泡事件</span>
    </div>
   </body>
</html>
```

如果要停止事件冒泡,可使用事件对象 event 的 stopPropagation()方法来停止事件冒泡。

例 13.11 使用 Jquery 使表格隔行颜色不同以及移动颜色不同。

```
<%@ page language="java" pageEncoding="utf-8" %>
<html>
 <head>
    <script src="script/jquery-1.3.2.js" type="text/javascript"></script>
    <script type="text/javascript">
      $(document).ready(function(){
          /*遍历所有的tr,将tr的背景颜色设置为'#ccc','#fff'之一,取哪一种颜色取决
          与当前位置i与2的余数*/
          $("tr").each( function(i){
                 this.style.backgroundColor=['#ccc','#fff'][i%2];
             })
            /*设定鼠标移过的行背景为红色*/
            $("tr").mouseover(function(){
                     $(this).css("background","red");
            })
            /*鼠标离开时,遍历所有的tr,将tr的背景颜色设置为'#ccc','#fff'之一,取
                哪一种颜色取决与当前位置i与2的余数*/
             $("tr").mouseout(function(){
                     $("tr").each(function(i){
                          this.style.backgroundColor=['#ccc','#fff'][i%2];
                       });}
             )
      })
    </script>
</head>
<body>
     <table>
          <thead>
               <tr><td>姓名</td><td>电话</td><td>地址</td></tr>
          </thead>
          <tbody>
               <tr><td>周俊</td><td>021-56789011</td><td>上海市杨浦区</td></tr>
               <tr><td>吴军</td><td>010-76789023</td><td>北京市朝阳区</td></tr>
               <tr><td>张志</td><td>010-56789616</td><td>北京市朝阳区</td></tr>
               <tr><td>刘侃</td><td>021-56234411</td><td>上海市杨浦区</td></tr>
```

```
            </tbody>
        </table>
    </body>
</html>
```

运行结果如图 13.3 所示。

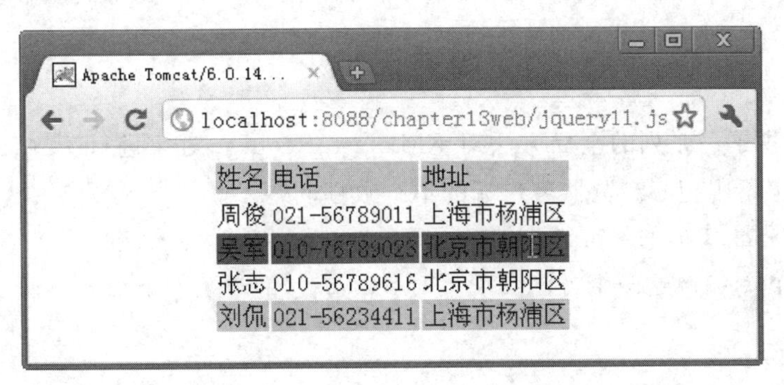

图 13.3　表格隔行颜色改变示例

13.6　基于 JQuery 的 Ajax 编程

13.6.1　什么是 Ajax

Ajax(Asynchronous JavaScript and XML)，即异步 JavaScript 和 XML 技术，是结合了 Java 技术、XML 以及 JavaScript 等编程技术。Ajax 是使用客户端脚本与 Web 服务器交换数据的 Web 应用开发方法。

异步这个词是指 Ajax 应用软件与主机服务器进行联系的方式。如果使用旧模式，每当用户执行某种操作、向服务器请求获得新数据，Web 浏览器就会更新当前窗口。如果使用 Ajax 的异步模式，浏览器就不必等用户请求操作，也不必更新整个窗口就可以显示新获取的数据。只要来回传送采用 XML 格式的数据，在浏览器里面运行的 JavaScript 代码就可以与服务器进行联系。JavaScript 代码还可以把样式表加到检索到的数据上，然后在现有网页的某个部分加以显示，例如，Google 和百度的搜索框中的智能感知等就使用了 Ajax 技术。Web 页面不用打断交互流程进行重新加载，就可以动态地更新。使用 Ajax，用户可以创建接近本地桌面应用的直接、高可用、更丰富、更动态的 Web 用户界面。如图 13.4 所示。

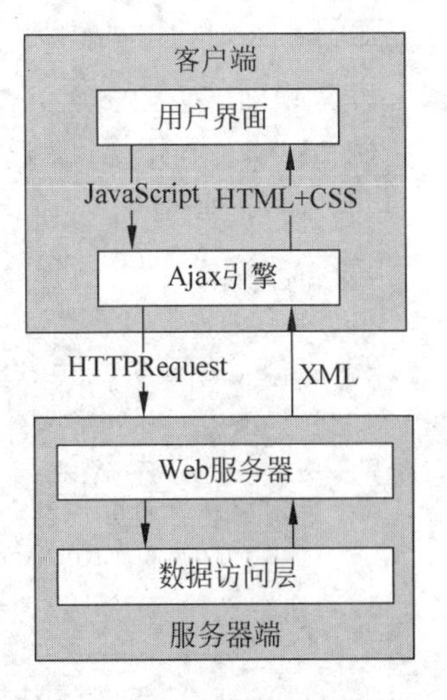

图 13.4　Ajax 请求响应流程

Ajax 处理过程：一个 Ajax 交互从一个称为 XMLHttpRequest 的 JavaScript 对象开始。如同名字所示的，它允许一个客户端脚本来执行 HTTP 请求，并且将会解析一个 XML 格式的服务器响应。Ajax 处理过程中的第一步是创建一个 XMLHttpRequest 实例。使用 HTTP 方法(GET 或

POST)来处理请求,并将目标 URL 设置到 XMLHttpRequest 对象上。现在,首先记住 Ajax 如何处于异步处理状态。当发送 HTTP 请求时,若不希望浏览器挂起并等待服务器的响应,取而代之的是希望通过页面继续响应用户的界面交互,并在服务器响应真正到达后处理它们。要完成它,可以向 XMLHttpRequest 注册一个回调函数,并异步地派 XMLHttpRequest 请求。控制权马上就被返回到浏览器,当服务器响应到达时回调函数将会被调用。

13.6.2 JQuery 的 Ajax 编程技术

JQuery 提供了一系列的全局方法对 XMLHttpRequest 对象进行了封装,在进行 Ajax 开发过程中再也不用担心浏览器客户端的不一致性问题了。

$.ajax()是最基本的 Ajax 方法,在 JQuery 中提供了两个简捷的 Ajax 调用方法,即 $.get()和 $.post()。这两个方法实现了对 $.ajax()的封装。下面介绍两个方法的使用。

1. $.get()

语法:$.get(url [,data] [,callback] [,type])

- url:请求的 HTML 页的 URL 地址;
- data:发送到服务器的数据,以 key/value 对形式书写,如{id:"10",age:"18"};
- callback:回调函数,只有返回的状态是 success 时才调用该方法;
- type:服务端返回的内容的格式。格式有 XML、HTML、JSON、JSONP、TEXT。

2. $.post()

语法:$.post(url [,data] [,callback] [,type])

- url:请求的 HTML 页的 URL 地址;
- data:发送到服务器的数据,以 key/value 对形式书写,如{name:"lisi",age:"18"};
- callback:回调函数,只有返回的状态是 success 时才调用该方法;
- type:服务端返回的内容的格式,主要有 XML、HTML、JSON、TEXT 等。

$.post()与 $.get()很相似,只是数据参数传递方式不一样,这两者与传统的 get/post 提交方式相同。

例 13.12 利用 Ajax 返回一个 XML 类型数据。

(1) 编写 Servlet。

```
package com;
import java.io.*;
import javax.servlet.ServletException;
import javax.servlet.http.*;
public class AjaxServlet extends HttpServlet {
    public void doGet(HttpServletRequest request, HttpServletResponse response)
        throws ServletException, IOException {
        response.setContentType("application/xml;charset = utf - 8");
        String uname = request.getParameter("uname");
        String upwd = request.getParameter("upwd");
```

```
        PrintWriter out = response.getWriter();
        /* 向客户端输出 XML 数据 */
        out.println("<?xml version='1.0' encoding='utf-8'?>");
        out.println("<comments>");
        out.println("<comment username='" + uname + "'>");
        out.println("<content>" + upwd + "</content>");
        out.println("</comment>");
        out.println("</comments>");
        out.flush();
        out.close();
    }}
```

（2）配置 web.xml 加上 Servlet。

```
<?xml version="1.0" encoding="UTF-8"?>
<web-app version="2.5"
 xmlns="http://java.sun.com/xml/ns/javaee"
 xmlns:xsi="http://www.w3.org/2001/XMLSchema-instance"
 xsi:schemaLocation="http://java.sun.com/xml/ns/javaee
 http://java.sun.com/xml/ns/javaee/web-app_2_5.xsd">
<servlet>
  <servlet-name>AjaxServlet</servlet-name>
  <servlet-class>com.AjaxServlet</servlet-class>
</servlet>
<servlet-mapping>
  <servlet-name>AjaxServlet</servlet-name>
  <url-pattern>/ajaxservlet</url-pattern>
</servlet-mapping>
</web-app>
```

（3）编写 JSP 页面，注意 Ajax 技术的运用。

```
<%@ page language="java" pageEncoding="utf-8"%>
<html>
 <head>
    <title></title>
    <link rel="stylesheet" type="text/css" href="css/style.css">
    <script src="script/jquery-1.3.2.js" type="text/javascript"></script>
    <script type="text/javascript">
        $(function(){
              $("#button1").click(function(){
                      /* 当单击 button1,将启动一个 Ajax 异步请求,请求 url 为 ajaxservlet,
                      该 url 对应一个 servlet,提交数据为 form1,完成后回调函数
                        function(data,status) */
                      $.get("ajaxservlet",$("#form1").serialize(),
                      function(data,status){
                        /* 定位 comments 元素下的 comment 元素 */
                        var u=$(data).find("comments comment").attr("username");
                        var p=$(data).find("comments content").text();
                        $("#data1").html(u+p);
                  });
```

```
            });
        });
    </script>
</head>
<body>
    <center>
        <form action = "" id = "form1">
            <input type = "text" id = "text1" name = "uname">
            <input type = "text" id = "text2" name = "upwd">
            <input type = "button" id = "button1" value = "click">
            <div id = "data1"></div>
        </form>
    </center>
 </body>
</html>
```

注意：如果传多个参数给服务器。

```
$ (function(){
        $ (" #button1").click(function(){
            $ .get("ajaxservlet",
              {uname: '张三',upwd: '1234'},function(data,status){
               $ (" #data1").html(data);
            });
        },"text");
    });
```

{uname：'张三',upwd：'1234'}是传值的形式，前面是名称后面是值，多个参数之间使用“,”隔开。

例 13.13 利用 Ajax 返回一个字符串。

(1) 编写 JSP 页面。

```
<%@ page language = "java" pageEncoding = "utf - 8" %>
<html>
 <head>
    <title></title>
    <link rel = "stylesheet" type = "text/css" href = "css/style.css">
    <script src = "script/jquery - 1.3.2.js" type = "text/javascript"></script>
    <script type = "text/javascript">
        $ (function(){
            $ (" #button1").click(function(){
                $ .get("ajaxservlet", $ (" #form1").serialize(),
                function(data,status){
                  $ (" #data1").html(data);
                });
              });
          });
    </script>
</head>
```

```
<body>
    <center>
        <form action = "" id = "form1">
            <input type = "text" id = "text1" name = "uname">
            <input type = "text" id = "text2" name = "upwd">
            <input type = "button" id = "button1" value = "click">
            <div id = "data1"></div>
        </form>
    </center>
</body>
</html>
```

(2) 编写 AjaxServlet.java 接收从页面传过来的 String 对象。

```
package com;
import java.io.*;
import javax.servlet.ServletException;
import javax.servlet.http.*;
public class AjaxServlet extends HttpServlet {
   public void doGet(HttpServletRequest request,
                     HttpServletResponse response)
        throws ServletException, IOException {
      String uname = request.getParameter("uname");
      String upwd = request.getParameter("upwd");
      System.out.println(uname + " " + upwd);
      PrintWriter out = response.getWriter();
      /* 向客户端输出 String 数据 */
      out.println("Hello " + uname + "," + upwd);
      out.flush();
      out.close();
   }
}
```

13.6.3　JQuery 中使用 JSON

JSON 的概念很简单,它是一种轻量级的数据格式,是 JavaScript 语法的子集,即数组和对象表示。由于使用的是 JavaScript 语法,因此 JSON 定义可以包含在 JavaScript 文件中,对其的访问无需通过 XML 解析。

简单地说,JSON 可以将 JavaScript 对象中表示的一组数据转换为字符串,然后就可以在函数之间轻松地传递这个字符串,或者在异步应用程序中将字符串从 Web 客户端传递给服务器端程序。以下是几个简单 JSON 的示例。

1. JSON 表示名称/值对

```
{ "StudentName": "zhangliuwen" }
```

2. 包含多个名称/值对

```
{ " StudentName ": "zhou", "email": "zhou@mycom.com" }
```

3. 值的数组

当需要表示一组值时,JSON 不但能够提高可读性,而且可以减少复杂性。使用 JSON 只需将多个带花括号的记录分组在一起:

```
{ "students": [
 { " StudentName ": "zhou", "email": "zhou@mycom.com"},
 { " StudentName ": "zhang", "email": "zhang@mycom.com" },
 { " StudentName ": "liu", "email": "liu@mycom.com"}  ]}
```

JSON 不仅减少了解析 XML 带来的性能问题和兼容性问题,而且对于 JavaScript 来说更容易使用,可以方便地通过遍历数组以及访问对象属性来获取数据,其可读性也不错,基本具备了结构化数据的性质。

例 13.14 利用 Ajax 返回一个 JSON 数据。

(1) 编写 JSP 页面。

```
<%@ page language="java" pageEncoding="utf-8"%>
<html>
 <head>
    <link rel="stylesheet" type="text/css" href="css/style.css">
    <script src="script/jquery-1.3.2.js" type="text/javascript"></script>
    <script type="text/javascript">
        $(function(){
              $("#button1").click(function(){
                   $.get("ajaxservlet", $("#form1").serialize(),
                   function(data,status){
                       var u=data.uname;
                       var p=data.upwd;
                       $("#data1").html(u+p);
                   },"json");
                 });
            });
    </script>
</head>
<body>
    <center>
        <form action="" id="form1">
            <input type="text" id="text1" name="uname">
            <input type="text" id="text2" name="upwd">
            <input type="button" id="button1" value="click">
            <div id="data1"></div>
        </form>
    </center>
 </body>
</html>
```

(2) 编写 AjaxServlet.java 接收从页面传过来的 JSON 对象。

```
package com;

import java.io.*;
import javax.servlet.ServletException;
import javax.servlet.http.*;
public class AjaxServlet extends HttpServlet {
 public void doGet(HttpServletRequest request, HttpServletResponse response)
         throws ServletException, IOException {
      String uname = request.getParameter("uname");
      String upwd = request.getParameter("upwd");
      PrintWriter out = response.getWriter();
      /* 向客户端输出 JSON 格式的数据 */
      out.println("{uname: '" + uname + "',upwd: '" + upwd + "'}");
      out.flush();
      out.close();
      }
}
```

13.7　本章小结

这一章介绍 JQuery 开源 JavaScript 库的使用。学习 JQuery 入门比较简单,首先要了解 HTML 文档结构以及熟练使用 CSS,这些对学习 JQuery 帮助很大。学习 JQuery,一定要自己编写代码,深入到开发中锻炼,理论结合实际才会积累经验。不断地去实践,不断在实际代码中找出它们的规律,发现它们的原理,以及它们之间相互的关系,才能提升 JQuery 的编程能力。当 JQuery 入门,能够熟练地使用 JQuery 语句对元素进行操作了之后,请多研究一下 JQuery 域的封装,以及一些比较成熟的基于 JQuery 开发的控件。在学到一定程度之后,就可以试着了解 JQuery 的源码,从根本来探究 JQuery 的原理。Ajax 技术也是目前比较热门的技术之一,读者可以查阅资料,多学习一些 Ajax 技术。

第四篇　Java EE编程实验

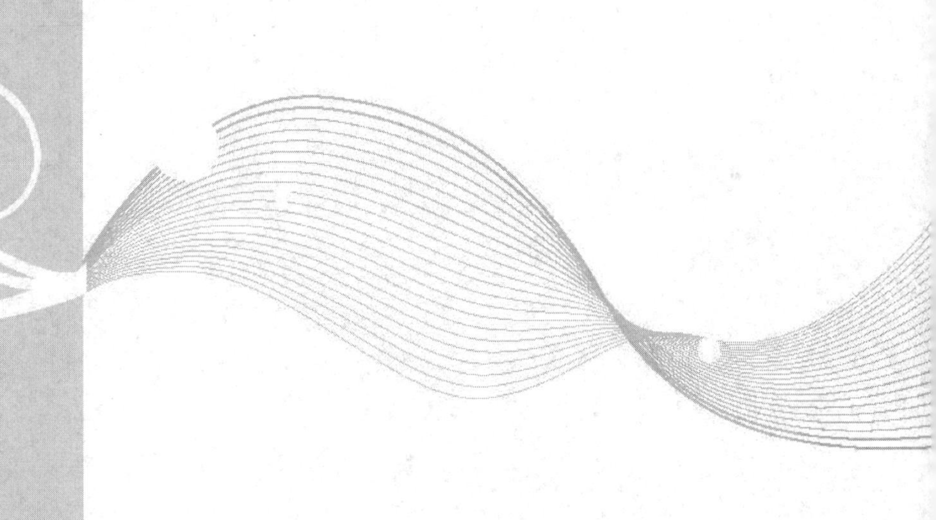

第14章 基于Ant的Java应用程序部署

14.1 Ant 框架介绍

在编写完应用程序时，应该对程序进行编译、部署等操作。如果每次都手动打包、部署、运行则很麻烦，而且容易导致错误。随着应用程序的生成过程变得更加复杂，确保在每次生成期间都使用精确相同的生成步骤，同时实现尽可能多的自动化，以便及时产生一致的软件版本，则需要一个自动化的构建工具。Ant 便是一个基于任务的自动化的构建工具。Ant 是 Apache 软件基金会 JAKARTA 目录中的一个子项目，它使用 Java 语言编写，具有很好的跨平台性。Ant 本意是 Another Neat Tool，即另一种整洁的工具，取每个单词首字母就是 Ant。

1. 下载安装 Ant

从 Apache 国际软件基金会网站 http://www.apache.org/即可下载 Ant。下载后 Ant 的文件是一个压缩文件，只需解压即可安装，如解压到 D:\ant。

2. 设置环境变量。

创建名称为 ANT_HOME，值为 Ant 的安装目录，即 D:\ant。将%{ANT_HOME}\bin 值添加到环境变量 path 的末尾，多个值之间使用"；"分隔。这一步主要目的是在任何目录中都可以使用 Ant 命令。

需要注意的是要能够使用 Ant 命令，系统首先必须安装 JDK 以及设置 JDK 相关的环境变量。JDK 相关的环境变量在前面章节已经介绍。

先测试一下 Ant 安装是否正确。进入操作系统命令行环境中并输入 ant-version，该命令显示当前安装的 Ant 的版本号，结果如图 14.1 所示，说明安装正确。

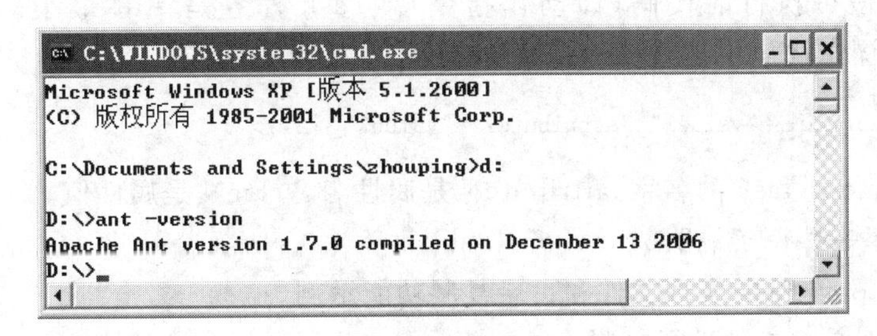

图 14.1 Ant 版本号

Ant 主要由 4 个部分构成：项目(Project)、目标(Target)、任务(Task)、属性(Property)。

1. 项目 Project

即需要构建的系统。可以是 Java 应用程序或 Java EE 程序，每个构建文件对应一个项目，<project>标签是构建文件的根标签。其各个属性的含义分别如下：

- name：项目名称；
- default：当没有指定任务时使用的缺省任务；
- basedir：用于定义所有其他路径的基路径。

2. 目标 Target

一个 Target 是由一系列想要执行的任务或指令构成。如编译任务、打包任务等。Target 的基本属性有：

- name：Target 的名字；
- depends：用逗号分隔的 Target 的名字列表，也就是依赖表；
- description：关于 Target 功能的简短描述。

一个项目可以定义一个或多个 Target。执行 Ant 时，可以选择执行某个 Target。当没有指定 Target 时，使用 project 的 default 属性所确定的 Target。多个 Target 构成了 Targets，这一系列的 Targets 之间存在相互依赖的关系。例如，可能会有一个 Target 用于编译程序，一个 target 用于运行 Java 程序。在运行程序之前必须先通过编译，所以运行的 Target 依赖于编译 Target。Ant 自动处理这种依赖关系。

如我们定义以下 Target 依赖关系：

```
< target name = "tA"/>
< target name = "tB" depends = "tA"/>
< target name = "tC" depends = "tB,tA"/>
```

如果执行任务 tC。从它的依赖属性来看，因为 tC 任务依赖于 tB，而 tB 又依赖于 tA，所以执行任务 tC 时，先执行任务 tA，然后执行 tB，最后执行任务 tC。而执行到 tB 时可能会想它依赖于 tA，是不是 tA 又执行一遍呢？不会的，在 Ant 中一个 Target 只能被执行一次，即使有多个 Target 依赖于它。

3. Task

Task 是一段可执行的代码(即动作指令)。Task 任务是 Ant 最小的运行单位，如 copy、mkdir 等操作就是 Task 任务。Task 的一般构建形式为

```
< name   attribute1 = "value1"   attribute2 = "value2"   … />
```

这里的 name 是 task 的名字，attributeN 是属性名，valueN 是属性值。

下面我们举一些例子说明 Ant 任务 Task。

(1) 通过 Copy Task 实现文件和目录复制功能示例。

例 14.1 对单个文件进行复制。

```
< copy file = "m1.java" tofile = "m1_copy.java"/>
```

其作用是复制当前目录m1.java文件,并把复制的文件重新命名为m1_copy.java。

例 14.2 对文件目录进行复制。

```
<copy todir = "../p1/dir">
   <fileset dir = "src "/>
</copy>
```

其作用是把src目录复制到../p1/dir目录下。

例 14.3 执行Copy使用文件过滤的实例。

```
<copy todir = "../beifen/dir">
   <fileset dir = "src ">
       <exclude name = " * * / * . java"/>
   </fileset>
</copy>
```

作用是把src目录及其子目录下所有非Java文件复制到../ beifen /dir目录下。

(2) mkdir任务和delete任务。

例 14.4 mkdir的用法实例。

```
<property name = "dist" value = "dist" />
<mkdir dir = " $ {dist}"/>
```

作用是在在当前目录下创建一个名为dist的子目录。

例 14.5 delete的用法实例。

```
<delete includeEmptyDirs = "true">
     <fileset dir = "." includes = " * . exe"/>
</delete>
```

其作用为删除所有 *.exe文件。

(3) 运行Java程序的java任务。

例 14.6 运行一个Java class类。

```
<target name = "run">
     <java classname = " $ {main}" classpath = "Hello"/>
</target>
```

其作用为运行一个Java程序。Hello表示要运行的main类。

4. Properties

一个项目中可以包含很多的properties。可以在build. xml中用property来设定。property由名称和值构成。property功能类似于在程序中定义的一些全局变量。

例 14.7 property使用示例。

```
<! -- 创建属性名为 src.dir, build.dir,其值引用了 basedir 属性的值 -->
<property name = "src.dir"    value = " $ {basedir}\src" />
<property name = "build.dir"    value = " $ {basedir}\classes" />
 <! -- 使用属性 build.dir,注意语法 $ {build.dir} -->
<path id = "classpath">
```

```
   <pathelement location = "${build.dir}" />
</path>
<!-- 使用属性 build.dir,注意语法 ${build.dir} -->
<target name = "init">
   <mkdir dir = "${build.dir}" />
</target>
  <!-- 使用属性 src.dir 与 build.dir-->
  <target name = "build" depends = "init">
   <javac  srcdir = "${src.dir}" destdir = "${build.dir}"
         source = "1.6" deprecation = "on"
        debug = "on" optimize = "off" includes = "**">
     <classpath refid = "classpath" />
   </javac>
 </target>
</target>
```

Ant 中有些内置的属性：

- basedir project：基目录的绝对路径（与<project>的 basedir 属性一样）；
- ant.file：构建文件的绝对路径；
- ant.version：Ant 的版本；
- ant.project.name：当前执行的 project 的名称，由 project 的 name 属性指定；
- ant.java.version：JVM 的版本。

14.2 Ant 基本操作入门

下面以 Ant 如何编译、运行一个简单 Java 程序为例，说明 Ant 如何使用。

(1) 创建一个 Java 程序。

```
public class Hello{
    public static void main(String[] args){
        System.out.println("这是第一个使用 Ant 运行的 Java 程序");
    }
}
```

(2) 在程序目录下创建一个构建文件，文件名为 build.xml。

```
<?xml version = "1.0" encoding = "GB2312" ?>
<!-- 定义项目的名称、缺省的 target 以及基目录 -->
<project name = "HelloApp"  default = " compile "  basedir = ".">
        <!-- 定义项目需要的一些属性 -->
        <property name = "project-name" value = "HelloApp"/>
        <!-- 定义项目的包目录、类目录以及 jar 文件路径等属性 -->
        <property name = "lib" value = "lib"/>
        <property name = "src" value = "src"/>
        <property name = "build.classes"  value = "classes" />
        <property name = "jar.dir"     value = "jar"/>
        <!-- 设定包文件名与项目文件名相同 -->
        <property name = "jar-file-name"      value = "${project-name}" />
```

```
<!-- 设定外部的包目录位置,本示例中没有使用外部包
 <path id="ExternalLib">
        <fileset dir="${lib}">
                <include name="**/*.jar" />
        </fileset>
 </path>-->

<!-- 创建预备任务,在任务中创建了相关目录 -->
<target name="prepare" >
        <mkdir dir="${build.classes}" />
        <mkdir dir="${jar.dir}" />
</target>

<!-- 创建清除任务,删除相关目录与文件 -->
<target name="clean" >
        <delete dir="${build}" />
        <delete dir="${jar.dir}" />
</target>

<!-- 创建编译任务,依赖于 clean 与 prepare 任务 -->
<target name="compile" depends="clean,prepare">
<echo message="正在编译..."/>
        <!-- 设定源路径、目的类路径 -->
        <javac srcdir="${src}"
               destdir="${build.classes}"
               deprecation="true"
               failonerror="true" debug="true"
              >
              <!-- 如果需要第三方包,则导入。本例中没有使用。
                <classpath refid="ExternalLib"/>
              -->
        </javac>
</target>

<!-- 创建打包任务,依赖于 compile 编译任务 -->
<target name="jar" depends="compile">
        <!-- 设定目的路径 -->
        <jar destfile="${jar.dir}/${jar-file-name}.jar" basedir="${build.
classes}">
                <manifest>
                        <!-- 设定 main 函数所在类名 -->
                        <attribute name="Main-Class" value="Hello"/>
                        <!-- 设定需要使用的包
                        <attribute name="Class-Path" value="../${lib}/*.jar"/>
                        -->
                </manifest>
        </jar>
 </target>

 <!-- 创建运行任务 -->
<target name="run"  description="运行 Hello 程序 ">
```

```
            <java jar="${jar.dir}/${jar-file-name}.jar" fork="true" maxmemory="256m">
                <!-- 如果使用到第三方包,要导入,否则保存
                    <classpath refid="ExternalLib"/> -->
            </java>
        </target>
</project>
```

我们看一下初始时 *.java 文件与构建文件 build.xml 存储的位置，如图 14.2 所示。

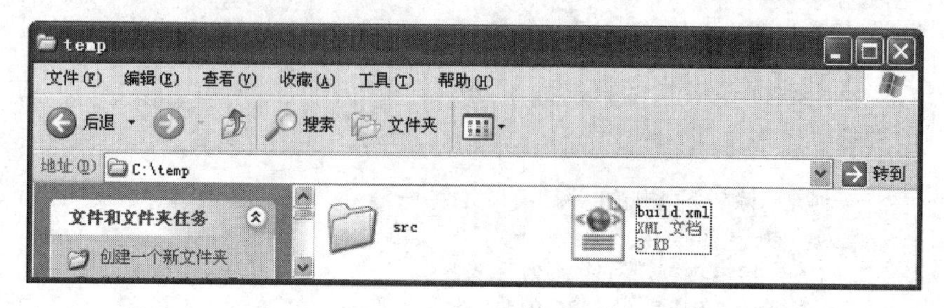

图 14.2　初始文件存储目录

其中 src 文件夹中放置源文件 Hello.java。

(3) 执行 Ant jar 任务，如图 14.3 所示。

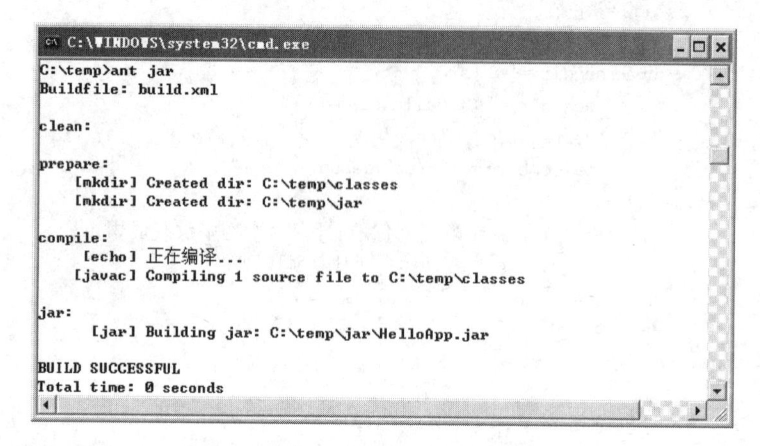

图 14.3　执行 Ant 任务

执行后的文件与目录结构如图 14.4 所示。

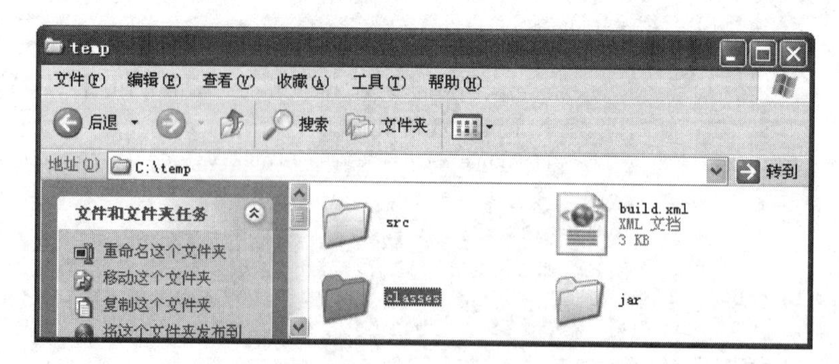

图 14.4　执行后目录信息

其中自动创建了 classes 与 jar 文件夹，classes 文件夹中放置类文件，jar 文件夹放置生成的包 Hello.jar 文件。

(4) 执行 Ant run 任务，如图 14.5 所示。

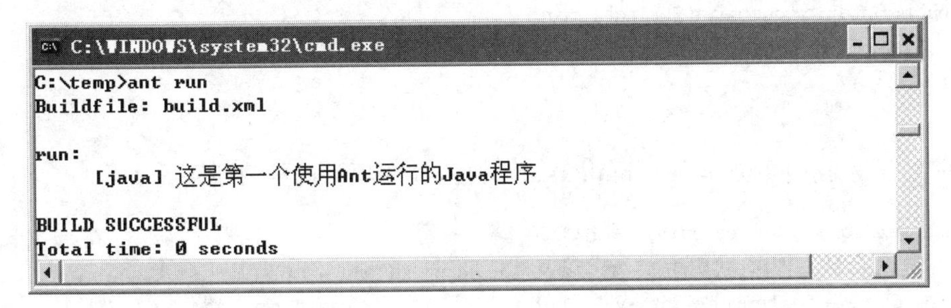

图 14.5　执行 Ant 运行任务输出结果

14.3　MyEclipse 中使用 Ant

下面介绍在 MyEclipse 中如何使用 Ant。

(1) 在 MyEclipse 中配置 Ant。注意一点，MyEclipse 已经集成了 Ant，如果需要改变 Ant 配置，则可以选择 Window | Preferences | Ant | RunTime 中的 Ant_Home 命令，修改 Ant 安装目录，如图 14.6 所示。

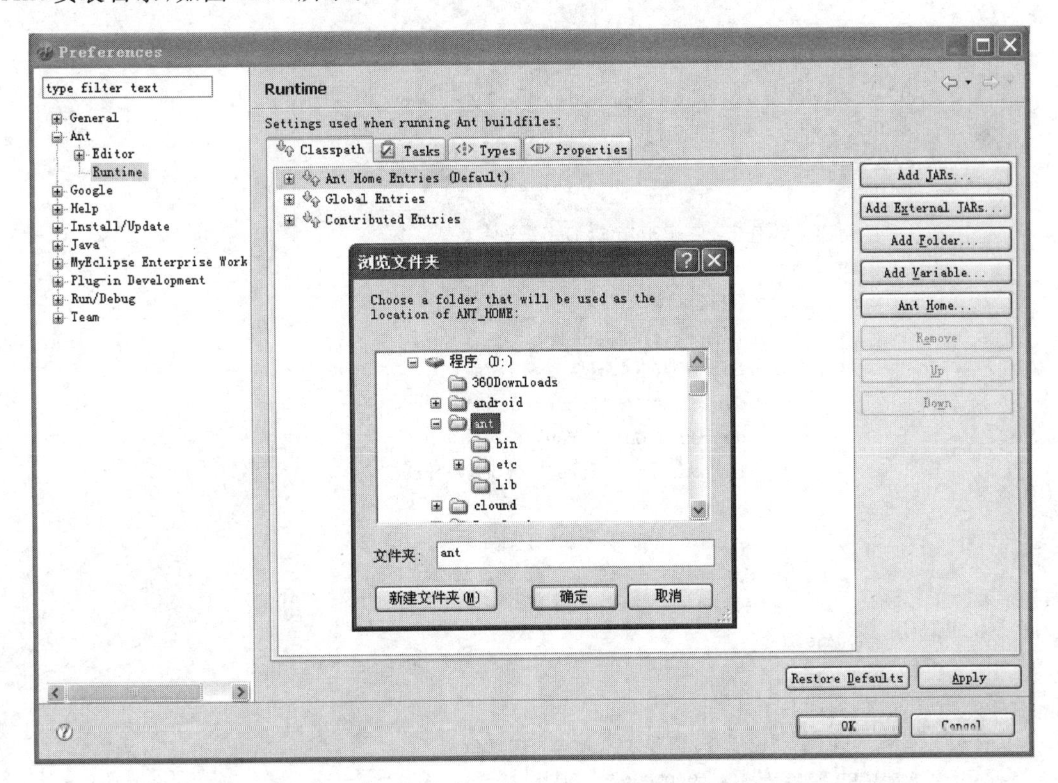

图 14.6　在 MyEclipse 中配置 Ant

(2) 创建一个 Java 项目 chapter14antjava 来介绍 MyEclipse 中的 Ant 使用。

```
package chapter14;
public class AntDemo {
  public static void main(String[ ] args) {
    System.out.println("第一个 Ant 在 MyEclipse 下的使用!");
  }
}
```

(3) 接下来我们要创建一个 build.xml 文件,放在项目的根目录下。如:

```
<?xml version = "1.0" encoding = "GB2312" ?>
<! -- 定义项目的名称、默认的 target 以及基目录 -->
< project name = "chapter14antjava"  default = "build"  basedir = ".">
        <! -- 定义项目需要的一些属性 -->
        < property name = "project - name" value = "AntDemo"/>
        <! -- 定义项目的包目录、类目录以及 jar 文件路径等属性 -->
        < property name = "lib" value = "lib"/>
        < property name = "src" value = "src"/>
        < property name = "build.classes"  value = "classes" />
        < property name = "jar.dir"    value = "jar"/>
        <! -- 设定包文件名与项目文件名相同 -->
        < property name = "jar - file - name" value = " $ {project - name}" />

        <! -- 创建预备任务 -->
        < target name = "init" >
              < mkdir dir = " $ {build.classes}" />
              < mkdir dir = " $ {jar.dir}" />
        </target >

        <! -- 创建编译任务,依赖于 init 任务 -->
        < target name = "build" depends = "init">
        < echo message = "正在编译..."/>
              <! -- 设定源路径、目的类路径 -->
              < javac srcdir = " $ {src}"
                      destdir = " $ {build.classes}"
                      deprecation = "true"
                      failonerror = "true" debug = "true"
                    >
                    <! -- 如果需要第三方包,则导入
                      < classpath refid = "ExternalLib"/>
                     -->
              </javac >
        </target >

          <! -- 创建打包任务,依赖于 compile 编译任务 -->
        < target name = "jar" depends = "build">
                <! -- 设定目的路径 -->
                < jar destfile = " $ {jar.dir}/ $ {jar - file - name}.jar" basedir = " $ {build.
```

```
classes}">
                        <manifest>
                            <!-- 设定 main 函数所在类名 -->
                            <attribute name="Main-Class" value="chapter14.AntDemo"/>
                        </manifest>
                </jar>
        </target>

        <!--创建运行任务-->
        <target name="run"  depends="jar" description="运行 AntDemo 程序 ">
                <java jar="${jar.dir}/${jar-file-name}.jar" fork="true" maxmemory="256m">
                </java>
        </target>

</project>
```

(4) 右击鼠标,在弹出的快捷菜单中选择“项目”|Properties|Builder 命令,添加一个 Ant Builder,选择 New|Ant Builder 命令,出现如图 14.7 所示的对话框。

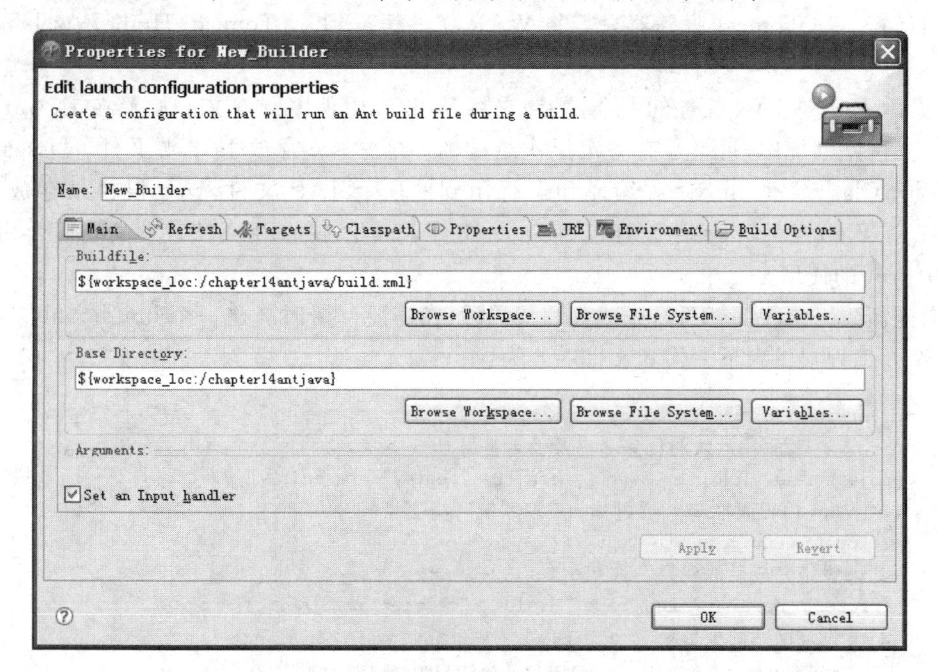

图 14.7 配置 Ant Builder

- Name:即给这个 Builder 取一个名称,可以自己定义;
- Buildfile:单击 Browse Workspace 按钮,选择刚创建的 builder.xml 文件;
- Base Directory:基目录,选择工程文件目录。

(5) 可以在 build.xml 中右击鼠标,在弹出的快捷菜单中选择 Run As|Ant Build 命令,即可运行刚配置的 Ant。

运行结果如图 14.8 所示。

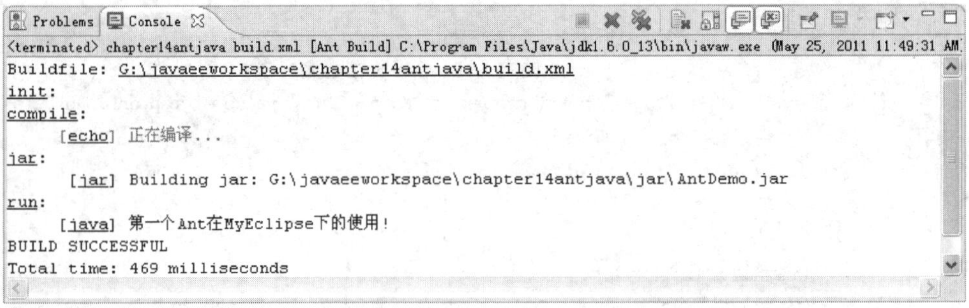

```
Problems  Console
<terminated> chapter14antjava build.xml [Ant Build] C:\Program Files\Java\jdk1.6.0_13\bin\javaw.exe (May 25, 2011 11:49:31 AM)
Buildfile: G:\javaeeworkspace\chapter14antjava\build.xml
init:
compile:
     [echo] 正在编译...
jar:
      [jar] Building jar: G:\javaeeworkspace\chapter14antjava\jar\AntDemo.jar
run:
     [java] 第一个Ant在MyEclipse下的使用!
BUILD SUCCESSFUL
Total time: 469 milliseconds
```

图 14.8　运行 Ant 任务输出结果

14.4　Ant 部署 Web 应用程序

一个 Web 应用程序中包含很多文件,如果手工部署会比较麻烦而且容易出错。此时可以利用 Ant 将 Web 应用程序打包成一个 WAR 文件,将此文件拷贝到 Web 服务器相应目录即可运行。如 Tomcat 服务器只需将 WAR 文件拷贝到 ${Tomcat_Home}\webapps 目录下。

WAR 任务是 JAR 任务的一个扩展,它将 Web 应用程序所需文件放置在 *.war 文件当中。在网站系统中,目录是有一定层次结构的。通常 src 存放 Java 源文件,classes 存放编译后的 Class 文件,lib 存放编译和运行用到的所有 JAR 文件,web 根目录存放 JSP、HTML 等 Web 文件,dist 存放打包后的 jar 文件,doc 存放 API 文档。下面我们介绍 web 工程中 Ant 的使用。

首先新建一个 Web 工程,完成工程代码后,在需要部署时新建一个 build.xml 文件,并放在 Web 工程根目录下。构建文件内容为:

```
<?xml version="1.0"  encoding="gb2312"?>
  <!-- 定义工程名、默认的任务名以及设定基目录 -->
  <project name="chapter13web"  default="deploy"  basedir=".">
    <!-- Ant 内置属性 env,通过 env 读取系统环境变量 -->
    <property environment="env"/>
    <!-- 设定完成后的项目名称 chapter13web -->
    <property name="webapp.name"  value="chapter13web"/>
    <!-- 设定网站的根目录 -->
    <property name="web.dir"  value="${basedir}/WebRoot"/>
    <!-- 设定网站的源代码目录 -->
    <property name="src.dir"  value="${basedir}/src"/>
    <!-- 设定网站的包目录 -->
    <property name="lib.dir"  value="${basedir}/WebRoot/WEB-INF/lib"/>
    <!-- 设定网站的类目录 -->
    <property name="class.dir"  value="${basedir}/WebRoot/WEB-INF/classes"/>
    <!-- 设定网站部署后放置目录,一般放置于 Tomcat 安装目录下的 webapps 中 -->
    <property name="webapps.dir"  value="${env.TOMCAT_HOME}/webapps"/>
    <!-- 设定网站源文件编译所需要的包 -->
    <path id="classpath">
        <fileset dir="${env.TOMCAT_HOME}/lib">
```

```
            <include name = " * . jar"/>
        </fileset>
        <fileset dir = " $ {lib.dir}">
          <include name = " * . jar"/>
        </fileset>
    </path>
    <! -- init 初始任务,创建几个目录 -->
    <target name = "init">
        <mkdir dir = " $ {src.dir}"/>
        <mkdir dir = " $ {lib.dir}"/>
    </target>

    <! -- clean 清除任务,删除 class.dir 中的所有类 -->
    <target name = "clean">
        <delete dir = " $ {class.dir}"  includes = " * * / * .class"/>
    </target>

    <! -- compile 编译任务,编译 $ {src.dir}中的源文件,使用到 compile.classpath 中的包 -->
    <target name = "compile" depends = "clean">
        <mkdir dir = " $ {class.dir}"/>
        <javac srcdir = " $ {src.dir}"  destdir = " $ {class.dir}">
              <classpath refid = "classpath"/>
        </javac>
         <! -- 编译后将类拷贝至 $ {class.dir} -->
        <copy  todir = " $ {class.dir}">
          <fileset dir = " $ {src.dir}" excludes = " * * / * .java"/>
        </copy>
    </target>

  <! -- deploy 任务,将 web.xml 文件以及所有类文件以及网站根目录下的文件打成包。文件名为
$ {webapp.name}.war  -->
    <target name = "deploy" depends = "compile">
        <delete dir = " $ {webapps.dir}/ $ {webapp.name}"/>
        <war destfile = " $ {webapps.dir}/ $ {webapp.name}.war"
                          webxml = " $ {basedir}/WebRoot/WEB - INF/web.xml">
            <lib dir = " $ {lib.dir}"/>
                <classes dir = " $ {class.dir}"/>
            <fileset dir = " $ {web.dir}"/>
        </war>
    </target>

    <! -- 启动 Tomcat  -->
    <target name = "starttomcat" >
        <exec dir = " $ {env.TOMCAT_HOME}/bin" executable = "cmd.exe">
            <env key = "TOMCAT_HOME" path = " $ {env.TOMCAT_HOME}"/>
            <arg value = "/c startup.bat"/>
        </exec>
    </target>

    <! -- 停止 Tomcat -->
    <target name = "stoptomcat" >
```

```
        <exec dir = " ${env.TOMCAT_HOME}/bin" executable = "cmd.exe">
            <env key = "TOMCAT_HOME" path = " ${env.TOMCAT_HOME}"/>
            <arg value = "/c shutdown.bat"/>
        </exec>
    </target>
    </project>
```

以上 XML 依次定义了 init(初始化)、compile(编译)、deploy(部署)以及启动 Tomcat 或停止 Tomcat 等任务,可以作为 Web 部署模板。

接下来我们选中当前工程,选择 Project|Properties|Builders|New|Ant Build 命令。填入创建的名称为 Name: mybuillder; 部署文件为 Buildfile: build.xml; 基目录为 Base Directory: ${workspace_loc: /chapter13web},如果使用到了其他的包,把它复制到 Hello/lib 目录下,并添加到 Ant 的 classpath 中。然后在 Builder 面板中勾选 mybuillder 选项,去掉 Java Builder。

运行 build.xml 文件,利用 Ant 部署,即可在控制台看到 Ant 的输出,如图 14.9 所示。

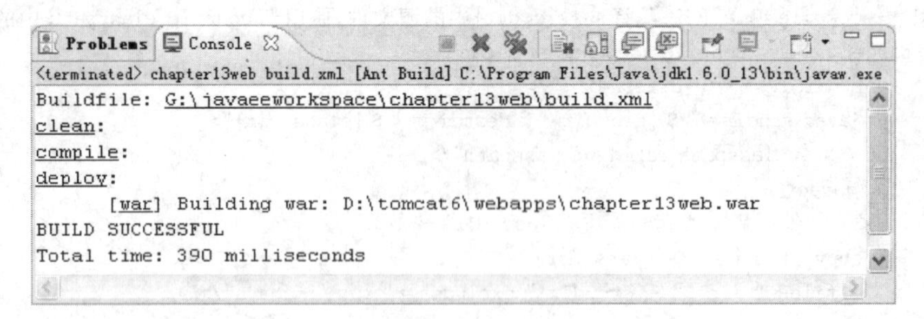

图 14.9 MyEclipse 中利用 Ant 进行 Web 部署

当系统再次修改时,可以利用上述 Ant 部署进行网站部署。这样做显然提高了开发效率,即使脱离了 MyEclipse 环境,只要正确安装了 Ant,配置好环境变量 ANT_HOME,在命令行提示符下输入 Ant 命令即可。

14.5 本章小结

这一章比较详细地介绍了 Ant 构建工具的使用。使用 Ant 能够对应用程序进行快速、便捷的部署运行。其实只要读懂构建文件,网站上有一些通用的模板。在工程中就可以快速地利用 Ant 了。一些开源项目的源代码里面就有详细的构建文件,可以参考使用。

第15章 Java EE编程实验

实验1 Java常用工具类编程

(1) 使用String类的分割split将字符串"Solutions to selected exercises can be found in the electronic document The Thinking in Java Annotated Solution Guide, available for a small fee from BruceEckel"单词提取输出。单词以空格或","分隔。

(2) 设计一个类Student,类的属性有姓名、学号、出生日期、性别、所在系等。并生成学生类对象数组存储学生数据,然后按照学生的姓名将学生排序输出,使用String类的compareTo方法。函数原型输入两个学生对象,返回一个整型数字表示大小,以学生姓名为排序依据。

```
public int compareStudents(Student s1,Student s2){
    String sname1 = s1.getSname();
    String sname2 = s2.getSname();
    return sname1.getSname().compareTo(sname2.getSname());
}
```

(3) 设计一个程序计算任一日期与系统当前日期相差的天数。

(4) 使用日历类等相关方法,按照图15.1的样式编制一个日历程序。参照书本知识,复习以及利用Java Swing编程知识。

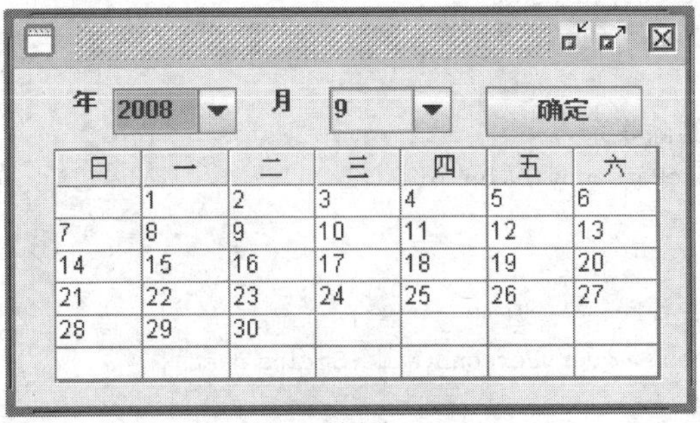

年 2008 月 9 确定

日	一	二	三	四	五	六
	1	2	3	4	5	6
7	8	9	10	11	12	13
14	15	16	17	18	19	20
21	22	23	24	25	26	27
28	29	30				

图15.1 日历程序参考图形

实验 2　Java 集合框架编程

(1) 将所学的课程名称添加到 HashSet 集合中，并使用迭代器遍历输出。

(2) 完成以下实验：

① 定义一个学生类：属性有学号、姓名、专业、高数成绩、外语成绩、Java 课程成绩。

② 在测试类中生成多个学生类的对象，放入 TreeSet 中，要求按照 3 门课总成绩从高到低排序，总成绩相等按学号排序，并输出排序结果。

注意：比较排序 TreeSet 中的元素需要实现 Comparator 接口，重写 compare(Object obj1, Object obj2)函数。

(3) 以 List 接口对象(ArrayList)为基础建立一个通讯录，要求通讯录中必须含有编号、姓名、性别、电话、地址、E-mail 等。实现该类并包含添加、删除、修改、按姓名查等几个方法。编写主程序测试。参考程序如下：

① 编写一个 Person 联系人类。

```
public class Person {
    private int    pid;                  //编号
    private String name;                 // 姓名
    private String sex;                  // 性别
    private String tel;                  // 电话
    private String address;              // 地址
    private String email;                //email
    /* 构造函数以及 set - get 函数 */
}
```

② 编写一个 PersonDao 封装对联系人类的有关操作。

```
public class PersonDao {
    private List<Person> persons = new ArrayList<Person>();
    //添加联系人
    public void addPerson(Person p){
     ⋮
    }
    //通过人的编号删除联系人
    public void deletePersonByID(int pid){
     ⋮
    }
    //通过人的姓名查找联系人,返回一个集合
    public List<Person> queryPersonByName(String name){
     ⋮
    }
    //其余方法
}
```

③ 编写一个测试类 Swing。参考界面如图 15.2 所示。

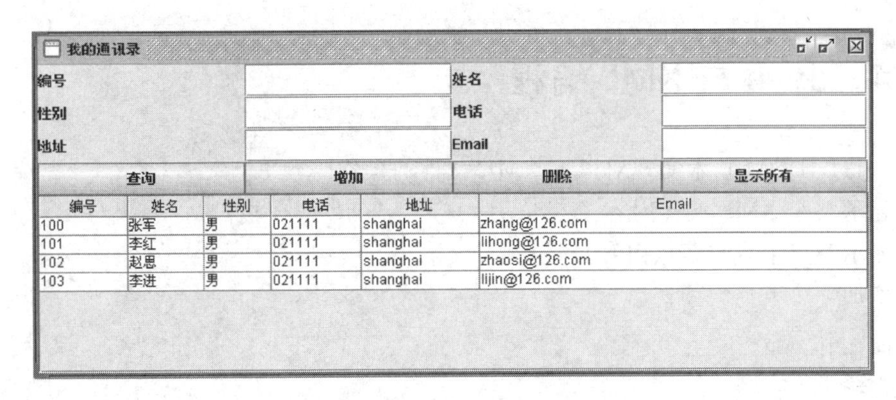

图 15.2　通讯录界面参考

实验 3　JDBC 编程

(1) 调试书本上关于“数据库分层设计”部分代码。

(2) 运用书本上数据库设计思想，以 JDBC 技术创建一个通讯录应用程序，要求通讯录中必须含有编号、姓名、性别、电话、地址、E-mail 等。实现该类并包含添加、删除、修改、按姓名查等几个方法。编写主程序测试。要求：

① 用户信息保存在一个二维数组中，使用 JTable 显示用户信息。

② 编号不能重复，规则是从 1000 开始，每次增加 1。

③ 实现省或直辖市、区二级联动。

④ 出生年月形式为 2000-01-12，如果不是这样输入则弹出信息框显示错误。

(3) 编制程序完成 MySQL 的一个简单的查询界面。在 MySQL 中视图：

① INFORMATION_SCHEMA. SCHEMATA：存储数据库服务器中数据库信息。

② INFORMATION_SCHEMA. COLUMNS：存储数据库服务器中表列信息。

③ NFORMATION_SCHEMA. TABLES：存储数据库服务器中表的信息。

参考界面如图 15.3 所示。

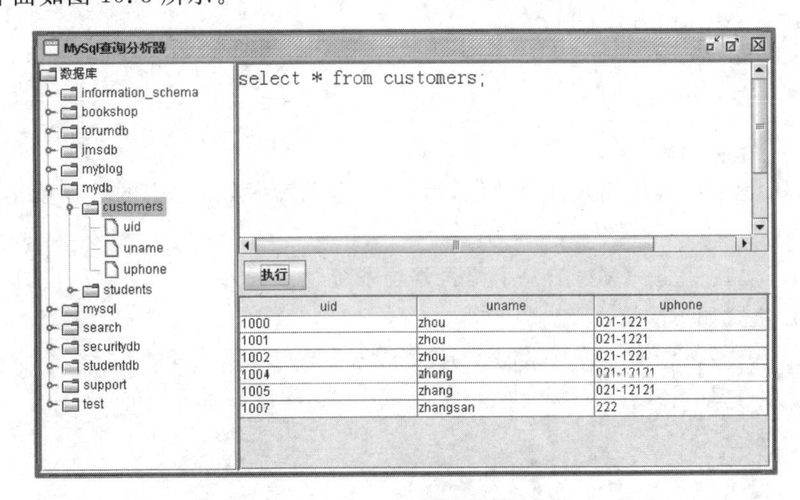

图 15.3　MySQL 查询分析器界面参考

实验 4 Java 与 XML 编程

(1) 通过 JDOM 技术实现对以下 XML 文件的操作。

① 显示整个 XML 文件内容。

② 显示第二个客户节点内容。

③ 增加一个节点。如：

```
<客户 性别 = "男">
  <姓名>张三</姓名>
  <电子邮件> Zhangsan@magicactor.com </电子邮件>
</客户>
```

④ 删除客户名称为张三的节点。

⑤ 修改客户名称为张三的节点的电子邮件为 Zhangsan@126.com。

附：XML 文件

```
<?xml version = "1.0" encoding = "GB2312"?>
<地址簿>
  <客户 性别 = "男">
     <姓名>吴梦达</姓名>
     <电子邮件> Mengda@magicactor.com </电子邮件>
  </客户>
  <客户 性别 = "女">
     <姓名>白晶晶</姓名>
     <电子邮件> ghost@westcompany.com </电子邮件>
  </客户>
</地址簿>
```

(2) 编程实现 XML 与数据库之间的交互。MySQL 数据库中有如下表：

```
create table customers (
 customerid char(8) primary key,
 name char(40) default null,
 phone char(16) default null
);
```

利用 SQL 语句向表中插入部分数据，然后编写程序将数据库中的数据读出形成 XML 文件。

(3) 综合试验：基于 XML 的一个留言管理系统。

① XML 格式如下。

```
<?xml version = "1.0" encoding = "GB2312"?>
<留言列表>
    <留言 编号 = "1">
```

```
        <标题>今晚有约</标题>
      <日期>2009-08-09</日期>
    <留言人>张军</留言人>
        <内容>到电影院看电影</内容>
    </留言>
    <留言 编号="2">
      <标题>家庭作业</标题>
        <日期>2009-08-10</日期>
        <留言人>张军</留言人>
        <内容>编程实现一个留言管理系统。增加、修改、删除、查阅留言功能。</内容>
    </留言>
</留言列表>
```

② 编程实现一个留言管理系统。完成增加、修改、删除、查阅留言功能。使用表格JTable显示留言详细信息。单击"删除"按钮能够删除表格中选中的留言。可以根据日期查找留言信息。参考界面如图15.4所示。

留言信息综合查询系统

留言人 标题

内容 增加

编号	留言人	日期	标题	内容
1	张军	2009-08-10	家庭作业	编程实现一个留言...
2	张军	2009-08-09	今晚有约	到电影院看电影
3	张军	2009-08-10	家庭作业	编程实现一个留言...
4	张军	2009-08-09	今晚有约	到电影院看电影
5	张军	2009-08-10	家庭作业	编程实现一个留言...
6	张军	2009-08-10	今晚有约	到电影院看电影

删除 更新 日期 查询

图15.4 程序界面参考

实验5 HTML编程

(1) 在页面上显示1～100之间的偶数,每行显示5个(用Html中的Table标签)。

(2) 编写求阶乘的函数,在页面上显示1～10的阶乘。

(3) 使用HTML的表单以及表格标签,完成如图15.5所示的注册界面。使用JavaScript实现客户端验证功能,如用户名必填等验证。

注意使用JavaScript对界面标签内容进行验证。验证码先不做,以后完成。

(4) 按照如图15.6所示的界面,使用JavaScript完成一个简单的四则运算。

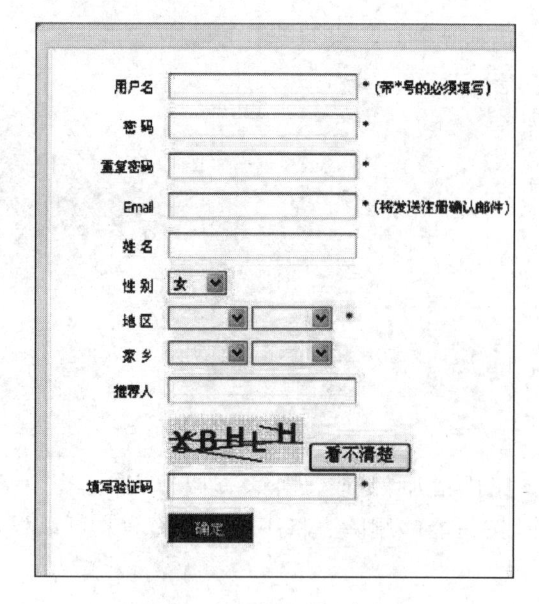

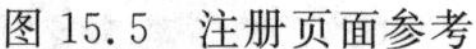
图 15.5 注册页面参考

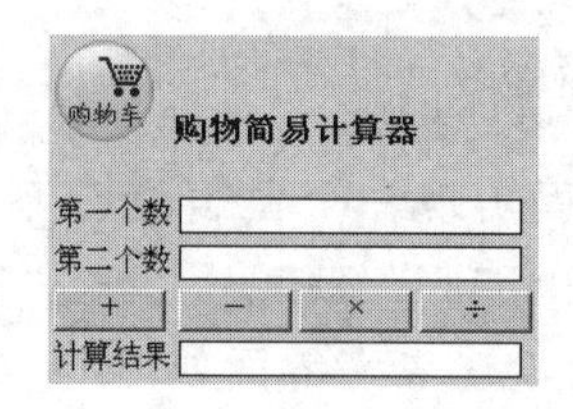

图 15.6 四则运算页面参考

实验 6 JSP 基础以及内置对象编程

(1) 使用 JSP 语法与 HTML 表格标签输出 1000 以内所有素数,每行输出 10 个。

(2) 编写一个登录界面,编写 JSP 页面接收传过来的参数用户名和密码,验证用户名是否为 Admin,密码是否为 1234,如果填错或未填则输出错误,成功则打印"你已经通过验证!"。

(3) 使用 application 内置对象实现一个简易的网站记数器,界面如图 15.7 所示。

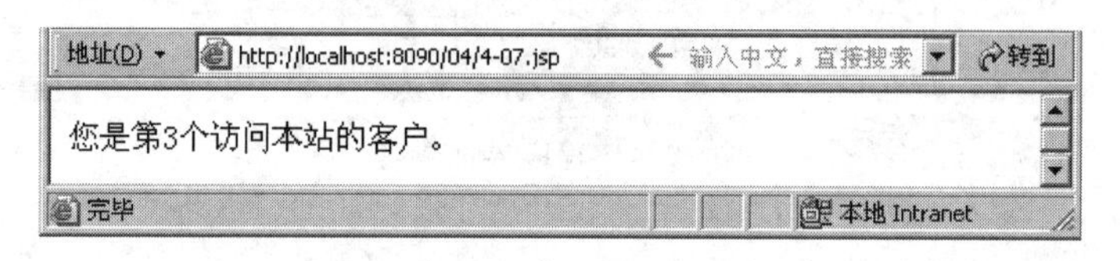

图 15.7 网站计数器页面参考

(4) 使用 session 内置对象实现一个简易的购物车功能。利用 session 保存用户选购的商品信息,本购物车程序至少包含两个页面。显示商品页面 showbooks.jsp;显示购物车页面 showcarts.jsp。参考课本知识实现。使用集合保存用户选择的书籍,该集合保存在 session 中。session 可以跨页面被访问。

实验 7 JavaBean 与 Servlet 编程

(1) 从 JSP 页面用户输入长和宽,由 JSP 接收参数,在 JSP 中调用一个 JavaBean 计算矩形面积,JSP 将结果输出到浏览器上。

(2) JSP 编写如图 15.8 所示界面,使用 Servlet 计算到期存款总额。

(3) 编写程序实现如下数据库操作:

① 使用 JDBC 编写数据库访问代码与 table 标签实现数据显示,如图 15.9 所示。首先不考虑分页,做完后再考虑分页该如何实现。

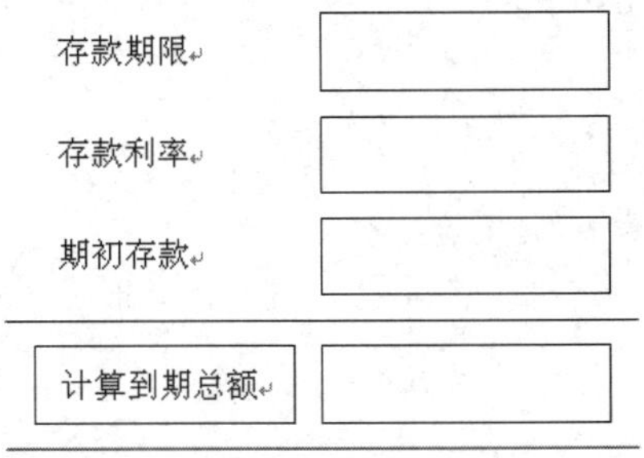

存款期限 [　　] 年

存款利率 [　　]

期初存款 [　　]

[计算到期总额] [　　]

图 15.8　存款利息页面参考

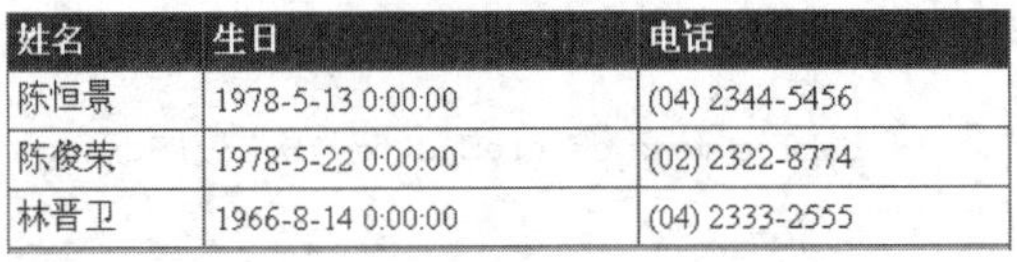

姓名	生日	电话
陈恒景	1978-5-13 0:00:00	(04) 2344-5456
陈俊荣	1978-5-22 0:00:00	(02) 2322-8774
林晋卫	1966-8-14 0:00:00	(04) 2333-2555

图 15.9　显示所有顾客页面参考

② 进一步完成分页显示,每页显示 3 条记录,如图 15.10 所示。

③ 可以再进一步思考如何在每条记录上"添加"、"删除"或"编辑"按钮,样式如图 15.11 所示。

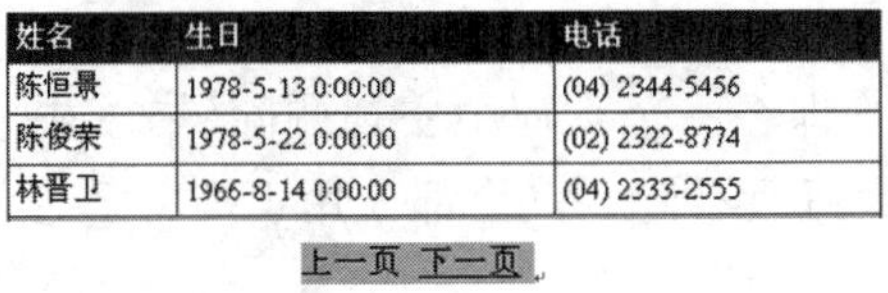

姓名	生日	电话
陈恒景	1978-5-13 0:00:00	(04) 2344-5456
陈俊荣	1978-5-22 0:00:00	(02) 2322-8774
林晋卫	1966-8-14 0:00:00	(04) 2333-2555

上一页 下一页

图 15.10　分页显示顾客页面参考

姓名	生日	电话		
陈恒景	1978-5-13 0:00:00	(04) 2344-5456	删除	编辑
陈俊荣	1978-5-22 0:00:00	(02) 2322-8774	删除	编辑
林晋卫	1966-8-14 0:00:00	(04) 2333-2555	删除	编辑

图 15.11　添加编辑顾客页面参考

(4) 参考书本上关于 Filter 的描述,编写一个用于用户认证的过滤器。如果管理员即后台所有页面都有"/admin",如管理员登录页面 http://localhost:8088/admin/login.jsp,要求拦截/admin 的页面进行认证(登录界面例外),如果用户没有认证则跳转到登录页面。注意使用 filter。

(5) 参考书本上关于 jspsmartupload 上传组件的使用,编写一个文件上传程序,要求文件的名称以及物件的路径保存到数据表中,而文件保存在服务器端的某个目录,如当前网站的 uploadfiles 目录。

实验 8　JSP 综合编程

客户信息管理系统设计:完成客户信息显示、录入、删除以及增加功能。

① 数据库表设计。

```
create table customers (
  customerid char(8) primary key,
  name char(40) default null,
  phone char(16) default null
);
```

② 编写一个录入客户的界面：编写注册页面(增加一个客户界面)、删除页面、修改页面等。

③ 编写 JavaBean 客户类以及客户端操作类以及数据库操作类。

- 编写数据库访问基类 DBHelper. java。
- 编写一个 Customer. java 映射数据库中的表 Customers。
- 编写一个操作类 CustomerDao. java。

```
public class  CustomerDao{
     public List<Customer>  queryallCustomers(){
        …
     }
     public void deleteCustomerByCid(String cid){
        …
     }
     public void updateCustomer (Customer cus){
          /* 首先根据 cus 的编号在数据库旧顾客中寻找,如果存在则修改姓名与电话 */
     }
}
```

④ 编写 Servlet：编写 CusServlet 接收从页面传来的值,调用 CustomerDao 的相应方法,实现增加、删除、显示等功能。

⑤ 进一步将上面页面合并在一个 JSP 页面中(即在一个页面中实现删除、修改或录入等功能)。编写 JSP 页面使用 JSTL 显示顾客信息界面设计参考(全部使用 JSTL 标签),界面如图 15.12 所示。

编号	姓名	电话	操作	
20100001	李军	021-54689031	删除	编辑
20100002	张伟	021-55489051	删除	编辑
20100003	方悦	021-53689081	删除	编辑
20100004	刘希	021-52789037	删除	编辑
20100005	周凯	021-51687831	删除	编辑
20100006	刘伟	021-52688931	删除	编辑
20100007	范琴	021-53683471	删除	编辑
20100008	刘芳	021-56684051	删除	编辑
20100009	张静	021-57689037	删除	编辑

图 15.12　使用 JSTL 显示顾客页面参考

实验 9　Hibernate 编程

(1) 使用 Hibernate 将顾客表中的内容输出到 JSP 页面中。

① 将如下的数据库脚本在 MySQL 中执行,数据库为 MyDB。

```
create table customers (
  customerid char(8) primary key,
  name char(40) default null,
  phone char(16) default null
);
```

② 在项目中加入 Hibernate 支持并生成映射文件，映射类以及 HibernateSessionFactory 类。再创建一个 Dao 类读取顾客表中所有记录返回集合 List＜Customer＞。

③ 编写 JSP 文件。使用 JSTL 标签输出，如图 15.13 所示。

(2) 按照书本上的 Hibernate 读写数据库知识，创建类 Student 映射数据表 Students，再设计一个操作类 StudentDao，利用 Hibernate 实现增加、删除、修改和查询等方法，然后编写一个 JSP 页面进行测试。

(3) 继续第(1)题，编写一个页面，分页显示顾客表中的内容，界面如图 15.14 所示。

编号	姓名	电话
20100001	李军	021-54689031
20100002	张伟	021-55489051
20100003	方悦	021-53689081
20100004	刘希	021-52789037
20100005	周凯	021-51687831
20100006	刘伟	021-52688931
20100007	范琴	021-53683471
20100008	刘芳	021-56684051
20100009	张静	021-57689037

图 15.13　使用 Hibernate 与使用 JSTL 显示顾客页面参考

编号	姓名	电话
20100001	李军	021-54689031
20100002	张伟	021-55489051
20100003	方悦	021-53689081
20100004	刘希	021-52789037
20100005	周凯	021-51687831
20100006	刘伟	021-52688931
20100007	范琴	021-53683471
20100008	刘芳	021-56684051
20100009	张静	021-57689037
第一页　下一页　上一页　最后页		

图 15.14　使用 Hibernate 与使用 JSTL 分页显示页面参考

(4) 使用 Hibernate 对多表进行关联操作。对给出的数据库脚本中的职工表与部门表进行级联操作。

① 可以根据部门编号查询部门及其查询该部门下的所有职工信息。

② 删除部门时级联删除部门下的所有职工。考虑当删除部门时不想删除该部门的职工而只将职工中的部门编号置为空，应该怎么设置。

实验 10　Struts2 编程

(1) 完成一个用户登录，用户名以及密码为必填项，并使用 Action 中的 validate 函数进行验证。体会 Struts2 基本流程。

(2) 接第(1)题，当用户输入的用户名不是 admin 或密码不是 12345 时，要求用户重新登录，并给出错误提示。当用户填写正确时，导向一个成功页面显示用户登录成功。

(3) 完成一个用户注册程序，用户信息包括用户名、密码、地址以及 E-mail。其中设置用户名、密码为必填项，密码长度不少于 5 位，E-mail 必须是正确格式。使用 struts 验证框架进行验证。

(4) 接第(3)题结合使用 Hibernate 将用户信息保存到数据库中。

(5) 利用 Struts 标签 bean 以及 logic 标签，将数据库中的表 Customer 中的内容输出在页面中，输出成表格，使用 Hibernate 读写数据库。

实验11 Spring编程

(1) 编写图形接口Shape,该接口中有抽象函数计算面积(double area();),编写圆类Circle与矩形类Rectangle实现该接口。再编写一个ShapeDao类,将Shape接口作为其属性。通过Spring配置JavaBean,实现Bean的动态注入。即只需改变注入的Bean就可以计算不同图形的面积。

(2) 根据书本上介绍的AOP知识,编写程序测试各种通知类型,输出界面参考如图15.15所示。

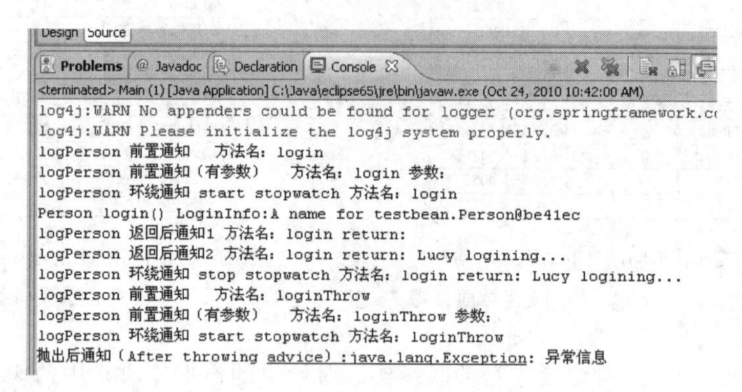

图15.15 AOP实验输出参考

实验12 SS2H整合编程

(1) 调试运行书本上的SS2H整合程序。调试过程中可能会出现很多问题,一定要注意导入书本所给的包。还有配置文件也容易出错。

(2) 完成网上成绩录入系统综合实验。实验要求读取数据库中学生表、课程表和选课表中的内容,动态形成表单如下图;教师可以登录系统(登录不需要做)录入学生成绩。其中总评成绩=平时成绩*30%+期末成绩*70%,各项成绩均为百分制。

① 教师登录界面如图15.16所示。

图15.16 教师登录界面参考

② 登录成功后选择所要录入的课程,如图15.17所示。

欢迎 2001001 请选择录入成绩的课号

200506_001	Java	录入
200506_002	C++	录入
200506_003	DataBase	录入

图15.17 教师选择课程界面参考

③ 录入成绩界面如图 15.18 所示。

欢迎 工号 2001001 老师 录入成绩

课号	学号	姓名	平时成绩	期末成绩	总评成绩	备注
200506_001	95001	张三	78	90	86	
200506_001	95002	李红	60	60	60	
200506_001	95003	周平	56	34	40	
200506_001	95004	王五	35	23	26	
200506_001	95005	张军	75	78	77	
200506_001	95006	刘军	67	78	74	
200506_001	95007	谢进	69	100	90	

保存成绩　成绩统计显示　浏览...　导入到Excel

图 15.18 教师录入成绩界面参考

④ 单击"保存成绩"按钮,即可向数据库中写入输入的成绩。

实验 13 JQuery 编程

(1) 利用 JQuery 完成购物车总计价格自动统计功能。当用户输入购买数量时,自动根据单价与购买数量计算总计价格,界面如图 15.19 所示。

购物车

序号	书籍名称	单 价	购买数量	总 计	操 作
1	机器视觉算法与应用	51	1	51	删除
2	C语言中文版(第3版)	76	1	76	删除
3	似水流年	13	1	13	删除

继续购物　生成订单　清空购物车

图 15.19 JQuery 完成购物车总计计算页面参考

(2) 使用 JQuery 完成智能提示功能。当用户输入书名(不一定完整)时,利用 JQuery 中的 Ajax 将用户输入的书名信息提交给某个 Servlet,该 Servlet 查询数据库返回相关书名集合(可以将书名集合用 JSON 类型返回)。客户端显示结果,结果如图 15.20 所示。

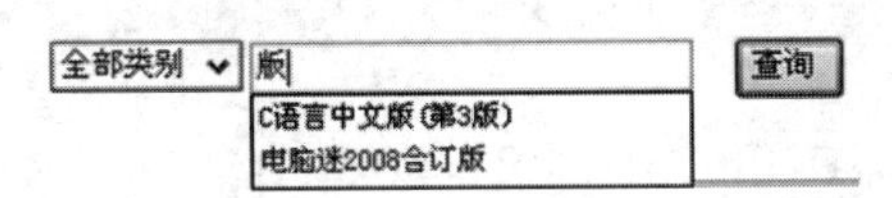

图 15.20 JQuery 与 Ajax 完成智能提示页面参考

图书资源支持

感谢您一直以来对清华版图书的支持和爱护。为了配合本书的使用，本书提供配套的资源，有需求的读者请扫描下方的“书圈”微信公众号二维码，在图书专区下载，也可以拨打电话或发送电子邮件咨询。

如果您在使用本书的过程中遇到了什么问题，或者有相关图书出版计划，也请您发邮件告诉我们，以便我们更好地为您服务。

我们的联系方式：

地　　址：北京市海淀区双清路学研大厦 A 座 701

邮　　编：100084

电　　话：010-83470236　010-83470237

资源下载：http://www.tup.com.cn

客服邮箱：2301891038@qq.com

QQ：2301891038（请写明您的单位和姓名）

资源下载、样书申请

书圈

扫一扫，获取最新目录

课 程 直 播

用微信扫一扫右边的二维码，即可关注清华大学出版社公众号“书圈”。